출판이 만든 진짜 기출예상문제집

특급기출

기말고사

중학 수학 **3-1**

Structure 구성과 특징

단원별 개념 정리

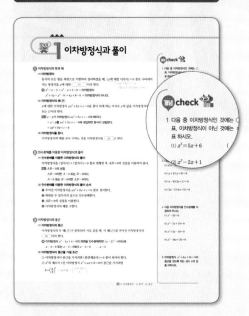

중단원별 핵심 개념을 정리하였습니다.

| 개념 Check |

개념과 1 : 1 맞춤 문제로 개념 학습을 마무리 할 수 있습니다.

기출 유형

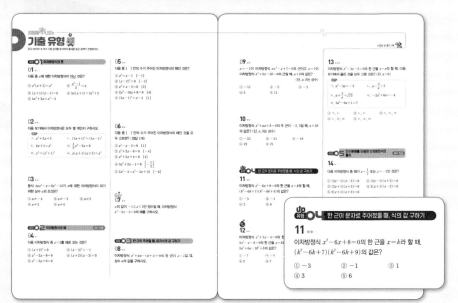

전국 1000여 개 학교 시험 문제를 분석하여 출제율 높은 문제만 선별해 구성하였습니다.

시험에 자주 나오는 빈출 유형과 난이도가 조금 높지만 중요한 **up 유형** 까지 학습해 실력을 올려 보세요.

기출 서술형

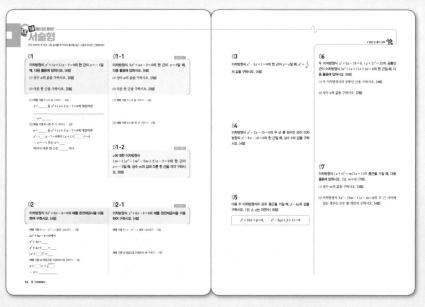

전국 1000여 개 학교 시험 문제 중 출제율 높은 서술형 문제만 선별해 구성하였습니다.

틀리기 쉽거나 자주 나오는 서술형 문제는 쌍둥이 문항으로 한번 더 학습할 수 있습니다.

모의고사 형식의 중단원별 학교 시험 대비 문제

학교 선생님들이 직접 출제한 모의고사 형식의 시험 대비 문제로 실전 감각을 키울 수 있도록 하였습니다.

교과서 속 특이 문제

중학교 수학 교과서 10종을 완벽 분석하여 발췌한 창의·융합 문제로 구성하였습니다.

부록

기출에서 pick한 고난도 50

전국 1000여 개 학교 시험 문제에서 자주 나오는 고난도 기출문제를 선별하여 학교 시험 만점에 대비할 수 있도록 구성하였습니다.

실전 모의고사 5회

실제 학교 시험 범위에 맞춘 예상 문제를 풀어 보면서 실력을 점검할 수 있도록 하였습니다.

🌐 특별한 부록
동아출판 홈페이지
(www.bookdonga.com)에서 실전 모의고사 5회를 다운 받아 사용하세요.

나의 오답 Note

오답 Note를 만들면...

실력을 향상하기 위해선 자신이 틀린 문제를 분석하여 다음에는 틀리지 않도록 해야 합니다. 오답노트를 만들면 내가 어려워하는 문제와 취약한 부분을 쉽게 파악할 수 있어요. 자신이 틀린 문제의 유형을 알고, 원인을 파악하여 보완해 나간다면 어느 틈에 벌써 실력이 몰라보게 향상되어 있을 거예요.

오답 Note 한글 파일은 동아출판 홈페이지 (www.bookdonga.com)에서 다운 받을 수 있습니다.

★ 다음 오답 Note 작성의 5단계에 따라 〈나의 오답 Note〉를 만들어 보세요. ★

1단계

제목 쓰기
공부한 날짜와 해당 주요 개념을 적습니다.

3단계

바른 풀이 쓰기
바른 풀이를 간략하게 씁니다. 실수한 부분을 색연필이나 형광펜으로 표시해 두면 복습할 때 도움이 될 거예요.

2단계

틀린 문제 다시 쓰기
틀린 문제를 직접 손으로 적거나 오려 붙이세요. 문제를 적으면서 문제의 의미에 대해 한 번 더 생각해 보세요.

5단계

4단계

개념 확인하기
문제와 관련된 주요 개념을 정리하고 복습합니다.

틀린 이유 찾기
왜 문제를 틀렸는지 한 번 더 생각해 보세요. 틀린 이유를 분석해서 내가 부족한 부분을 확인하고 다시 틀리지 않도록 해요.

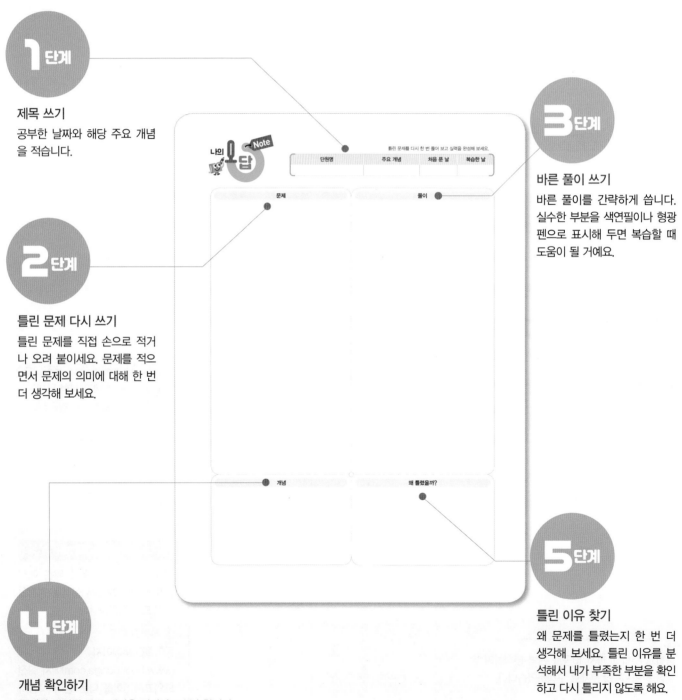

나의 오답 Note

단원명	주요 개념	처음 푼 날	복습한 날

문제

풀이

개념

왜 틀렸을까?

단원명

주요 개념

Contents 차례

① 이차방정식과 풀이

② 이차방정식의 근의 공식과 활용

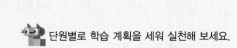

단원별로 학습 계획을 세워 실천해 보세요.

학습 날짜	월 일	월 일	월 일	월 일
학습 계획				
학습 실행도	0 100	0 100	0 100	0 100
자기 반성				

01 이차방정식과 풀이

1 이차방정식의 뜻과 해

(1) 이차방정식

등식의 모든 항을 좌변으로 이항하여 정리하였을 때, $(x$에 대한 이차식$)=0$ 꼴로 나타내어
지는 방정식을 x에 대한 [(1)]이라 한다.
└→ $ax^2+bx+c=0$
(단, a, b, c는 상수, $a \neq 0$)

예 $x^2=x-3 \rightarrow x^2-x+3=0 \rightarrow$ 이차방정식

$x^2+4x=x^2-8 \rightarrow 4x+8=0 \rightarrow$ 이차방정식이 아니다.

(2) 이차방정식의 해(근)

x에 대한 이차방정식 $ax^2+bx+c=0$을 참이 되게 하는 미지수 x의 값을 이차방정식의 해
또는 근이라 한다.

참고 $x=p$가 이차방정식 $ax^2+bx+c=0$의 해이다.

→ $x=p$를 $ax^2+bx+c=0$에 대입하면 등식이 성립한다.

→ $ap^2+bp+c=0$

(3) 이차방정식을 푼다.

이차방정식의 해를 모두 구하는 것을 이차방정식을 [(2)]고 한다.

2 인수분해를 이용한 이차방정식의 풀이

(1) 인수분해를 이용한 이차방정식의 풀이

이차방정식을 (일차식)×(일차식)$=0$ 꼴로 변형한 후 $AB=0$의 성질을 이용하여 푼다.

참고 $AB=0$의 성질

$AB=0$이면 $A=0$ 또는 $B=0$이다.

$A=0$ 또는 $B=0$이면 $AB=0$이다.

(2) 인수분해를 이용한 이차방정식의 풀이 순서

❶ 주어진 이차방정식을 $ax^2+bx+c=0$ 꼴로 정리한다.

❷ 좌변을 두 일차식의 곱으로 인수분해한다.

❸ $AB=0$의 성질을 이용한다.

❹ 이차방정식의 해를 구한다.

3 이차방정식의 중근

(1) 이차방정식의 중근

이차방정식의 두 해(근)가 중복되어 서로 같을 때, 이 해(근)를 주어진 이차방정식의
[(3)]이라 한다.

예 이차방정식 $x^2-4x+4=0$의 좌변을 인수분해하면 $(x-2)^2=0$이므로

$x-2=0$ 또는 $x-2=0$에서 $x-2=0$ ∴ $x=2$

(2) 이차방정식이 중근을 가질 조건

① 이차방정식이 중근을 가지려면 (완전제곱식)$=0$ 꼴이 되어야 한다.

② x^2의 계수가 1인 이차방정식 $x^2+ax+b=0$이 중근을 가지려면

$b=\left(\dfrac{a}{2}\right)^2 \rightarrow$ (상수항)$=\left\{\dfrac{(x의\ 계수)}{2}\right\}^2$

개념 check

1 다음 중 이차방정식인 것에는 ○
표, 이차방정식이 아닌 것에는 ×
표 하시오.

(1) $x^2=5x+6$ ( )

(2) x^2-2x+1 ( )

(3) $(x+2)^2=x^2$ ( )

(4) $2x(x-1)=0$ ( )

2 다음 [ ] 안의 수가 주어진 이차
방정식의 해이면 ○표, 해가 아니
면 ×표 하시오.

(1) $x^2-9=0$ [-3] ( )

(2) $x^2-3x+4=0$ [1] ( )

3 다음 이차방정식을 푸시오.

(1) $x(x-4)=0$

(2) $(x+2)(x+9)=0$

(3) $(x-6)(2x+1)=0$

(4) $(3x-2)(4x+5)=0$

4 다음 이차방정식을 인수분해를 이
용하여 푸시오.

(1) $x^2-25=0$

(2) $x^2-7x+10=0$

(3) $x^2+3x-18=0$

(4) $x^2-10x+25=0$

5 이차방정식 $x^2+6x+3k=0$이
중근을 갖도록 하는 상수 k의 값
을 구하시오.

답 (1) 이차방정식 (2) 푼다 (3) 중근

❹ 제곱근을 이용한 이차방정식의 풀이

(1) **이차방정식 $x^2=q\,(q\geq0)$의 해** : $x=\pm\sqrt{q}$

　　예 $x^2=3$에서 $x=\pm\sqrt{3}$

(2) **이차방정식 $(x-p)^2=q\,(q\geq0)$의 해** : $x=p\pm\sqrt{q}$

　　예 $(x-1)^2=2$에서 $x-1=\pm\sqrt{2}$ 　 ∴ $x=1\pm\sqrt{2}$

(3) **이차방정식 $(x-p)^2=q$가 해를 가질 조건**

　　양수의 제곱근은 2개, 0의 제곱근은 1개, 음수의 제곱근은 없으므로

　　① $q>0$이면 서로 다른 두 근을 갖는다. ➡ $x=p\pm\sqrt{q}$

　　② $q=0$이면 (완전제곱식)$=0$의 형태가 되므로 $\boxed{\quad(4)\quad}$ 을 갖는다. ➡ $x=p$

　　③ $q<0$이면 해는 없다.

　　참고 $q>0$ 또는 $q=0$인 경우에 이차방정식 $(x-p)^2=q$의 해가 존재하므로

　　　　　이차방정식 $(x-p)^2=q$가 해를 가질 조건 ➡ $q\geq0$

　　　　　이차방정식 $(x-p)^2=q$가 해를 가지지 않을 조건 ➡ $q<0$

❺ 완전제곱식을 이용한 이차방정식의 풀이

(1) **완전제곱식을 이용한 이차방정식의 풀이**

　　이차방정식 $ax^2+bx+c=0$의 좌변을 두 일차식의 곱으로 인수분해하기 어려운 경우에는 $(x-p)^2=q\,(q\geq0)$ 꼴로 변형한 후, 제곱근을 이용하여 푼다.

(2) **완전제곱식을 이용한 이차방정식의 풀이 순서**

　　이차방정식 $ax^2+bx+c=0$에서

　　❶ 이차항의 계수 a로 양변을 나누어 이차항의 계수를 $\boxed{\quad(5)\quad}$ 로 만든다.

　　❷ 상수항을 우변으로 이항한다.

　　❸ 양변에 $\left\{\dfrac{(일차항의\ 계수)}{2}\right\}^2$ 을 더한다.

　　❹ 좌변을 완전제곱식으로 고친다.

　　❺ 제곱근을 이용하여 해를 구한다.

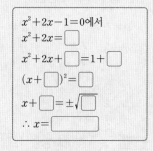

$$ax^2+bx+c=0$$
$$\downarrow$$
$$(x-p)^2=q$$
$$\downarrow$$
$$x-p=\pm\sqrt{q}$$
$$\downarrow$$
$$\therefore\ x=p\pm\sqrt{q}$$

　　예 이차방정식 $2x^2-4x-10=0$을 완전제곱식을 이용하여 풀면

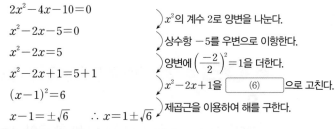

$$2x^2-4x-10=0$$
$$x^2-2x-5=0$$
$$x^2-2x=5$$
$$x^2-2x+1=5+1$$
$$(x-1)^2=6$$
$$x-1=\pm\sqrt{6}\quad\therefore\ x=1\pm\sqrt{6}$$

> x^2의 계수 2로 양변을 나눈다.
> 상수항 -5를 우변으로 이항한다.
> 양변에 $\left(\dfrac{-2}{2}\right)^2=1$을 더한다.
> x^2-2x+1을 $\boxed{\quad(6)\quad}$ 으로 고친다.
> 제곱근을 이용하여 해를 구한다.

　　참고 이차방정식 $ax^2+bx+c=0$을 풀 때

　　　　　좌변이 인수분해되면 ➡ 인수분해를 이용한다.

　　　　　좌변이 인수분해되지 않으면 ➡ 완전제곱식을 이용한다.

---

6 다음 이차방정식을 제곱근을 이용하여 푸시오.

(1) $x^2=6$

(2) $x^2-12=0$

(3) $9x^2=25$

(4) $5x^2-64=0$

7 다음 이차방정식을 제곱근을 이용하여 푸시오.

(1) $(x-2)^2=5$

(2) $(x+6)^2-2=0$

(3) $3(x+1)^2=24$

(4) $(3x-2)^2-7=0$

8 다음은 완전제곱식을 이용하여 이차방정식 $x^2+2x-1=0$을 푸는 과정이다. □ 안에 알맞은 수를 써넣으시오.

$x^2+2x-1=0$에서
$x^2+2x=\boxed{}$
$x^2+2x+\boxed{}=1+\boxed{}$
$(x+\boxed{})^2=\boxed{}$
$x+\boxed{}=\pm\sqrt{\boxed{}}$
$\therefore\ x=\boxed{}$

9 이차방정식 $x^2=4x+1$을 완전제곱식을 이용하여 푸시오.

답 (4) 중근　(5) 1　(6) 완전제곱식

유형 01 이차방정식의 뜻

01

다음 중 x에 대한 이차방정식이 <u>아닌</u> 것은?

① $x^2(x+1)=x^3$　　　② $\dfrac{x^2-1}{2}=x$

③ $(x+1)(x-1)=0$　　④ $3x(x+1)=3x^2+3$

⑤ $4x^2+3x=x^2-3$

02

다음 보기에서 이차방정식은 모두 몇 개인지 구하시오.

보기

ㄱ. x^2+5x+2　　　　ㄴ. $(3x+1)^2=(3x-1)^2$

ㄷ. $4x+1=x^2$　　　　ㄹ. $\dfrac{1}{5}x^2-2x=0$

ㅁ. $x^2=(x^2+1)^2$　　ㅂ. $x(x+1)(x+2)=x^3$

03

등식 $4ax^2-x=8x^2-12$가 x에 대한 이차방정식이 되기 위한 상수 a의 조건은?

① $a\neq-4$　　② $a\neq-2$　　③ $a\neq2$

④ $a\neq3$　　　⑤ $a\neq4$

유형 02 이차방정식의 해　　　　최다 빈출

04

다음 이차방정식 중 $x=2$를 해로 갖는 것은?

① $(x+2)^2=0$　　　② $(x-3)^2=-1$

③ $x^2-2x-8=0$　　④ $(x+2)(x-3)=0$

⑤ $x^2-5x+6=0$

05

다음 중 [　] 안의 수가 주어진 이차방정식의 해인 것은?

① $x^2=x-1$　　[-1]

② $(x-2)^2=0$　　[-2]

③ $x^2+x-2=0$　　[2]

④ $2x^2-10x+8=0$　　[4]

⑤ $(3x-1)^2=x-3$　　[1]

06

다음 중 [　] 안의 수가 주어진 이차방정식의 해인 것을 모두 고르면? (정답 2개)

① $x^2-x-2=0$　　[1]

② $x^2+2x-8=0$　　[-4]

③ $x^2+5x+4=0$　　[4]

④ $3x^2+2x-1=0$　　$\left[-\dfrac{1}{3}\right]$

⑤ $2x^2-3=x^2-3x+15$　　[-6]

New 07

x의 값이 $-1\leq x<2$인 정수일 때, 이차방정식 $x^2-2x-3=0$의 해를 구하시오.

유형 03 한 근이 주어질 때, 미지수의 값 구하기

08

이차방정식 $x^2+ax-(a+1)=0$의 한 근이 $x=2$일 때, 상수 a의 값을 구하시오.

● 정답 및 풀이 5쪽

09 •••

$x=-1$이 이차방정식 $ax^2-x+7=0$의 근이고 $x=1$이 이차방정식 $x^2+5x-2b=0$의 근일 때, $a+b$의 값은?

(단, a, b는 상수)

① -11 ② -5 ③ -3

④ 5 ⑤ 11

10 •••

이차방정식 $x^2+ax+b=0$의 두 근이 -2, 5일 때, $a+2b$의 값은? (단, a, b는 상수)

① -23 ② -21 ③ -19

④ 19 ⑤ 21

유형 04 한 근이 문자로 주어졌을 때, 식의 값 구하기

11 •••

이차방정식 $x^2-6x+8=0$의 한 근을 $x=k$라 할 때, $(k^2-6k+7)(k^2-6k+9)$의 값은?

① -3 ② -1 ③ 1

④ 3 ⑤ 6

12 •••

이차방정식 $x^2+3x-4=0$의 한 근을 $x=a$, 이차방정식 $2x^2-x-6=0$의 한 근을 $x=b$라 할 때, $2a^2+6a-2b^2+b$의 값은?

① -7 ② -5 ③ -2

④ 2 ⑤ 7

13 •••

이차방정식 $x^2-3x-2=0$의 한 근을 $x=a$라 할 때, 다음 보기에서 옳은 것을 모두 고른 것은? (단, $a>0$)

보기

ㄱ. $a^2-3a=-2$ ㄴ. $a-\dfrac{2}{a}=3$

ㄷ. $a+\dfrac{2}{a}=\sqrt{15}$ ㄹ. $-2a^2+6a=-4$

ㅁ. $3a^2-9a+1=7$

① ㄱ, ㄴ   ② ㄴ, ㄷ   ③ ㄴ, ㄷ, ㄹ

④ ㄴ, ㄹ, ㅁ   ⑤ ㄷ, ㄹ, ㅁ

유형 05 인수분해를 이용한 이차방정식의 풀이   최다 빈출

14 •••

다음 이차방정식 중 해가 $x=\dfrac{1}{2}$ 또는 $x=-2$인 것은?

① $(2x-1)(x-2)=0$ ② $(2x-1)(x+2)=0$

③ $(2x+1)(x+2)=0$ ④ $2(x+1)(x-2)=0$

⑤ $2(x+1)(x+2)=0$

15 •••

이차방정식 $2x^2+x-6=0$을 풀면?

① $x=-2$ 또는 $x=-3$ ② $x=-2$ 또는 $x=\dfrac{3}{2}$

③ $x=2$ 또는 $x=-3$ ④ $x=2$ 또는 $x=-\dfrac{3}{2}$

⑤ $x=2$ 또는 $x=\dfrac{3}{2}$

16

이차방정식 $x^2 - 3x - 28 = 0$의 두 근이 $x = a$ 또는 $x = b$일 때, $a - b$의 값은? (단, $a > b$)

① 4 ② 7 ③ 9
④ 11 ⑤ 16

17

두 이차방정식 $x^2 + x - 6 = 0$, $2x^2 - 5x + 2 = 0$의 공통인 근은?

① $x = -3$ ② $x = -2$ ③ $x = -1$
④ $x = 1$ ⑤ $x = 2$

18

다음 두 이차방정식을 동시에 만족시키는 x의 값이 a일 때, $a^2 - a$의 값을 구하시오.

$$x^2 - 6x - 7 = 0, \qquad 3x^2 + 2x - 1 = 0$$

유형 06 이차방정식의 근의 활용 **최다 빈출**

19

이차방정식 $x^2 - 3x - 18 = 0$의 두 근 중 큰 근이 이차방정식 $2x^2 + ax + 6 = 0$의 한 근일 때, 상수 a의 값은?

① -13 ② -8 ③ 6
④ 8 ⑤ 13

20

이차방정식 $3x^2 + 5x - 2 = 0$의 두 근 중 작은 근이 이차방정식 $x^2 - kx - 4k = 0$의 한 근일 때, 상수 k의 값은?

① -4 ② -2 ③ 0
④ 2 ⑤ 4

21

두 이차방정식 $2x^2 + 5x - 3 = 0$, $2x^2 - 7x + 3 = 0$의 공통인 근이 이차방정식 $6x^2 - 5x + a = 0$의 한 근일 때, 상수 a의 값은?

① -2 ② -1 ③ 1
④ 2 ⑤ 4

유형 07 한 근이 주어졌을 때, 다른 한 근 구하기

22

이차방정식 $2x^2 - 7x + k = 0$의 한 근이 $x = 4$일 때, 다른 한 근은? (단, k는 상수)

① $x = -2$ ② $x = -\dfrac{1}{2}$ ③ $x = \dfrac{1}{2}$
④ $x = 1$ ⑤ $x = 2$

23

이차방정식 $x^2 + ax + 15 = 0$의 한 근이 $x = -5$이고 다른 한 근이 이차방정식 $3x^2 + 7x + b = 0$의 한 근일 때, $a - b$의 값을 구하시오. (단, a, b는 상수)

●정답 및 풀이 7쪽

24 •••

x에 대한 이차방정식 $ax^2-2x+a^2+4=0$의 한 근이 $x=2$이고 다른 한 근이 $x=b$일 때, ab의 값을 구하시오.

(단, a는 상수)

25 •••

이차방정식 $x^2+2(a-1)x+a+1=0$의 일차항의 계수와 상수항을 바꾸어 풀었더니 한 근이 $x=-3$이었다. 처음 이차방정식의 두 근 중에서 큰 근을 $x=k$라 할 때, $a+k$의 값은? (단, a는 상수)

① -3 ② -1 ③ 2
④ 3 ⑤ 4

유형 08 이차방정식의 중근

26 •••

다음 이차방정식 중 중근을 갖지 <u>않는</u> 것은?

① $x^2=1$ ② $(x-1)^2=0$
③ $x^2-14x+49=0$ ④ $9x^2=30x-25$
⑤ $2x^2-12x+18=0$

27 •••

다음 보기의 이차방정식에서 중근을 갖는 것을 모두 고른 것은?

> 보기
> ㄱ. $x^2-2x+1=0$ ㄴ. $x^2=4$
> ㄷ. $-2x^2+4x+6=0$ ㄹ. $3x^2+18x=-27$

① ㄱ, ㄴ ② ㄱ, ㄹ ③ ㄴ, ㄷ
④ ㄴ, ㄹ ⑤ ㄷ, ㄹ

유형 09 이차방정식이 중근을 가질 조건 **최다 빈출**

28 •••

이차방정식 $x^2+6x-3-a=0$이 중근을 가질 때, 상수 a의 값을 구하시오.

29 •••

이차방정식 $x^2+2(a+1)x+25=0$이 중근을 가질 때, 다음 중 상수 a의 값이 될 수 있는 것을 모두 고르면?

(정답 2개)

① -8 ② -6 ③ 4
④ 6 ⑤ 8

30 •••

이차방정식 $2x^2+8x+a=0$이 중근 $x=k$를 가질 때, k의 값은? (단, a는 상수)

① -4 ② -2 ③ 2
④ 4 ⑤ 8

31 •••

이차방정식 $x^2-2(a-3)x+2a-7=0$이 중근을 가질 때, 상수 a의 값과 그때의 중근을 구하면?

① $a=-4$, $x=-1$ ② $a=-4$, $x=1$
③ $a=4$, $x=-4$ ④ $a=4$, $x=-1$
⑤ $a=4$, $x=1$

32 ••○

다음 두 이차방정식이 모두 중근을 가질 때, 상수 a, b에 대하여 $a+b$의 값을 구하시오. (단, $b>0$)

$$x^2+12x+a+5=0, \qquad x^2-2bx+2b+3=0$$

유형 **10** 제곱근을 이용한 이차방정식의 풀이

33 ••○

이차방정식 $(2x+3)^2=5$를 풀면?

① $x=-6\pm2\sqrt{5}$ ② $x=-3\pm\sqrt{5}$

③ $x=3\pm\sqrt{5}$ ④ $x=\dfrac{-3\pm\sqrt{5}}{2}$

⑤ $x=\dfrac{3\pm\sqrt{5}}{2}$

34 ••○

다음 중 해가 $x=-2\pm\sqrt{3}$인 이차방정식은?

① $(x-3)^2=2$ ② $(x-2)^2=3$

③ $(x+2)^2=3$ ④ $(x+3)^2=2$

⑤ $(2x-1)^2=3$

35 ••○

이차방정식 $4(x-3)^2-24=0$의 해가 $x=A\pm\sqrt{B}$일 때, $A+B$의 값을 구하시오. (단, A, B는 유리수)

36 ••○

이차방정식 $(x-7)^2-2=0$의 두 근의 차를 구하시오.

37 •••

이차방정식 $(x+3)^2=-a+5$가 서로 다른 두 근을 갖기 위한 상수 a의 조건은?

① $a<-5$ ② $a>-5$ ③ $a>0$
④ $a<5$ ⑤ $a>5$

38 ••○

다음 중 이차방정식 $\left(x-\dfrac{1}{2}\right)^2=2k+3$이 근을 갖도록 하는 상수 k의 값으로 옳지 <u>않은</u> 것은?

① -2 ② $-\dfrac{3}{2}$ ③ 0
④ $\dfrac{3}{2}$ ⑤ 2

39 •••

이차방정식 $(2x+1)^2=6k+1$의 해가 정수가 되도록 하는 자연수 k의 최솟값을 구하시오.

유형 11 완전제곱식을 이용한 이차방정식의 풀이 [최다 빈출]

40

이차방정식 $x^2-12x-7=0$을 $(x+a)^2=b$ 꼴로 나타낼 때, $a+b$의 값은? (단, a, b는 상수)

① 32   ② 35   ③ 37
④ 39   ⑤ 41

41

이차방정식 $\dfrac{1}{2}x^2-3x-3=0$을 $(x+p)^2=q$ 꼴로 나타낼 때, $3p+q$의 값은? (단, p, q는 상수)

① 6   ② 12   ③ 18
④ 24   ⑤ 30

42

다음은 완전제곱식을 이용하여 이차방정식 $2x^2-4x-12=0$의 해를 구하는 과정이다. ①~⑤에 들어갈 수로 알맞은 것은?

$$2x^2-4x-12=0에서$$
$$x^2-2x-\boxed{①}=0$$
$$x^2-2x=\boxed{①}$$
$$x^2-2x+\boxed{②}=\boxed{①}+\boxed{②}$$
$$(x-\boxed{③})^2=\boxed{④}$$
$$x-\boxed{③}=\pm\sqrt{\boxed{④}}$$
$$\therefore x=\boxed{⑤}$$

① 12   ② 4   ③ 2
④ 7   ⑤ $1\pm\sqrt{6}$

43

다음은 완전제곱식을 이용하여 이차방정식 $x^2-8x+6=0$의 해를 구하는 과정이다. 이때 $A+B-C$의 값은?

(단, A, B, C는 유리수)

$$x^2-8x+6=0에서$$
$$x^2-8x=-6$$
$$x^2-8x+A=-6+A$$
$$(x-B)^2=C$$
$$\therefore x=B\pm\sqrt{C}$$

① 6   ② 8   ③ 10
④ 12   ⑤ 14

44

이차방정식 $3x^2-6x-4=0$을 완전제곱식을 이용하여 푸시오.

45

이차방정식 $2x^2+10x-1=0$의 해가 $x=\dfrac{a\pm3\sqrt{b}}{2}$일 때, $a+b$의 값은? (단, a, b는 유리수)

① -5 ② -2 ③ 2
④ 5   ⑤ 8

01

이차방정식 $x^2+(a+1)x-7=0$의 한 근이 $x=-1$일 때, 다음 물음에 답하시오. [4점]

(1) 상수 a의 값을 구하시오. [2점]

(2) 다른 한 근을 구하시오. [2점]

(1) **채점 기준 1** a의 값 구하기 … 2점

$x=$ _____ 을 $x^2+(a+1)x-7=0$에 대입하면

_____

$\therefore a=$ _____

(2) **채점 기준 2** 다른 한 근 구하기 … 2점

$a=$ _____ 을 $x^2+(a+1)x-7=0$에 대입하면

$x^2-\boxed{}x-7=0$에서 $(x+1)(\boxed{})=0$

$\therefore x=-1$ 또는 $x=$ ____

따라서 다른 한 근은 _____ 이다.

01-1

숫자 바꾸기

이차방정식 $3x^2+ax-2=0$의 한 근이 $x=2$일 때, 다음 물음에 답하시오. [4점]

(1) 상수 a의 값을 구하시오. [2점]

(2) 다른 한 근을 구하시오. [2점]

(1) **채점 기준 1** a의 값 구하기 … 2점

(2) **채점 기준 2** 다른 한 근 구하기 … 2점

01-2

응용 서술형

x에 대한 이차방정식
$(m-1)x^2-(m^2-2m+2)x-2=0$의 한 근이 $x=-2$일 때, 상수 m의 값과 다른 한 근을 각각 구하시오. [6점]

02

이차방정식 $2x^2+8x-4=0$의 해를 완전제곱식을 이용하여 구하시오. [4점]

채점 기준 1 $(x-p)^2=q$ 꼴로 나타내기 … 3점

$2x^2+8x-4=0$에서

$x^2+4x=$ ____

x^2+4x+ ____ $=$ ____

$(x+\boxed{})^2=$ ____

채점 기준 2 제곱근을 이용하여 해 구하기 … 1점

$x+\boxed{}=\pm\sqrt{\boxed{}}$

$\therefore x=$ _____

02-1

숫자 바꾸기

이차방정식 $x^2+6x-2=0$의 해를 완전제곱식을 이용하여 구하시오. [4점]

채점 기준 1 $(x-p)^2=q$ 꼴로 나타내기 … 3점

채점 기준 2 제곱근을 이용하여 해 구하기 … 1점

03

이차방정식 $x^2-5x+1=0$의 한 근이 $x=a$일 때, $a^2+\dfrac{1}{a^2}$ 의 값을 구하시오. [4점]

04

이차방정식 $x^2-2x-15=0$의 두 근 중 양수인 근이 이차방정식 $x^2-kx-10=0$의 한 근일 때, 상수 k의 값을 구하시오. [4점]

05

다음 두 이차방정식이 모두 중근을 가질 때, $p-4q$의 값을 구하시오. (단, p, q는 자연수) [6점]

$$x^2+10x+p=0, \qquad x^2-2qx+p+11=0$$

06

두 이차방정식 $x^2+5x-24=0$, $(x+2)^2=25$의 공통인 근이 이차방정식 $3x^2+(a+1)x+2a=0$의 한 근일 때, 다음 물음에 답하시오. [6점]

(1) 두 이차방정식의 공통인 근을 구하시오. [4점]

(2) 상수 a의 값을 구하시오. [2점]

07

이차방정식 $(x+4)^2=m(2x+1)$이 중근을 가질 때, 다음 물음에 답하시오. (단, $m\neq0$) [7점]

(1) 상수 m의 값을 구하시오. [3점]

(2) 이차방정식 $2x^2-(2m-1)x-m=0$의 두 근 사이에 있는 정수는 모두 몇 개인지 구하시오. [4점]

01

다음 중 x에 대한 이차방정식인 것은? [3점]

① $2x+8=0$

② $x^2-2x+3=x^2+1$

③ $x(x+1)=x^2+5$

④ $3x^2-x+1=x^2+2x$

⑤ $(x+1)(x-1)=x(x+1)$

02

등식 $ax^2+4x-1=2x(x-1)$이 x에 대한 이차방정식일 때, 다음 중 상수 a의 값이 될 수 없는 것은? [3점]

① -2　　　② -1　　　③ 0

④ 1　　　⑤ 2

03

다음 이차방정식 중 $x=1$을 해로 갖는 것은? [3점]

① $x^2-2x-1=0$　　② $x^2-4x-4=0$

③ $2x^2-x-1=0$　　④ $2x^2+3x-4=0$

⑤ $(x+2)^2=4$

04

$x=2$가 두 이차방정식 $x^2+ax-6=0$과 $x^2+(b+3)x-2=0$의 공통인 근일 때, $a+b$의 값은? (단, a, b는 상수) [4점]

① -5　　　② -3　　　③ -1

④ 1　　　⑤ 3

05

이차방정식 $x^2-6x+1=0$의 한 근이 $x=a$일 때, $a+\dfrac{1}{a}$의 값은? [4점]

① -6　　　② -3　　　③ 1

④ 3　　　⑤ 6

06

이차방정식 $x^2+x-1=0$의 한 근이 $x=a$일 때, $\dfrac{a^2}{1-a}-\dfrac{4a}{1-a^2}$의 값은? [5점]

① -5　　　② -3　　　③ -1

④ 3　　　⑤ 5

07

다음 이차방정식 중 해가 $x=-\dfrac{1}{2}$ 또는 $x=1$인 것은?

[3점]

① $(2x+1)(x+1)=0$ ② $(2x-1)(x+1)=0$

③ $(2x+1)(x-1)=0$ ④ $(2x-1)(x-1)=0$

⑤ $2(x-1)(x+1)=0$

08

이차방정식 $x^2-6x-16=0$의 두 근의 합은? [3점]

① -6 ② -4 ③ 2

④ 4 ⑤ 6

09

다음 두 이차방정식의 공통인 근은? [4점]

$$x^2+x-12=0, \qquad 3x^2-11x+6=0$$

① $x=-4$ ② $x=-3$ ③ $x=-2$

④ $x=3$ ⑤ $x=4$

10

다음 두 이차방정식이 공통인 근을 갖도록 하는 모든 상수 a의 값의 곱은? [5점]

$$x^2-(a+7)x+7a=0, \qquad x^2+3ax+3a-1=0$$

① $-\dfrac{1}{2}$ ② $-\dfrac{1}{4}$ ③ $\dfrac{1}{8}$

④ $\dfrac{1}{4}$ ⑤ $\dfrac{1}{2}$

11

이차방정식 $2x^2+x-15=0$의 두 근 중 음수인 근이 이차방정식 $x^2-ax+3=0$의 한 근일 때, 상수 a의 값은?

[4점]

① -4 ② -3 ③ -2

④ 2 ⑤ 4

12

이차방정식 $5x^2+2ax-3=0$의 한 근이 $x=-3$이고 다른 한 근이 $x=b$일 때, $a+5b$의 값은?

(단, a는 상수) [4점]

① -4 ② -2 ③ 2

④ 4 ⑤ 8

13

다음 보기의 이차방정식에서 중근을 갖는 것을 모두 고른 것은? [4점]

보기
ㄱ. $(x+1)^2=4$ 　　ㄴ. $x^2=12x-36$
ㄷ. $4x^2+4x+1=0$ 　　ㄹ. $x^2-1=0$

① ㄱ, ㄴ　　　② ㄱ, ㄹ　　　③ ㄴ, ㄷ
④ ㄴ, ㄹ　　　⑤ ㄷ, ㄹ

14

이차방정식 $x^2+2x+3+a=0$이 중근 $x=b$를 가질 때, $a+b$의 값은? (단, a는 상수) [4점]

① -3　　　② -2　　　③ -1
④ 1　　　⑤ 2

15

이차방정식 $5(x-2)^2=15$의 해가 $x=a\pm\sqrt{b}$일 때, $a+b$의 값은? (단, a, b는 유리수) [4점]

① 1　　　② 5　　　③ 7
④ 13　　　⑤ 17

16

이차방정식 $4(x-5)^2=a$의 두 근의 차가 3일 때, 양수 a의 값은? [5점]

① 1　　　② 3　　　③ 5
④ 7　　　⑤ 9

17

이차방정식 $3x^2-12x+2=0$을 $(x+p)^2=q$ 꼴로 나타낼 때, $p+3q$의 값은? (단, p, q는 상수) [4점]

① 5　　　② 8　　　③ 12
④ 15　　　⑤ 20

18

다음은 완전제곱식을 이용하여 이차방정식 $x^2+8x-5=0$의 해를 구하는 과정이다. 이때 $a+b-c$의 값은? (단, a, b, c는 유리수) [4점]

$$x^2+8x-5=0$에서$$
$$x^2+8x=5$$
$$x^2+8x+a=5+a$$
$$(x+b)^2=c$$
$$\therefore x=-b\pm\sqrt{c}$$

① -11　　　② -9　　　③ -1
④ 1　　　⑤ 3

서술형

19

이차방정식 $ax^2+bx-1=0$의 한 근이 $x=1$이고 이차방정식 $3ax^2+bx-7=0$의 한 근이 $x=-1$일 때, $a-b$의 값을 구하시오. (단, a, b는 상수) [4점]

20

다음 두 이차방정식의 공통인 해가 $x=k$일 때, $1-3k$의 값을 구하시오. [6점]

$$3x^2-4x-4=0, \qquad 6x^2+7x+2=0$$

21

이차방정식 $x^2+(a+4)x+4a=0$의 x의 계수와 상수항을 바꾸어 놓고 이차방정식을 풀었더니 한 근이 $x=3$이었다. 처음 이차방정식의 해를 구하시오.
(단, a는 상수) [7점]

22

두 이차방정식 $3x^2+ax+12=0$, $4x^2-3x+b=0$이 모두 중근을 가질 때, ab의 최댓값을 구하시오.
(단, a, b는 상수) [7점]

23

이차방정식 $3x^2-24x+6=0$을 완전제곱식을 이용하여 푸시오. [6점]

01

다음 중 x에 대한 이차방정식을 모두 고르면?

(정답 2개) [3점]

① $x^2-4x+1=1-x^2$

② $4x+1=2x-1$

③ $2x(x+1)=2x^2+4$

④ $-x^2+1=x(1-x)$

⑤ $x^2-3=2x$

02

등식 $2x(ax-1)=-4x^2+3$이 x에 대한 이차방정식이 되기 위한 상수 a의 조건은? [3점]

① $a\neq-2$ ② $a\neq-1$ ③ $a\neq0$

④ $a\neq1$ ⑤ $a\neq2$

03

다음 중 [ ] 안의 수가 주어진 이차방정식의 해인 것은? [3점]

① $x^2-16=0$ $[-8]$

② $x^2+x-6=0$ $[-2]$

③ $(x-1)(x-2)=3$ $[3]$

④ $x^2-3x-10=0$ $[5]$

⑤ $3x^2-2x+5=0$ $[1]$

04

이차방정식 $4x^2-ax-5a+8=0$의 한 근이 $x=-1$일 때, 상수 a의 값은? [3점]

① -3 ② -1 ③ 1

④ 3 ⑤ 5

05

이차방정식 $x^2+3x-1=0$의 한 근을 $x=a$라 할 때, 다음 중 옳지 않은 것은? [4점]

① $a^2+3a=1$ ② $a^2+3a-5=-4$

③ $4a^2+12a=4$ ④ $3a^2+9a+7=8$

⑤ $a-\dfrac{1}{a}=-3$

06

이차방정식 $5x^2-(3a+2)x+5=0$의 한 근 $x=k$에 대하여 $k+\dfrac{1}{k}=a$가 성립할 때, 상수 a의 값은? [5점]

① -2 ② -1 ③ 1

④ 2 ⑤ 3

07

이차방정식 $(x+2)(x-5)=0$의 두 근이 $x=a$ 또는 $x=b$일 때, $a+b$의 값은? [3점]

① -10 ② -3 ③ 3

④ 7 ⑤ 10

08

이차방정식 $x^2-(a+5)x+5a=0$의 두 근의 차가 8일 때, 상수 a의 값은? (단, $a<0$) [4점]

① -5 ② -4 ③ -3

④ -2 ⑤ -1

09

다음 세 이차방정식이 공통인 근 $x=k$를 가질 때, $a+k$의 값은? (단, a는 상수) [5점]

$$x^2-ax-3=0$$
$$ax^2+5x+3=0$$
$$-3x^2+2x+5=0$$

① -2 ② -1 ③ 1

④ 2 ⑤ 3

10

이차방정식 $x^2-4x=21$의 두 근 중 작은 근이 이차방정식 $2x^2-ax+2a-3=0$의 한 근일 때, 상수 a의 값은? [4점]

① -2 ② -3 ③ -4

④ -5 ⑤ -6

11

이차방정식 $x^2+5x-14=0$의 두 근 중 양수인 근이 이차방정식 $x^2-(a-1)x+a=0$의 한 근일 때, 이차방정식 $x^2-(a-1)x+a=0$의 다른 한 근은?

(단, a는 상수) [5점]

① $x=-2$ ② $x=-1$ ③ $x=1$

④ $x=2$ ⑤ $x=3$

12

이차방정식 $5x^2+(a-2)x-2a=0$의 한 근이 $x=-2$일 때, 다른 한 근은? (단, a는 상수) [4점]

① $x=-\dfrac{6}{5}$ ② $x=-\dfrac{4}{5}$ ③ $x=\dfrac{3}{5}$

④ $x=\dfrac{4}{5}$ ⑤ $x=\dfrac{6}{5}$

13

이차방정식 $x^2+20x+100=0$이 중근 $x=a$를 갖고 이차방정식 $4x^2-12x+9=0$이 중근 $x=b$를 가질 때, ab의 값은? [4점]

① -30 ② -15 ③ -5

④ 5 ⑤ 15

14

이차방정식 $x^2-ax-a+3=0$이 중근을 갖도록 하는 모든 상수 a의 값의 합은? [4점]

① -4 ② -2 ③ 0

④ 2 ⑤ 4

15

이차방정식 $2(x-a)^2=12$의 해가 $x=-2\pm\sqrt{b}$일 때, $\dfrac{b}{a}$의 값은? (단, a, b는 유리수) [4점]

① -6 ② -4 ③ -3

④ 3 ⑤ 6

16

이차방정식 $\left(x-\dfrac{1}{4}\right)^2=\dfrac{8-2k}{3}$에 대한 다음 보기의 설명 중에서 옳은 것을 모두 고른 것은? (단, k는 상수)

[4점]

> **보기**
>
> ㄱ. $k=-4$이면 서로 다른 두 근을 갖는다.
> ㄴ. $k=0$이면 중근을 갖는다.
> ㄷ. $k=5$이면 해가 없다.

① ㄱ   ② ㄷ   ③ ㄱ, ㄴ

④ ㄱ, ㄷ   ⑤ ㄴ, ㄷ

17

이차방정식 $x^2-10x+5=0$을 $(x+p)^2=q$ 꼴로 나타낼 때, $p+q$의 값은? (단, p, q는 상수) [4점]

① 5 ② 10 ③ 12

④ 15 ⑤ 18

18

다음은 완전제곱식을 이용하여 이차방정식 $2x^2+8x-1=0$의 해를 구하는 과정이다. ①~⑤에 들어갈 수로 알맞지 <u>않은</u> 것은? [4점]

$$2x^2+8x-1=0에서$$
$$x^2+\boxed{①}\,x=\boxed{②}$$
$$(x+\boxed{③})^2=\boxed{④}$$
$$\therefore x=\boxed{⑤}$$

① 4 ② 1 ③ 2

④ $\dfrac{9}{2}$ ⑤ $-2\pm\dfrac{3\sqrt{2}}{2}$

서술형

19

이차방정식 $x^2-x+a=0$의 한 근이 $x=3$일 때, 이차방정식 $5x^2+ax+1=0$의 해를 구하시오.

(단, a는 상수) [4점]

20

이차방정식 $x^2-2x-1=0$의 한 근을 $x=a$, 이차방정식 $3x^2-2x-4=0$의 한 근을 $x=b$라 할 때, $a^2-3b^2-2a+2b$의 값을 구하시오. [6점]

21

두 이차방정식 $5x^2+7x-6=0$, $3x^2-4x-20=0$의 공통이 아닌 두 근의 곱을 구하시오. [7점]

22

이차방정식 $x^2-4x+m=0$이 중근을 가질 때, 이차방정식 $mx^2-mx-15=0$의 해를 구하시오.

(단, m은 상수) [6점]

23

이차방정식 $(2x-3)(x+4)=x-4$를 $(x+a)^2=b$ 꼴로 고쳐서 구한 해가 $x=c\pm\sqrt{d}$일 때, 유리수 a, b, c, d에 대하여 다음 물음에 답하시오. [7점]

(1) a, b, c, d의 값을 각각 구하시오. [4점]

(2) 이차방정식 $(ax+b)(cx+d)=0$의 해를 구하시오.

[3점]

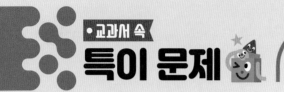

01
비상 변형

이차방정식 $x^2-(a+4)x+4a=0$의 두 근의 비가 1 : 2일 때, 상수 a의 값을 모두 구하시오.

02
동아 변형

한 근이 $x=3$인 이차방정식 $x^2+(a-2)x-4a+1=0$의 다른 한 근이 이차방정식 $x^2-2bx+b+8=0$의 한 근일 때, $a-b$의 값을 구하시오. (단, a, b는 상수)

03
비상 변형

직선 $ax-2y+1=0$이 점 $(a+2, 2a+2)$를 지나고 제4사분면은 지나지 않을 때, 상수 a의 값을 구하시오.

04
신사고 변형

이차방정식 $x^2+ax+b=0$이 다음 조건을 모두 만족시킬 때, 상수 a, b의 값을 각각 구하시오.

⑰ 두 근은 모두 자연수이며, 두 근 중 큰 수는 작은 수의 2배보다 1이 작다.
⑭ 두 근의 곱은 15이다.

05
천재 변형

이차방정식 $x^2+ax+b=0$이 중근을 갖도록 하는 한 자리의 자연수 a, b에 대하여 순서쌍 (a, b)는 모두 몇 개인지 구하시오.

06
미래엔 변형

이차방정식 $x^2-8x+16-3k=0$의 해가 모두 자연수가 되도록 하는 자연수 k의 값을 구하시오.

① 이차방정식과 풀이

② 이차방정식의 근의 공식과 활용

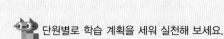 단원별로 학습 계획을 세워 실천해 보세요.

학습 날짜	월 일	월 일	월 일	월 일
학습 계획				
학습 실행도	0 100	0 100	0 100	0 100
자기 반성				

2 이차방정식의 근의 공식과 활용

① 이차방정식의 근의 공식

이차방정식 $ax^2+bx+c=0$의 해는 $x=\dfrac{-b\pm\sqrt{b^2-4ac}}{2a}$ (단, $b^2-4ac\geq0$)

참고 이차방정식 $ax^2+2b'x+c=0$의 해는 $x=\dfrac{-b'\pm\sqrt{\boxed{(1)}}}{a}$ (단, $b'^2-ac\geq0$)

② 복잡한 이차방정식의 풀이

이차방정식을 $ax^2+bx+c=0$ 꼴로 정리한 후, 인수분해 또는 근의 공식을 이용한다.

(1) **분수 또는 소수가 있는 경우** : 양변에 적당한 수를 곱하여 모든 계수를 정수로 고친다.

① 계수가 분수일 때 ➔ 분모의 최소공배수를 곱한다.

② 계수가 소수일 때 ➔ 10의 거듭제곱을 곱한다.

(2) **괄호가 있는 경우** : 분배법칙을 이용하여 괄호를 푼다.

(3) **공통인 부분이 있는 경우** : 공통인 부분을 한 문자로 치환하여 푼다.

③ 이차방정식의 근의 개수

이차방정식 $ax^2+bx+c=0$의 근의 개수는 근의 공식에서 b^2-4ac의 부호에 의해 결정된다.

(1) $b^2-4ac>0$이면 서로 다른 두 근을 갖는다. ➔ 근이 $\boxed{(2)}$개 ┐
(2) $b^2-4ac=0$이면 한 근(중근)을 갖는다. ➔ 근이 $\boxed{(3)}$개 ┤ 근을 가질 조건 : $b^2-4ac\geq0$
(3) $b^2-4ac<0$이면 근이 없다. ➔ 근이 $\boxed{(4)}$개 → 음수의 제곱근은 없다.

④ 이차방정식 구하기

(1) 두 근이 α, β이고 x^2의 계수가 a인 이차방정식
➔ $a(x-\alpha)(x-\beta)=0$ ➔ $a\{x^2-(\alpha+\beta)x+\alpha\beta\}=0$

(2) x^2의 계수가 a이고 α를 중근으로 갖는 이차방정식
➔ $a(x-\alpha)^2=0$

⑤ 이차방정식의 활용

일반적으로 이차방정식을 이용하여 문제를 해결할 때에는 다음과 같은 순서로 한다.

❶ **미지수 정하기** : 문제의 뜻을 파악하고 구하려는 것을 미지수 x로 놓는다.

❷ **방정식 세우기** : 문제의 뜻에 맞는 이차방정식을 세운다.

❸ **방정식 풀기** : 이차방정식을 풀어 해를 구한다.

❹ **확인하기** : 구한 해가 문제의 뜻에 맞는지 확인한다.

주의 사람 수, 나이 등은 미지수의 값이 자연수가 되어야 하고, 도형의 길이, 시간 등은 미지수의 값이 양수가 되어야 함에 주의한다.

미지수 정하기
↓
방정식 세우기
↓
방정식 풀기
↓
확인하기

개념 check

1 다음 이차방정식을 근의 공식을 이용하여 푸시오.

(1) $x^2+3x+1=0$

(2) $2x^2-7x+2=0$

(3) $x^2-2x-1=0$

(4) $9x^2+2x-2=0$

2 다음 이차방정식을 푸시오.

(1) $\dfrac{1}{4}x^2-\dfrac{1}{2}x-1=0$

(2) $0.5x^2-0.2x-0.3=0$

(3) $(x+3)(x-3)=8x$

(4) $(x-2)^2-5(x-2)+6=0$

3 다음 이차방정식의 근의 개수를 구하시오.

(1) $x^2+3x+2=0$

(2) $x^2+2x+1=0$

(3) $x^2+x+2=0$

4 다음 이차방정식을 $ax^2+bx+c=0$ 꼴로 나타내시오. (단, a, b, c는 상수)

(1) 두 근이 $x=-2$, $x=7$이고, x^2의 계수가 1인 이차방정식

(2) x^2의 계수가 3이고, $x=5$를 중근으로 갖는 이차방정식

5 연속하는 두 자연수의 곱이 132일 때, 연속하는 두 자연수를 구하시오.

답 (1) b'^2-ac (2) 2 (3) 1 (4) 0

유형 01 이차방정식의 근의 공식 　　　최다 빈출

01 ••••

이차방정식 $x^2 - 3x + 1 = 0$의 근이 $x = \dfrac{A \pm \sqrt{B}}{2}$일 때, $A + B$의 값은? (단, A, B는 유리수)

① -2　　　　② 2　　　　③ 5
④ 8　　　　⑤ 11

02 ••••

이차방정식 $4x^2 + 7x + A = 0$의 근이 $x = \dfrac{-7 \pm \sqrt{17}}{8}$일 때, 상수 A의 값은?

① -2　　　　② -1　　　　③ 1
④ 2　　　　⑤ 3

03 ••••

이차방정식 $4x^2 - 6x = x^2 - 2$의 두 근 중 작은 근을 $x = p$ 라 할 때, $3p + \sqrt{3}$의 값은?

① $-2\sqrt{3}$　　　② $3 - 2\sqrt{3}$　　　③ 3
④ $2\sqrt{3}$　　　⑤ $3 + 2\sqrt{3}$

04 ••••

이차방정식 $x^2 + ax + 2 = 0$의 근이 $x = 2 \pm \sqrt{b}$일 때, $a - b$ 의 값은? (단, a, b는 유리수)

① -6　　　　② -2　　　　③ 2
④ 4　　　　⑤ 6

05 ••••

이차방정식 $2x^2 - 6x - 1 = 0$의 두 근을 $x = a$ 또는 $x = b$ 라 할 때, $n < b - a < n + 1$을 만족시키는 정수 n의 값은? (단, $a < b$)

① 1　　　　② 2　　　　③ 3
④ 4　　　　⑤ 5

06 ••••

이차방정식 $x^2 - 3x + a - 5 = 0$의 해가 모두 유리수가 되도록 하는 자연수 a는 모두 몇 개인가?

① 1개　　　　② 2개　　　　③ 3개
④ 4개　　　　⑤ 5개

유형 02 복잡한 이차방정식의 풀이

07 ••••

이차방정식 $x^2 - 0.2x = \dfrac{4}{5}$의 두 근의 합은?

① $-\dfrac{3}{5}$　　　② $-\dfrac{2}{5}$　　　③ $\dfrac{1}{5}$
④ $\dfrac{2}{5}$　　　⑤ $\dfrac{3}{5}$

08 ••••

이차방정식 $\dfrac{2}{5}x^2 + \dfrac{1}{2}x - 0.1 = 0$의 근이 $x = \dfrac{A \pm \sqrt{B}}{8}$일 때, $A + B$의 값을 구하시오. (단, A, B는 유리수)

09 ••

이차방정식 $3x(x-1)=x(x+2)-3$을 풀면?

① $x=-\dfrac{1}{2}$ 또는 $x=3$ ② $x=\dfrac{1}{2}$ 또는 $x=3$

③ $x=1$ 또는 $x=\dfrac{3}{2}$ ④ $x=\dfrac{1\pm\sqrt{10}}{4}$

⑤ $x=\dfrac{5\pm\sqrt{31}}{4}$

10 ••

이차방정식 $\dfrac{x^2-5}{5}-\dfrac{x-1}{4}=0.1x$의 두 근 사이에 있는 모든 정수의 합은?

① -2 ② -1 ③ 0

④ 1 ⑤ 2

11 •••

이차방정식 $(x-2)(x+3)=-4x$의 해가 $x=a$ 또는 $x=b$일 때, 이차방정식 $\dfrac{1}{b}x^2+\dfrac{1}{a}x+1=0$의 해는?

(단, $a>b$)

① $x=-3\pm\sqrt{5}$ ② $x=-3\pm\sqrt{15}$

③ $x=-1\pm\sqrt{15}$ ④ $x=3\pm\sqrt{15}$

⑤ $x=15\pm\sqrt{5}$

up 유형 03   공통인 부분이 있는 이차방정식의 풀이

12 ••

이차방정식 $(x+2)^2+3(x+2)+2=0$의 두 근을 $x=\alpha$ 또는 $x=\beta$라 할 때, $2\alpha+\beta$의 값은? (단, $\alpha>\beta$)

① -10 ② -5 ③ -4

④ 2 ⑤ 5

13 •••

$(x-y)(x-y+2)=8$일 때, $x-y$의 값은? (단, $x>y$)

① -4 ② -2 ③ 2

④ 4 ⑤ 6

유형 04   이차방정식의 근의 개수   최다 빈출

14 ••

이차방정식 $3x^2+2x-k=0$이 서로 다른 두 근을 가질 때, 상수 k의 값의 범위는?

① $k>-\dfrac{1}{3}$ ② $k<-\dfrac{1}{3}$ ③ $k<\dfrac{1}{3}$

④ $k\geq-\dfrac{1}{3}$ ⑤ $k\leq-\dfrac{1}{3}$

15 ••

다음 이차방정식 중 근의 개수가 나머지 넷과 다른 하나는?

① $x^2-3x=0$ ② $x^2+3x+7=0$

③ $3x^2-x-1=0$ ④ $x^2+\dfrac{1}{3}x=\dfrac{1}{6}$

⑤ $(x-1)(2x-3)=3x-2$

16 ●●●

이차방정식 $4x^2-2x+3-k=0$의 근이 존재하지 않도록 하는 상수 k의 값 중 가장 큰 정수는?

① 0   ② 1   ③ 2

④ 3   ⑤ 4

17 ●●●

이차방정식 $2x^2+8x+k-5=0$이 근을 갖도록 하는 상수 k의 값의 범위는?

① $k<-13$ ② $k<13$ ③ $k\le13$

④ $k>13$ ⑤ $k\ge13$

18 ●●●

이차방정식 $x^2-(k+2)x+4=0$이 중근을 가질 때, 이차방정식 $2x^2-kx-2=0$의 근을 구하시오. (단, $k>0$)

19 ●●●

이차방정식 $9x^2+ax+1=0$은 중근을 갖고, 이차방정식 $2x^2-6x+3a=0$은 서로 다른 두 근을 가질 때, 상수 a의 값은?

① -6 ② 6

③ -6 또는 -3 ④ -6 또는 6

⑤ -3 또는 3

●정답 및 풀이 18쪽

유형 05 이차방정식 구하기

20 ●●●

이차방정식 $12x^2+ax+b=0$의 두 근이 $\dfrac{3}{4}$, $\dfrac{1}{3}$일 때, $a+b$의 값은? (단, a, b는 상수)

① -16 ② -10 ③ -7

④ -4 ⑤ -1

21 ●●●

x^2의 계수가 9이고 $x=-\dfrac{2}{3}$를 중근으로 갖는 이차방정식을 $ax^2+bx+c=0$이라 할 때, $a+b-c$의 값은?

(단, a, b, c는 상수)

① 5   ② 7   ③ 9

④ 13   ⑤ 17

22 ●●●

x^2의 계수가 1인 이차방정식을 지혜와 수민이가 푸는데 지혜는 x의 계수를 잘못 보고 풀어서 두 근을 -2, 15로 구했고, 수민이는 상수항을 잘못 보고 풀어서 두 근을 -3, 2로 구했다. 처음 이차방정식의 해를 구하시오.

유형 06 공식이 주어진 경우의 활용

23 ••••

자연수 1부터 n까지의 합은 $\dfrac{n(n+1)}{2}$이다. 합이 210이 되려면 1부터 얼마까지 더해야 하는가?

① 18   ② 19   ③ 20
④ 21   ⑤ 22

24 ••••

n각형의 대각선의 개수가 $\dfrac{n(n-3)}{2}$일 때, 대각선의 개수가 35인 다각형은?

① 칠각형   ② 팔각형   ③ 구각형
④ 십각형   ⑤ 십일각형

25 ••••

n명의 사람들이 한 명도 빠짐없이 서로 한 번씩 악수를 하면 악수를 한 총횟수는 $\dfrac{n(n-1)}{2}$이라 한다. 어느 테니스 동호회에 참석한 회원들이 한 명도 빠짐없이 서로 한 번씩 악수를 한 총횟수가 66일 때, 동호회에 참석한 회원은 모두 몇 명인가?

① 9명   ② 10명   ③ 11명
④ 12명   ⑤ 13명

유형 07 던진 물체에 대한 활용

26 •••

지면으로부터 2 m의 높이에서 공중으로 던진 농구공의 t초 후의 지면으로부터의 높이가 $(-5t^2 + 9t + 2)$ m라 할 때, 던진 농구공이 지면에 떨어지는 것은 몇 초 후인가?

① 1초 후   ② 2초 후   ③ 3초 후
④ 4초 후   ⑤ 5초 후

27 ••••

초속 100 m로 지면에서 수직으로 쏘아 올린 로켓의 t초 후의 지면으로부터의 높이는 $(100t - 5t^2)$ m라 한다. 이 로켓이 올라가면서 지면으로부터의 높이가 480 m인 지점에서 보조 장치가 분리되었다고 할 때, 이 로켓의 보조 장치가 분리된 것은 로켓을 쏘아 올리고 나서 몇 초 후인가?

① 8초 후   ② 9초 후   ③ 10초 후
④ 11초 후   ⑤ 12초 후

28 ••••

지면으로부터 20 m 높이의 건물 꼭대기에서 초속 30 m로 쏘아 올린 물체의 t초 후의 지면으로부터의 높이가 $(20 + 30t - 5t^2)$ m라 한다. 지면으로부터의 물체의 높이가 45 m 이상을 유지하는 것은 몇 초 동안인가?

① 2초   ② 4초   ③ 6초
④ 8초   ⑤ 10초

유형 08 수에 대한 활용
최다 빈출

29
차가 4인 두 자연수가 있다. 두 수의 제곱의 합이 170일 때, 이 두 자연수를 구하시오.

30
연속하는 세 자연수가 있다. 가장 큰 수의 제곱이 나머지 두 수의 제곱의 합보다 12만큼 작을 때, 연속하는 세 자연수 중 가장 큰 수는?

① 4   ② 5   ③ 6
④ 7   ⑤ 8

31
연속하는 두 홀수가 있다. 큰 수의 제곱은 작은 수의 10배보다 11만큼 크다. 이때 두 홀수의 제곱의 합을 구하시오.

32
어떤 자연수와 그 수보다 5만큼 작은 수와의 곱을 구하려다 잘못하여 6만큼 큰 수와의 곱을 구하였더니 216이 되었다. 처음에 구하려고 했던 두 수의 곱은?

① 50   ② 66   ③ 84
④ 126   ⑤ 204

33
두 자리의 자연수가 있다. 이 수의 십의 자리의 숫자와 일의 자리의 숫자의 합은 8이고, 곱은 원래의 자연수보다 20만큼 작다고 한다. 이때 두 자리의 자연수를 구하시오.

유형 09 실생활에서의 활용

34
은희는 동생보다 3살이 많고, 은희의 나이의 제곱은 동생의 나이의 제곱의 2배보다 18살이 적다. 이때 은희의 나이는?

① 9살   ② 10살   ③ 11살
④ 12살   ⑤ 13살

35
서연이는 5월 가족의 달을 맞이하여 가족과 함께 1박 2일로 여행을 가기로 하였다. 2일간의 날짜를 곱하였더니 110일 때, 여행의 출발일을 구하시오.

36
몇 명의 학생들에게 공책 108권을 남김없이 똑같이 나누어 주려고 한다. 한 학생이 받은 공책의 수가 전체 학생 수보다 3만큼 작다고 할 때, 학생은 모두 몇 명인가?

① 8명   ② 9명   ③ 10명
④ 11명   ⑤ 12명

37 ●●

어느 감귤 농장에서는 한 상자에 2000 g씩 넣으면 4200개의 상자를 채울 수 있는 양만큼 귤을 생산하였다고 한다. 한 상자에 귤을 x g씩 더 넣으면 상자는 $2x$개만큼 줄어든다고 할 때, x의 값을 구하시오.

38 ●●●

1인 입장료가 1000원인 수목원에 하루 평균 600명이 입장한다고 한다. 1인 입장료를 x원 인상하면 하루 평균 입장객이 $\frac{1}{2}x$명 줄지만 총수입은 변함이 없다고 할 때, x의 값은?

① 100   ② 150   ③ 200
④ 250   ⑤ 300

유형 10 도형에서의 활용 – 도형의 넓이

39 ●●●

정사각형 모양의 땅의 가로의 길이를 3 m만큼 늘이고, 세로의 길이를 2 m만큼 줄였더니 넓이가 104 m²가 되었다. 처음 땅의 한 변의 길이를 구하시오.

40 ●●

민지네 가족은 작년에 가로의 길이가 5 m, 세로의 길이가 4 m인 직사각형 모양의 주말 농장을 운영하였다. 올해는 작년보다 주말 농장의 가로의 길이와 세로의 길이를 똑같은 길이만큼 더 늘였더니 농장의 넓이가 56 m²가 되었다. 올해 주말 농장의 가로의 길이와 세로의 길이를 몇 m 더 늘였는지 구하시오.

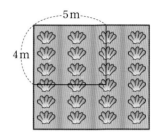

41 ●●

오른쪽 그림과 같이 길이가 12 cm인 선분을 두 부분으로 나누어 각 선분을 한 변으로 하는 정사각형을 만들었더니 두 정사각형의 넓이의 합이 74 cm²이었다. 이때 큰 정사각형의 한 변의 길이는?

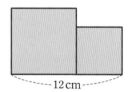

① 7 cm   ② 8 cm   ③ 9 cm
④ 10 cm   ⑤ 11 cm

42 ●●●

오른쪽 그림과 같이 원 모양의 연못의 반지름의 길이를 5 m만큼 늘였더니 처음 연못의 넓이의 4배가 되었다. 이때 처음 원 모양의 연못의 넓이는?

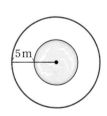

① 16π m²   ② 20π m²
③ 25π m²   ④ 30π m²
⑤ 36π m²

● 정답 및 풀이 21쪽

43 •••

오른쪽 그림과 같은 직사각형 ABCD에서 점 P는 점 A에서 출발하여 변 AB를 따라 점 B까지 매초 4 cm의 속력으로 움직이고, 점 Q는 점 B에서 출발하여 변 BC를 따라 점 C까지 매초 6 cm의 속력으로 움직인다. 두 점 P, Q가 동시에 출발할 때, △PBQ의 넓이가 48 cm²가 되는 것은 출발한 지 몇 초 후인지 구하시오.

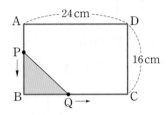

44 •••

오른쪽 그림과 같이 ∠C=90°이고 $\overline{AC}$=12 cm, $\overline{BC}$=16 cm인 직각삼각형 ABC에서 $\overline{AB}$ 위의 점 D에서 $\overline{BC}$, $\overline{AC}$ 위에 내린 수선의 발을 각각 E, F라 하자. 사각형 DECF의 넓이가 45 cm²일 때, $\overline{EC}$의 길이를 구하시오. (단, $\overline{EC}$>8 cm)

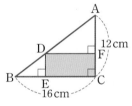

유형]] 도형에서의 활용 – 상자 만들기

45 •••

한 변의 길이가 12 cm인 정사각형 모양의 두꺼운 도화지가 있다. 오른쪽 그림과 같이 이 도화지의 네 귀퉁이에서 한 변의 길이가 x cm인 정사각형을 잘라 내어 상자를 만들려고 한다. 상자의 밑면의 넓이가 64 cm²일 때, x의 값을 구하시오.

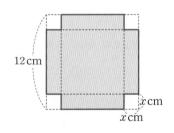

46 •••

오른쪽 그림과 같은 정사각형 모양의 종이의 네 귀퉁이에서 한 변의 길이가 2 cm인 정사각형을 잘라 내어 그 나머지로 뚜껑이 없는 직육면체 모양의 상자를 만들려고 한다. 상자의 부피가 72 cm³일 때, 처음 정사각형의 넓이는?

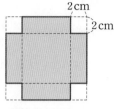

① 64 cm²　　② 72 cm²　　③ 81 cm²
④ 96 cm²　　⑤ 100 cm²

유형]2 도형에서의 활용 – 길의 넓이

47 •••

오른쪽 그림과 같이 가로의 길이가 20 m이고, 세로의 길이가 15 m인 직사각형 모양의 잔디밭에 폭이 일정한 길을 내었다. 길을 제외한 잔디밭의 넓이가 150 m²일 때, 이 길의 폭은?

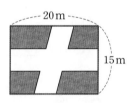

① 2 m　　② 3 m　　③ 4 m
④ 5 m　　⑤ 6 m

48 •••

오른쪽 그림과 같이 가로와 세로의 길이가 각각 15 m, 10 m인 직사각형 모양의 땅에 폭이 일정한 길을 내고, 나머지는 꽃밭을 만들려고 한다. 꽃밭의 넓이가 104 m²일 때, 길의 폭을 구하시오.

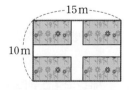

전국 1000여 개 학교 시험 문제를 분석하여 출제율 높은 서술형 문제만 선별했어요!

01

이차방정식 $\dfrac{2x(x-1)}{3}=\dfrac{(x-1)^2}{2}+1$의 해가

$x=A\pm\sqrt{B}$일 때, 다음 물음에 답하시오.

(단, A, B는 유리수) [4점]

(1) 이차방정식을 $ax^2+bx+c=0$ 꼴로 나타내시오.

(단, a, b, c는 정수) [2점]

(2) $A+B$의 값을 구하시오. [2점]

(1) **채점 기준 1** 이차방정식을 $ax^2+bx+c=0$ 꼴로 나타내기 … 2점

양변에 3과 2의 최소공배수 _____ 을 곱하여 정리하면

_____

_____

(2) **채점 기준 2** $A+B$의 값 구하기 … 2점

근의 공식을 이용하면

$x=$ _____

따라서 $A=$ ____ , $B=$ ____ 이므로

$A+B=$ _____

01-1 숫자 바꾸기

이차방정식 $0.5(x^2+2)=\dfrac{(x-1)(2x-1)}{3}$의 해가

$x=A\pm\sqrt{B}$일 때, 다음 물음에 답하시오.

(단, A, B는 유리수) [4점]

(1) 이차방정식을 $ax^2+bx+c=0$ 꼴로 나타내시오.

(단, a, b, c는 정수) [2점]

(2) $A+B$의 값을 구하시오. [2점]

(1) **채점 기준 1** 이차방정식을 $ax^2+bx+c=0$ 꼴로 나타내기 … 2점

(2) **채점 기준 2** $A+B$의 값 구하기 … 2점

02

연속하는 두 홀수의 제곱의 합이 130일 때, 연속하는 두 홀수의 합을 구하시오. [6점]

채점 기준 1 미지수 정하고 이차방정식 세우기 … 2점

연속하는 두 홀수를 x를 사용하여 나타내면 x, _____

두 홀수의 제곱의 합이 130이므로 이차방정식을 세우면

_____

채점 기준 2 이차방정식의 해 구하기 … 2점

이차방정식을 정리하여 $ax^2+bx+c=0$ 꼴로 나타내면

_____

이차방정식의 해를 구하면

_____

채점 기준 3 연속하는 두 홀수의 합 구하기 … 2점

이때 x는 홀수이므로 $x=$ ____

따라서 연속하는 두 홀수는 ____ , ____ 이므로

두 홀수의 합은 _____

02-1 조건 바꾸기

연속하는 두 짝수의 제곱의 합이 164일 때, 연속하는 두 짝수의 곱을 구하시오. [6점]

채점 기준 1 미지수 정하고 이차방정식 세우기 … 2점

채점 기준 2 이차방정식의 해 구하기 … 2점

채점 기준 3 연속하는 두 짝수의 곱 구하기 … 2점

03

이차방정식 $3x^2+5x-1=0$의 해를 근의 공식을 이용하여 구하시오. [4점]

04

이차방정식 $3ax^2+30x+25=0$이 오직 하나의 근을 가지고, 그때의 해는 $x=b$이다. 이때 ab의 값을 구하시오.

(단, a, b는 상수) [4점]

05

아래 조건을 만족시키는 a, b에 대하여 이차방정식 $x^2+ax+b=0$의 해를 구하려고 한다. 다음 물음에 답하시오. [7점]

> ㈎ 이차방정식 $\dfrac{1}{3}x^2-\dfrac{1}{6}x-1=0$의 두 근 중 큰 근을 $x=a$라 하자.
> ㈏ 이차방정식 $0.5x^2+2.3x-1=0$의 두 근 중 작은 근을 $x=b$라 하자.

⑴ a, b의 값을 각각 구하시오. [4점]

⑵ 이차방정식 $x^2+ax+b=0$의 해를 구하시오. [3점]

06

이차방정식 $x^2+ax+b=0$을 푸는데 지유는 x의 계수를 잘못 보고 풀어서 두 근을 -1, 15로 구했고, 유찬이는 상수항을 잘못 보고 풀어서 두 근을 -2, 4로 구했다. 처음 이차방정식의 해를 구하시오. (단, a, b는 상수) [6점]

07

두 자리의 자연수가 있다. 십의 자리의 숫자와 일의 자리의 숫자의 합이 110이고, 십의 자리의 숫자와 일의 자리의 숫자의 곱은 처음 수보다 19만큼 작다고 할 때, 이 두 자리의 자연수를 구하시오. [7점]

08

길이가 20 m인 철망을 이용하여 다음 그림과 같이 벽면에 울타리를 만들었다. 울타리 안쪽의 직사각형 모양의 땅의 넓이가 50 m²일 때, 이 땅의 가로인 $\overline{AB}$의 길이를 구하시오.

[7점]

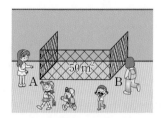

01

이차방정식 $x^2+3x-1=0$의 해가 $x=\dfrac{A\pm\sqrt{B}}{2}$일 때, 유리수 A, B에 대하여 $A+B$의 값은? [3점]

① 9　　　　② 10　　　　③ 11

④ 12　　　　⑤ 13

02

이차방정식 $x^2-6x+4=0$을 풀면? [3점]

① $x=\dfrac{3\pm\sqrt{5}}{2}$　　　② $x=\dfrac{3\pm2\sqrt{5}}{2}$

③ $x=\dfrac{6\pm\sqrt{5}}{2}$　　　④ $x=3\pm\sqrt{5}$

⑤ $x=6\pm\sqrt{5}$

03

이차방정식 $3x^2-5x+a=0$의 근이 $x=\dfrac{5\pm\sqrt{13}}{6}$일 때, 상수 a의 값은? [3점]

① -2　　　② -1　　　③ 1

④ 2　　　　⑤ 3

04

이차방정식 $x^2-10x-3=0$의 두 근을 $x=\alpha$, $x=\beta$라 할 때, $\alpha-5<n<\beta-5$를 만족시키는 정수 n은 모두 몇 개인가? (단, $\alpha<\beta$) [4점]

① 8개　　　② 9개　　　③ 10개

④ 11개　　　⑤ 12개

05

이차방정식 $\dfrac{1}{3}x^2-\dfrac{1}{2}x-\dfrac{5}{6}=0$을 풀면? [3점]

① $x=-\dfrac{5}{2}$ 또는 $x=1$　　② $x=-2$ 또는 $x=\dfrac{5}{2}$

③ $x=-1$ 또는 $x=\dfrac{2}{5}$　　④ $x=-1$ 또는 $x=\dfrac{5}{2}$

⑤ $x=-\dfrac{2}{5}$ 또는 $x=1$

06

방정식 $3(x+y)^2-10(x+y)-8=0$을 만족시키는 자연수 x, y의 순서쌍 (x, y)는 모두 몇 개인가? [5점]

① 1개　　　② 2개　　　③ 3개

④ 4개　　　⑤ 5개

07

이차방정식 $(k-2)x^2-4x-1=0$이 중근을 가질 때, 이차방정식 $(k+4)x^2-9x+9=0$의 두 근의 곱은?

(단, k는 상수) [4점]

① 3　　　　　② $\dfrac{9}{2}$　　　　　③ 5

④ $\dfrac{11}{2}$　　　　　⑤ $\dfrac{13}{2}$

08

다음 이차방정식 중 근의 개수가 나머지 넷과 다른 하나는? [4점]

① $x^2+3x-10=0$　　　② $x^2-3x+2=0$

③ $2x^2-4x+1=0$　　　④ $2x^2-x+1=0$

⑤ $3x^2+x-1=0$

09

이차방정식 $x^2+4x+a-3=0$의 해가 없을 때, 상수 a의 값의 범위는? [4점]

① $a<7$　　　② $a\leq7$　　　③ $a>7$

④ $a\geq7$　　　⑤ $a<-7$

10

x^2의 계수가 4이고 $x=-3$을 중근으로 갖는 이차방정식을 $ax^2+bx+c=0$이라 할 때, $a+b+c$의 값은?

(단, a, b, c는 상수) [4점]

① 56　　　　② 58　　　　③ 60

④ 62　　　　⑤ 64

11

이차방정식 $3x^2+ax+b=0$의 해가 $x=-\dfrac{1}{3}$ 또는 $x=5$일 때, $a+b$의 값은? (단, a, b는 상수) [4점]

① -19　　　② -18　　　③ -15

④ -12　　　⑤ -10

12

다음 그림과 같이 바둑돌을 삼각형 모양으로 배열해 나갈 때, n번째 삼각형에 사용된 바둑돌의 개수는 $\dfrac{n(n+1)}{2}$이다. 사용된 바둑돌의 개수가 36인 삼각형은 몇 번째 삼각형인가? [4점]

[1번째]　　[2번째]　　　[3번째]　　　　[4번째]　　…

① 5번째　　　② 6번째　　　③ 7번째

④ 8번째　　　⑤ 9번째

13

지면으로부터 70 m 높이의 건물 옥상에서 초속 25 m로 쏘아 올린 물체의 t초 후의 지면으로부터의 높이는 $(70+25t-5t^2)$ m라 한다. 이 물체가 지면에 떨어지는 것은 쏘아 올린 지 몇 초 후인가? [4점]

① 3초 후   ② 4초 후   ③ 7초 후
④ 8초 후   ⑤ 10초 후

14

연속하는 두 자연수의 제곱의 합이 85일 때, 두 자연수의 곱은? [3점]

① 12   ② 20   ③ 30
④ 42   ⑤ 56

15

다음 대화를 보고, A의 질문에 답하면? [5점]

> A : 한 개에 500원 하는 꽈배기가 잘 팔린다면서요.
>   하루에 얼마나 팔리나요?
> B : 하루 평균 400개 정도 팔아요. 그런데 요새 밀가루 값이 올라서 일주일 전부터 꽈배기 가격을 올렸어요.
> A : 꽈배기 가격을 올리면 판매량이 줄지 않나요?
> B : 맞아요. 하루 평균 400개 팔리던 것에서 올린 금액의 $\frac{1}{2}$만큼 줄어든 개수로 팔려요. 그래도 다행인 것은 총판매금액은 가격을 올리기 전과 같아요.
> A : 그럼 꽈배기 한 개당 얼마를 올리신 건가요?

① 100원   ② 150원   ③ 200원
④ 250원   ⑤ 300원

16

오른쪽 그림과 같이 길이가 10 cm인 선분을 두 부분으로 나누어 각 선분을 한 변으로 하는 정사각형을 만들었다. 두 정사각형의 넓이의 합이 58 cm²일 때, 두 정사각형의 각 변의 길이의 차는? [4점]

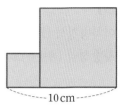

① 1 cm   ② 2 cm   ③ 3 cm
④ 4 cm   ⑤ 5 cm

17

오른쪽 그림과 같이 $\angle C=90°$이고, $\overline{BC}=6$, $\overline{AC}=15$인 직각삼각형 ABC가 있다. $\overline{AB}$ 위의 점 P에서 $\overline{AC}$, $\overline{BC}$에 내린 수선의 발을 각각 Q, R라 하자. $\triangle PRQ=\frac{2}{9}\triangle ABC$일 때, $\overline{PQ}$의 길이는? (단, $\overline{PR}<\overline{AQ}$) [5점]

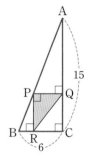

① 2   ② 2.5   ③ 3
④ 3.5   ⑤ 4

18

오른쪽 그림과 같이 가로, 세로의 길이가 각각 15 m, 12 m인 직사각형 모양의 꽃밭에 폭이 일정한 십자형의 산책로를 만들려고 한다. 산책로를 제외한 꽃밭의 넓이가 130 m²일 때, 산책로의 폭은? [4점]

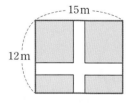

① 1 m   ② 2 m   ③ 3 m
④ 4 m   ⑤ 5 m

19

이차방정식 $3x^2 - 2x - 3 = 0$의 두 근 중 큰 근을 $x = \alpha$ 라 할 때, $3\alpha - \sqrt{10}$의 값을 구하시오. [4점]

20

이차방정식 $\frac{1}{3}x^2 + 0.5x + A = 0$의 근이 $x = \dfrac{B \pm \sqrt{17}}{4}$ 일 때, AB의 값을 구하시오. (단, A, B는 유리수) [6점]

21

이차방정식 $x^2 + 2ax + a + 2 = 0$은 중근을 갖고, 이차 방정식 $4x^2 - 3x + 1 - 2a = 0$은 서로 다른 두 근을 가질 때, 상수 a의 값을 구하시오. [7점]

22

학교의 강당에 직사각형의 형태로 96개의 좌석을 배치하려고 한다. 가로줄의 수가 세로줄의 수보다 많고, 가로줄의 수와 세로줄의 수의 합이 20일 때, 배치한 가로줄의 수를 구하시오. [6점]

23

가로의 길이가 세로의 길이보다 3 cm만큼 더 긴 직사각형 모양의 종이가 있다. 다음 그림과 같이 네 모퉁이에서 한 변의 길이가 4 cm인 정사각형을 잘라 내어 윗면이 없는 직육면체 모양의 상자를 만들었더니 그 부피가 280 cm³가 되었다. 처음 직사각형 모양의 종이의 가로의 길이를 구하시오. [7점]

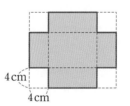

4 cm
4 cm

01

이차방정식 $x^2-5x+3=0$의 해가 $x=\dfrac{A\pm\sqrt{B}}{2}$일 때, $B-A$의 값은? (단, A, B는 유리수) [3점]

① 2　　　　② 4　　　　③ 6
④ 8　　　　⑤ 10

02

이차방정식 $2x^2+8x+1=0$을 풀면? [3점]

① $x=\dfrac{-4\pm\sqrt{14}}{4}$　　② $x=\dfrac{-8\pm\sqrt{14}}{2}$

③ $x=\dfrac{-4\pm\sqrt{14}}{2}$　　④ $x=-8\pm\sqrt{14}$

⑤ $x=-4\pm\sqrt{14}$

03

이차방정식 $2x^2+3x+a=0$의 해가 $x=\dfrac{-3\pm\sqrt{41}}{4}$일 때, 상수 a의 값은? [3점]

① -5　　　② -4　　　③ -3
④ -2　　　⑤ -1

04

이차방정식 $x^2-8x-5=0$의 두 근의 합은? [3점]

① 8　　　　② 9　　　　③ 10
④ 11　　　⑤ 12

05

이차방정식 $x^2-12x+6=0$의 두 근 중 큰 근을 $x=k$라 할 때, $n<k<n+1$을 만족시키는 정수 n의 값은?

[4점]

① 8　　　　② 9　　　　③ 10
④ 11　　　⑤ 12

06

이차방정식 $x^2+2ax+b=0$의 해가 $x=3\pm2\sqrt{2}$일 때, 유리수 a, b에 대하여 $a+b$의 값은? [4점]

① -7　　　② -5　　　③ -4
④ -3　　　⑤ -2

07

이차방정식 $2x^2+5x+a-1=0$의 해가 모두 유리수가 되도록 하는 모든 자연수 a의 값의 합은? [5점]

① 3   ② 4   ③ 5
④ 7   ⑤ 8

08

이차방정식 $0.3x^2-2x+1.2=0$을 풀면? [3점]

① $x=-6$ 또는 $x=-\dfrac{3}{2}$

② $x=-6$ 또는 $x=-\dfrac{2}{3}$

③ $x=\dfrac{2}{3}$ 또는 $x=6$

④ $x=\dfrac{3}{2}$ 또는 $x=6$

⑤ $x=2$ 또는 $x=6$

09

이차방정식 $(x+3)^2+2(x+3)-4=0$의 두 근의 곱은? [4점]

① -4 ② -2 ③ 5
④ 9   ⑤ 11

10

다음 이차방정식 중 해가 없는 것은? [4점]

① $x^2+4x+4=0$ ② $x^2-x-2=0$
③ $2x^2-3x+2=0$ ④ $2x^2-x-4=0$
⑤ $5x^2-6x+1=0$

11

이차방정식 $3x^2-6x+a-1=0$이 서로 다른 두 근을 갖도록 하는 상수 a의 값의 범위는? [4점]

① $a<4$ ② $a\leq4$ ③ $a>4$
④ $a\geq4$ ⑤ $a<-4$

12

이차방정식 $x^2+ax+b=0$의 해가 $x=1$ 또는 $x=2$일 때, 이차방정식 $bx^2+ax+1=0$의 해는?

(단, a, b는 상수) [4점]

① $x=-2$ 또는 $x=-1$

② $x=-1$ 또는 $x=2$

③ $x=-\dfrac{1}{2}$ 또는 $x=1$

④ $x=\dfrac{1}{2}$ 또는 $x=1$

⑤ $x=\dfrac{1}{2}$ 또는 $x=2$

13

지면에서 초속 30 m로 똑바로 위로 던진 공의 t초 후의 높이는 $(30t - 5t^2)$ m이다. 지면으로부터의 공의 높이가 45 m가 되는 것은 공을 던진 지 몇 초 후인가? [4점]

① 2초 후   ② 3초 후   ③ 4초 후
④ 5초 후   ⑤ 6초 후

14

다음 글을 보고, 시현이의 나이를 구하면? [4점]

안녕? 내 이름은 시현이야.
나에게는 4살 차이가 나는 남동생이 있어.
내 나이를 제곱하면 내 동생 나이의 제곱의 2배보다 16살이 많아. 내 나이가 몇 살인지 알겠니?

① 12살   ② 13살   ③ 14살
④ 15살   ⑤ 16살

15

처음 직사각형에서 정사각형을 떼어내고 남은 직사각형과 처음 직사각형이 서로 닮음일 때, 처음 직사각형을 황금직사각형이라 한다. 다음 그림과 같은 황금직사각형에서 $\overline{AB} = 1$, $\overline{BC} = x$일 때, x의 값은? [5점]

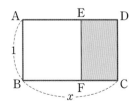

① $\dfrac{1+\sqrt{3}}{2}$ ② $\dfrac{1+\sqrt{5}}{2}$ ③ $\dfrac{1+\sqrt{6}}{2}$

④ $\dfrac{3+\sqrt{5}}{2}$ ⑤ $\dfrac{2+\sqrt{6}}{2}$

16

오른쪽 그림과 같이 너비가 80 cm인 종이의 양쪽을 같은 높이만큼 직각으로 접어 올려 색칠한 부분의 넓이가 800 cm²가 되도록 하려고 한다. 접어 올린 종이의 높이는? [4점]

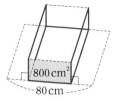

① 15 cm   ② 18 cm   ③ 20 cm
④ 22 cm   ⑤ 25 cm

17

오른쪽 그림과 같이 반지름의 길이가 x cm인 원의 반지름의 길이를 4 cm 늘였더니 원의 넓이가 처음 원의 넓이의 5배가 되었다. 이때 x의 값은?

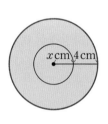

[4점]

① 2   ② $\sqrt{5}$ ③ $1+\sqrt{5}$
④ $2+\sqrt{5}$ ⑤ $2\sqrt{5}$

18

오른쪽 그림과 같은 직사각형 ABCD에서 점 P는 점 A를 출발하여 점 B까지 매초 1 cm의 속력으로 움직이고, 점 Q는 점 B를 출발하여 점 C까지 매초 3 cm의 속력으로 움직인다. 두 점 P, Q가 동시에 출발하였을 때, 출발한 지 몇 초 후에 오각형 APQCD의 넓이가 104 cm²가 되는가? [5점]

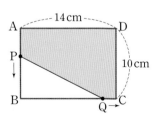

① 2초 후   ② 3초 후   ③ 4초 후
④ 5초 후   ⑤ 6초 후

19

이차방정식 $\frac{1}{5}x^2 - \frac{1}{4}x + A = 0$의 근이 $x = \frac{B \pm \sqrt{57}}{8}$ 일 때, AB의 값을 구하시오. (단, A, B는 유리수) [4점]

20

이차방정식 $x^2 - (a+3)x + 1 = 0$은 중근을 갖고, 이차방정식 $x^2 + (a-1)x - a = 0$은 서로 다른 두 근을 가질 때, 상수 a의 값을 구하시오. [6점]

21

이차방정식 $x^2 + ax + b = 0$의 두 근의 차가 3이고, 큰 근이 작은 근의 2배일 때, 다음 물음에 답하시오.
(단, a, b는 상수) [7점]

(1) 주어진 이차방정식의 해를 구하시오. [3점]

(2) $a+b$의 값을 구하시오. [4점]

22

어떤 자연수를 제곱해야 할 것을 잘못하여 2배를 하였더니 제곱을 한 것보다 63만큼 작아졌을 때, 어떤 자연수를 구하시오. [6점]

23

오른쪽 그림과 같이 세 개의 반원으로 이루어진 도형에서 가장 큰 반원의 지름은 36 cm이고 색칠한 부분의 넓이는 80π cm^{2}일 때, 가장 작은 반원의 반지름의 길이를 구하시오. [7점]

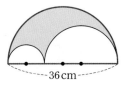

중학교 수학 교과서 10종을 분석한 교과서별 출제 예상 문제예요!

01

동아 변형

같은 해 7월에 태어난 민재와 예지의 생일은 2주일 차이가 난다. 두 사람이 태어난 날의 수의 곱이 312이고 예지가 민재보다 늦게 태어났다고 할 때, 예지의 생일을 구하시오.

02

신사고 변형

길이가 12 cm인 실을 두 부분으로 잘라서 크기가 다른 두 개의 정삼각형을 만들었다. 큰 정삼각형의 넓이가 작은 정삼각형의 넓이의 5배일 때, 작은 정삼각형의 한 변의 길이를 구하시오.

03

천재 변형

다음 그림은 큰 반원 안에 같은 크기의 작은 반원 3개를 각각 접하도록 그린 것이다. 색칠한 부분의 넓이가 12π일 때, 작은 반원의 반지름의 길이를 구하시오.

04

교학사 변형

다음 그림과 같이 모양과 크기가 같은 직사각형 모양의 카드 7장을 넓이가 150 cm²인 직사각형 모양의 판에 빈틈없이 붙였더니 가로의 길이가 1 cm인 직사각형 모양의 공간만이 남았다. 이때 카드 한 장의 넓이를 구하시오.

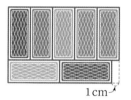

1 cm

05

비상 변형

다음 그림과 같이 바둑돌로 직사각형 모양을 만들 때, 바둑돌의 개수가 104가 되는 단계는 몇 단계인지 구하시오.

[1단계]　　[2단계]　　　　[3단계]　　…

IV 이차함수

① 이차함수와 그 그래프

② 이차함수의 활용

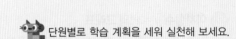

단원별로 학습 계획을 세워 실천해 보세요.

학습 날짜	월 일	월 일	월 일	월 일
학습 계획				
학습 실행도	0 100	0 100	0 100	0 100
자기 반성				

이차함수와 그 그래프

① 이차함수

함수 $y=f(x)$에서 y가 x에 대한 이차식

$$y=ax^2+bx+c \ (a, b, c는 \ 상수, \ a \neq 0)$$

로 나타내어질 때, 이 함수 f를 x에 대한 ⬚(1) 라 한다.

예 $y=x^2$, $y=-3x^2+2x$ ➡ 이차함수이다.

$y=-x+3$, $y=\dfrac{2}{x}$ ➡ 이차함수가 아니다.

참고 x의 값의 범위에 대한 특별한 조건이 없으면 x의 값의 범위는 실수 전체로 생각한다.

② 이차함수 $y=x^2$의 그래프

(1) 원점 $O(0, 0)$을 지나고, 아래로 볼록한 곡선이다.

(2) y축에 대하여 대칭이다.

(3) $x<0$일 때, x의 값이 증가하면 y의 값은 감소한다.

$x>0$일 때, x의 값이 증가하면 y의 값도 증가한다.

(4) 원점을 제외한 모든 부분은 x축보다 위쪽에 있다.

(5) 이차함수 $y=-x^2$의 그래프와 x축에 대하여 대칭이다.

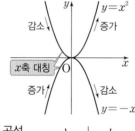

참고 (1) 포물선 : 두 이차함수 $y=x^2$, $y=-x^2$의 그래프와 같은 모양의 곡선

(2) 축 : 포물선의 대칭축

(3) 꼭짓점 : 포물선과 축의 교점

③ 이차함수 $y=ax^2$의 그래프

(1) 원점 $O(0, 0)$을 꼭짓점으로 하는 포물선이다.

(2) y축에 대하여 대칭이다.

➡ 축의 방정식 : $x=0$ (y축)

(3) a의 부호는 그래프의 모양을 결정한다.

➡ $a>0$이면 ⬚(2) 볼록

➡ $a<0$이면 ⬚(3) 볼록

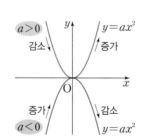

참고 그래프의 모양

아래로 볼록　　위로 볼록

(4) a의 절댓값은 그래프의 폭을 결정한다.

➡ a의 절댓값이 클수록 그래프의 폭이 좁아진다.

(5) 이차함수 $y=-ax^2$의 그래프와 x축에 대하여 대칭이다.

개념 check

1 다음 중 이차함수인 것에 ◯표, 아닌 것에 ×표 하시오.

(1) $y=3x+2$　　　( )

(2) $y=x(x-1)$　　( )

(3) $y=(2x-1)^2-4x^2$ ( )

2 이차함수 $f(x)=x^2+x-1$에 대하여 다음 함숫값을 구하시오.

(1) $f(1)$

(2) $f(-2)$

(3) $f\left(\dfrac{1}{2}\right)$

3 다음은 이차함수 $y=ax^2$의 그래프에 대한 설명이다. ⬚ 안에 알맞은 것을 써넣으시오. (단, a는 상수)

(1) $a<0$이면 ⬚ 볼록하다.

(2) a의 절댓값이 클수록 그래프의 폭이 ⬚.

(3) 이차함수 $y=-ax^2$의 그래프와 ⬚에 대하여 대칭이다.

4 다음 이차함수를 그래프의 폭이 넓은 것부터 차례대로 나열하시오.

(1) $y=-x^2$　　(2) $y=\dfrac{3}{5}x^2$

(3) $y=-4x^2$　　(4) $y=2x^2$

답 (1) 이차함수　(2) 아래로　(3) 위로

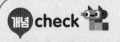

④ 이차함수 $y=ax^2+q$의 그래프

이차함수 $y=ax^2+q$의 그래프는 이차함수 $y=ax^2$의 그래프를 y축의 방향으로 q만큼 평행이동한 것이다.

(1) **꼭짓점의 좌표** : $(0, q)$

(2) **축의 방정식** : $x=0$ (y축)

참고 이차함수 $y=ax^2$의 그래프를 평행이동하여도 x^2의 계수인 a의 값은 변하지 않으므로 그래프의 모양과 폭은 변하지 않는다.

$q>0$이면 그래프는 y축의 양의 방향(위쪽)으로 이동하고
$q<0$이면 그래프는 y축의 음의 방향(아래쪽)으로 이동한다.

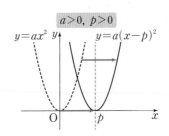

⑤ 이차함수 $y=a(x-p)^2$의 그래프

이차함수 $y=a(x-p)^2$의 그래프는 이차함수 $y=ax^2$의 그래프를 x축의 방향으로 p만큼 평행이동한 것이다.

(1) **꼭짓점의 좌표** : $(p, 0)$

(2) **축의 방정식** : $x=p$

참고 $p>0$이면 그래프는 x축의 양의 방향(오른쪽)으로 이동하고
$p<0$이면 그래프는 x축의 음의 방향(왼쪽)으로 이동한다.

⑥ 이차함수 $y=a(x-p)^2+q$의 그래프

이차함수 $y=a(x-p)^2+q$의 그래프는 이차함수 $y=ax^2$의 그래프를 x축의 방향으로 p만큼, y축의 방향으로 q만큼 평행이동한 것이다.

(1) **꼭짓점의 좌표** : (p, q)

(2) **축의 방정식** : $x=p$

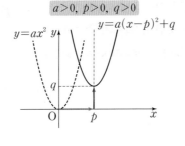

참고 $y=ax^2$ $\xrightarrow[\ y\text{축의 방향으로 } q\text{만큼 평행이동}\ ]{x\text{축의 방향으로 } p\text{만큼}}$ $y=a(x-p)^2+q$

 (1) 꼭짓점의 좌표 : $(0, 0)$ ⟶ (4)

 (2) 축의 방정식 : $x=0$ ⟶ (5)

⑦ 이차함수 $y=a(x-p)^2+q$의 그래프에서 a, p, q의 부호

(1) **a의 부호** : 그래프의 모양에 따라 결정된다.

 ① 아래로 볼록($\cup$)하면 a (6) 0

 ② 위로 볼록($\cap$)하면 a (7) 0

(2) **p, q의 부호** : 꼭짓점의 위치에 따라 결정된다.

 ① 꼭짓점이 제1사분면에 있으면 $p>0$, $q>0$

 ② 꼭짓점이 제2사분면에 있으면 $p<0$, $q>0$

 ③ 꼭짓점이 제3사분면에 있으면 $p<0$, $q<0$

 ④ 꼭짓점이 제4사분면에 있으면 $p>0$, $q<0$

제2사분면 $(-, +)$	제1사분면 $(+, +)$
제3사분면 $(-, -)$	제4사분면 $(+, -)$

개념 check

5 다음 이차함수의 그래프를 y축의 방향으로 q만큼 평행이동한 그래프의 식을 구하시오.

(1) $y=-5x^2$ [$q=-2$]

(2) $y=\dfrac{1}{3}x^2$ [$q=5$]

6 다음 이차함수의 그래프를 x축의 방향으로 p만큼 평행이동한 그래프의 식을 구하시오.

(1) $y=-2x^2$ [$p=4$]

(2) $y=\dfrac{1}{3}x^2$ [$p=-1$]

7 다음 이차함수의 그래프의 꼭짓점의 좌표와 축의 방정식을 차례대로 구하시오.

(1) $y=2x^2+1$

(2) $y=\dfrac{1}{2}(x-3)^2$

(3) $y=-\dfrac{3}{5}(x+2)^2+5$

8 이차함수 $y=a(x-p)^2+q$의 그래프가 다음 그림과 같을 때, 상수 a, p, q의 부호를 각각 구하시오.

(1)

(2)

답 (4) (p, q) (5) $x=p$ (6) $>$ (7) $<$

유형 01 이차함수의 뜻

01

다음 중 이차함수인 것은?

① $y = 2x$ ② $x^2 + x - 1$

③ $y = \dfrac{2}{x^2}$ ④ $y = (x-1)(x+1)$

⑤ $y = -2x^2 - 2x(2-x)$

02

다음 보기 중 y가 x의 이차함수인 것을 모두 고른 것은?

보기

ㄱ. 시속 60 km로 달리는 자동차가 x시간 동안 달린 거리 y km

ㄴ. 둘레의 길이가 12 cm이고 가로의 길이가 x cm인 직사각형의 넓이 y cm^2

ㄷ. 한 자루에 500원인 볼펜을 x자루 샀을 때, 지불해야 하는 금액 y원

ㄹ. 한 변의 길이가 x cm인 정사각형의 넓이 y cm^2

ㅁ. 아랫변의 길이가 $2x$ cm, 윗변의 길이가 x cm, 높이가 10 cm인 사다리꼴의 넓이 y cm^2

① ㄱ, ㄴ   ② ㄱ, ㄷ   ③ ㄴ, ㄹ

④ ㄴ, ㄷ, ㄹ   ⑤ ㄴ, ㄷ, ㅁ

03

다음 중 y가 x의 이차함수인 것을 모두 고르면? (정답 2개)

① 한 변의 길이가 x인 정사각형의 둘레의 길이 y

② 한 모서리의 길이가 x인 정육면체의 부피 y

③ 한 모서리의 길이가 x인 정육면체의 겉넓이 y

④ 10 km의 거리를 시속 x km로 갈 때, 걸리는 시간 y시간

⑤ 가로의 길이가 x cm이고, 세로의 길이가 가로의 길이보다 3 cm 더 긴 직사각형의 넓이 y cm^2

유형 02 이차함수가 되기 위한 조건

04

다음 중 함수 $y = ax^2 - x(x-2)$가 x에 대한 이차함수가 되기 위한 상수 a의 값이 **아닌** 것은?

① 1   ② 2   ③ 3

④ 4   ⑤ 5

05

함수 $y = 2a^2x^2 - x(ax - 3) + 2$가 x에 대한 이차함수일 때, 다음 중 상수 a의 값이 될 수 **없는** 것은?

① -1 ② $-\dfrac{1}{2}$ ③ $\dfrac{1}{2}$

④ 1   ⑤ 3

유형 03 이차함수의 함숫값

06

이차함수 $f(x) = ax^2 + x - 1$에서 $f(1) = 2$일 때, $f(2)$의 값은? (단, a는 상수)

① 2   ② 3   ③ 5

④ 7   ⑤ 9

07

이차함수 $f(x) = 3x^2 - 2x + a$에서 $f(a) = 4$일 때, 상수 a의 값은? (단, $a < 0$)

① -2 ② $-\dfrac{5}{3}$ ③ $-\dfrac{4}{3}$

④ -1 ⑤ $-\dfrac{2}{3}$

•정답 및 풀이 29쪽

유형 04 이차함수 $y=ax^2$의 그래프의 성질 [최다 빈출]

08 ......

다음 중 이차함수 $y=2x^2$의 그래프에 대한 설명으로 옳은 것은?

① x축에 대하여 대칭이다.

② 꼭짓점의 좌표는 $(2, 0)$이다.

③ 이차함수 $y=-\dfrac{1}{2}x^2$의 그래프보다 폭이 넓다.

④ 이차함수 $y=-2x^2$의 그래프와 x축에 대하여 대칭이다.

⑤ 제1사분면과 제3사분면을 지난다.

09 ......

다음 중 보기의 이차함수의 그래프에 대한 설명으로 옳지 <u>않은</u> 것은?

> [보기]
> ㄱ. $y=x^2$ ㄴ. $y=-x^2$ ㄷ. $y=2x^2$
> ㄹ. $y=-2x^2$ ㅁ. $y=-3x^2$

① 아래로 볼록한 그래프는 2개이다.

② 폭이 가장 좁은 그래프는 ㅁ이다.

③ ㄷ과 폭이 같은 그래프는 ㄹ이다.

④ ㄷ은 $x>0$일 때, x의 값이 증가하면 y의 값은 감소한다.

⑤ ㄱ과 ㄴ은 x축에 대하여 대칭이다.

10 ......

다음 중 이차함수 $y=ax^2$의 그래프에 대한 설명으로 옳은 것을 모두 고르면? (단, a는 상수) (정답 2개)

① 원점을 지난다.

② 아래로 볼록한 포물선이다.

③ a의 절댓값이 커질수록 그래프의 폭은 좁아진다.

④ $x<0$일 때, x의 값이 증가하면 y의 값은 감소한다.

⑤ $x>0$일 때, x의 값이 증가하면 y의 값도 증가한다.

유형 05 이차함수 $y=ax^2$의 그래프의 폭

11 ......

오른쪽 그림과 같이 이차함수 $y=ax^2$의 그래프가 두 이차함수 $y=\dfrac{1}{2}x^2$과 $y=3x^2$의 그래프 사이에 있을 때, 다음 중 상수 a의 값으로 옳지 <u>않은</u> 것은?

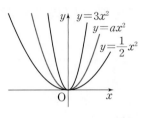

① $\dfrac{1}{3}$ ② $\dfrac{2}{3}$ ③ 1

④ $\dfrac{3}{2}$ ⑤ 2

12 ......

두 이차함수 $y=ax^2$, $y=-2x^2$의 그래프가 오른쪽 그림과 같을 때, 상수 a의 값의 범위를 구하시오.

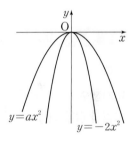

13 ......

다음 조건을 만족시키는 정수 a는 모두 몇 개인가?

> 이차함수 $y=ax^2$의 그래프는 아래로 볼록하며 이차함수 $y=-\dfrac{1}{3}x^2$의 그래프보다 폭이 좁고, 이차함수 $y=6x^2$의 그래프보다 폭이 넓다.

① 3개   ② 4개   ③ 5개

④ 6개   ⑤ 7개

유형 06 이차함수 $y=ax^2$의 그래프가 지나는 점

14 ●●●
이차함수 $y=ax^2$의 그래프가 두 점 $(2, -8)$, $(-3, b)$를 지날 때, $a+b$의 값을 구하시오. (단, a는 상수)

15 ●●●
이차함수 $y=-\dfrac{1}{4}x^2$의 그래프와 x축에 대하여 대칭인 그래프가 점 $(a-2, 4)$를 지날 때, a의 값은? (단, $a>0$)

① 2   ② 3   ③ 4
④ 5   ⑤ 6

유형 07 이차함수 $y=ax^2$의 식 구하기

16 ●●●
이차함수 $y=f(x)$의 그래프가 오른쪽 그림과 같을 때, $f(6)$의 값을 구하시오.

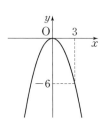

17 ●●●
다음 중 원점을 꼭짓점으로 하고 점 $(-3, 18)$을 지나는 포물선 위의 점이 <u>아닌</u> 것은?

① $(-2, 8)$ ② $(-1, 2)$ ③ $\left(\dfrac{1}{2}, \dfrac{1}{2}\right)$

④ $(2, 6)$ ⑤ $\left(\dfrac{5}{2}, \dfrac{25}{2}\right)$

up 유형 08 이차함수 $y=ax^2$의 그래프의 활용

18 ●●●
다음 그림에서 직선 $y=4$ 위의 네 점 A, B, C, D에 대하여 두 점 A, D는 이차함수 $y=ax^2$의 그래프 위의 점이고, 두 점 B, C는 이차함수 $y=x^2$의 그래프 위의 점이다. $\overline{AB}=\overline{BC}=\overline{CD}$일 때, 상수 a의 값은?

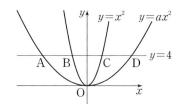

① $\dfrac{1}{9}$ ② $\dfrac{1}{5}$ ③ $\dfrac{1}{4}$

④ $\dfrac{1}{3}$ ⑤ $\dfrac{1}{2}$

19 ●●●
오른쪽 그림에서 두 점 A, D가 이차함수 $y=-\dfrac{1}{2}x^2$의 그래프 위의 두 점 B, C에서 x축에 각각 내린 수선의 발일 때, 직사각형 ABCD의 넓이를 구하시오.

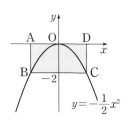

20 ●●●
오른쪽 그림에서 두 점 C, D는 이차함수 $y=ax^2 (a>0)$의 그래프 위의 두 점 A, B에서 x축에 각각 내린 수선의 발이다. $\overline{AB} : \overline{AC}=2 : 3$이고 직사각형 ACDB의 둘레의 길이가 40일 때, 상수 a의 값을 구하시오.

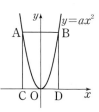

유형 09 이차함수 $y = ax^2 + q$의 그래프

21 •••

이차함수 $y = -\dfrac{1}{4}x^2$의 그래프를 y축의 방향으로 a만큼 평행이동한 그래프가 점 $(2, -3)$을 지날 때, a의 값은?

① -4 ② -2 ③ 1

④ 2 ⑤ 4

22 •••

다음 중 이차함수 $y = -4x^2$의 그래프를 y축의 방향으로 -2만큼 평행이동한 그래프에 대한 설명으로 옳은 것은?

① 그래프를 나타내는 이차함수의 식은 $y = -4x^2 + 2$이다.
② 축의 방정식은 $x = -2$이다.
③ 꼭짓점의 좌표는 $(0, -2)$이다.
④ 아래로 볼록한 포물선이다.
⑤ 이차함수 $y = 4x^2$의 그래프보다 폭이 넓다.

23 •••

오른쪽 그림과 같은 이차함수의 그래프를 y축의 방향으로 -4만큼 평행이동한 그래프의 식은?

① $y = -x^2 + 4$
② $y = -2x^2 + 4$
③ $y = -(x-3)^2 + 4$
④ $y = -2(x+4)^2 + 4$
⑤ $y = -2(x+4)^2 + 5$

유형 10 이차함수 $y = a(x-p)^2$의 그래프

24 •••

다음 보기에서 이차함수 $y = -(x+2)^2$의 그래프에 대한 설명으로 옳은 것을 모두 고른 것은?

보기

ㄱ. 이차함수 $y = -x^2$의 그래프를 x축의 방향으로 2만큼 평행이동한 것이다.
ㄴ. 꼭짓점의 좌표는 $(-2, 0)$이다.
ㄷ. 이차함수 $y = -2x^2$의 그래프보다 폭이 좁다.
ㄹ. $x = 0$일 때, y의 값은 양수이다.
ㅁ. 축의 방정식은 $x = -2$이다.

① ㄱ, ㄷ   ② ㄴ, ㄷ   ③ ㄴ, ㅁ
④ ㄱ, ㄷ, ㄹ   ⑤ ㄴ, ㄹ, ㅁ

25 •••

오른쪽 그림은 이차함수 $y = ax^2$의 그래프를 평행이동한 그래프이다. 이 그래프가 점 $(-3, k)$를 지날 때, k의 값을 구하시오. (단, a는 상수)

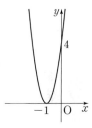

26 •••

다음은 학생들이 어떤 이차함수의 그래프에 대해 이야기한 것이다. 이 그래프가 나타내는 이차함수의 식을 구하시오.

민수 : 꼭짓점이 x축 위에 있어.
준희 : x의 값이 증가할 때, y의 값도 증가하는 x의 값의 범위는 $x < 2$야.
서희 : 이 이차함수의 그래프는 y축과 점 $(0, -2)$에서 만나.

유형 11 이차함수 $y=a(x-p)^2+q$의 그래프 　　최다 빈출

27 ●○○

이차함수 $y=3x^2$의 그래프를 x축의 방향으로 -2만큼, y축의 방향으로 3만큼 평행이동한 그래프가 점 $(-1, k)$를 지날 때, k의 값을 구하시오.

28 ●●○

다음 중 이차함수 $y=5(x-2)^2-1$의 그래프에 대한 설명으로 옳지 <u>않은</u> 것은?

① 이차함수 $y=5x^2$의 그래프를 x축의 방향으로 2만큼, y축의 방향으로 -1만큼 평행이동한 것이다.
② 축의 방정식은 $x=2$이다.
③ 꼭짓점의 좌표는 $(2, -1)$이다.
④ 이차함수 $y=-6x^2$의 그래프보다 폭이 넓다.
⑤ $x<2$이면 x의 값이 증가할 때, y의 값도 증가한다.

29 ●●○

다음 중 이차함수 $y=(x-2)^2-4$의 그래프가 지나지 <u>않는</u> 사분면은?

① 제1사분면　② 제2사분면　③ 제3사분면
④ 제4사분면　⑤ 없다.

30 ●●○

이차함수 $y=-\dfrac{1}{2}(x-p)^2+2p$의 그래프의 꼭짓점이 직선 $y=-x+9$ 위에 있을 때, 상수 p의 값은?

① -3　　② -1　　③ 0
④ 1　　⑤ 3

유형 12 이차함수 $y=a(x-p)^2+q$의 그래프의 평행이동

31 ●●○

이차함수 $y=a(x+1)^2-5$의 그래프를 x축의 방향으로 -5만큼, y축의 방향으로 3만큼 평행이동하였더니 이차함수 $y=5(x+b)^2+c$의 그래프와 일치하였다. 상수 a, b, c에 대하여 $a+b+c$의 값은?

① -3　　② -1　　③ 5
④ 7　　⑤ 9

32 ●●○

이차함수 $y=(x+1)^2-7$의 그래프를 x축의 방향으로 k만큼, y축의 방향으로 $k+3$만큼 평행이동한 그래프가 점 $(-1, 8)$을 지날 때, k의 값은? (단, $k<0$)

① -5　　② -4　　③ -3
④ -2　　⑤ -1

유형 13 이차함수 $y=a(x-p)^2+q$의 식 구하기

33 ●●○

이차함수 $y=a(x-p)^2+q$의 그래프가 오른쪽 그림과 같을 때, apq의 값은? (단, a, p, q는 상수)

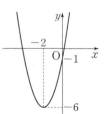

① -18　　② -6
③ 12　　④ 15
⑤ 20

34 ●●●

이차함수 $y=-(x-p)^2+q$의 그래프가 직선 $x=-2$를 축으로 하고 점 $(-3, 2)$를 지날 때, $p+q$의 값을 구하시오.
(단, p, q는 상수)

37 ●●●

이차함수 $y=a(x-p)^2+q$의 그래프가 오른쪽 그림과 같을 때, 이차함수 $y=p(x-q)^2+a$의 그래프가 지나는 사분면을 모두 구하시오. (단, a, p, q는 상수)

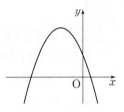

유형 **14** 이차함수 $y=a(x-p)^2+q$의 그래프에서 a, p, q의 부호   최다 빈출

35 ●●

이차함수 $y=a(x-p)^2-q$의 그래프가 오른쪽 그림과 같을 때, a, p, q의 부호는?
(단, a, p, q는 상수)

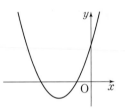

① $a>0$, $p>0$, $q>0$
② $a>0$, $p<0$, $q>0$
③ $a>0$, $p<0$, $q<0$
④ $a<0$, $p>0$, $q<0$
⑤ $a<0$, $p<0$, $q>0$

up 유형 **15** 이차함수 $y=a(x-p)^2+q$의 그래프의 활용

38 ●●●

오른쪽 그림은 이차함수 $y=-\frac{1}{2}x^2$의 그래프를 y축의 방향으로 2만큼 평행이동한 그래프이다. 이 그래프의 꼭짓점을 A, 그래프가 x축과 만나는 두 점을 각각 B, C라 할 때, $\triangle ABC$의 넓이는?

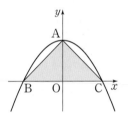

① 2   ② 4   ③ 6
④ 8   ⑤ 10

36 ●●

이차함수 $y=a(x-p)^2+q$의 그래프가 오른쪽 그림과 같을 때, 다음 중 옳지 않은 것은?
(단, a, p, q는 상수)

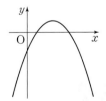

① $a<0$ ② $pq>0$
③ $p+q>0$ ④ $apq<0$
⑤ $ap^2+q>0$

39 ●●●

두 이차함수 $y=\frac{1}{2}x^2$과 $y=\frac{1}{2}(x-4)^2-8$의 그래프가 다음 그림과 같다. 직선 l이 포물선 $y=\frac{1}{2}(x-4)^2-8$의 축일 때, 두 그래프와 직선 l로 둘러싸인 부분의 넓이를 구하시오.

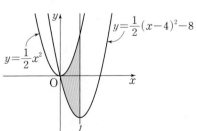

01

오른쪽 그림은 이차함수 $y=ax^2$의 그래프이다. 이 그래프가 점 $(-4, k)$를 지날 때, k의 값을 구하시오. (단, a는 상수) [4점]

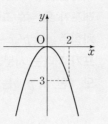

채점 기준 1 이차함수의 그래프의 식 구하기 … 2점

$y=ax^2$의 그래프가 점 _____을 지나므로 $y=ax^2$에 대입하면

_____ ∴ $a=$_____

따라서 구하는 이차함수의 식은

_____ ……㉠

채점 기준 2 k의 값 구하기 … 2점

이 그래프가 점 $(-4, k)$를 지나므로 ㉠에 대입하면

_____

∴ $k=$_____

01-1
조건 바꾸기

오른쪽 그림은 이차함수 $y=ax^2$의 그래프를 x축의 방향으로 평행이동한 그래프이다. 이 그래프가 점 $(-1, k)$를 지날 때, k의 값을 구하시오. (단, a는 상수) [4점]

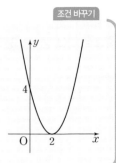

채점 기준 1 이차함수의 그래프의 식 구하기 … 2점

채점 기준 2 k의 값 구하기 … 2점

02

이차함수 $y=-\dfrac{1}{3}x^2$의 그래프를 x축의 방향으로 2만큼, y축의 방향으로 7만큼 평행이동한 그래프가 점 $(-1, m)$을 지날 때, m의 값을 구하시오. [6점]

채점 기준 1 평행이동한 이차함수의 그래프의 식 구하기 … 3점

$y=-\dfrac{1}{3}x^2$의 그래프를 x축의 방향으로 2만큼, y축의 방향으로 7만큼 평행이동한 그래프의 식은

_____ ……㉠

채점 기준 2 m의 값 구하기 … 3점

이 그래프가 점 $(-1, m)$을 지나므로 ㉠에 대입하면

_____

∴ $m=$_____

02-1
숫자 바꾸기

이차함수 $y=\dfrac{2}{5}x^2$의 그래프를 x축의 방향으로 -3만큼, y축의 방향으로 2만큼 평행이동한 그래프가 점 $(2, m)$을 지날 때, m의 값을 구하시오. [6점]

채점 기준 1 평행이동한 이차함수의 그래프의 식 구하기 … 3점

채점 기준 2 m의 값 구하기 … 3점

02-2
응용 서술형

이차함수 $y=-3(x-p)^2+2$의 그래프를 x축의 방향으로 1만큼, y축의 방향으로 q만큼 평행이동하였더니 이차함수 $y=-3(x+1)^2-2$의 그래프와 일치하였다. 이때 $p+q$의 값을 구하시오. (단, p는 상수) [6점]

03

이차함수 $y=\frac{1}{3}x^2$의 그래프가 점 $(-3, a)$를 지나고 이차함수 $y=bx^2$의 그래프와 x축에 대하여 대칭일 때, ab의 값을 구하시오. (단, b는 상수) [4점]

04

오른쪽 그림은 이차함수 $y=-x^2$의 그래프를 y축의 방향으로 평행이동한 그래프이다. 이 그래프를 나타내는 식을 $y=f(x)$라 할 때, $f(-1)+f(3)$의 값을 구하시오. [6점]

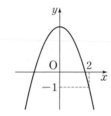

05

이차함수 $y=a(x-p)^2$의 그래프가 점 $(-5, 8)$을 지나고 축의 방정식은 $x=-3$이다. 이 그래프를 x축의 방향으로 3만큼, y축의 방향으로 1만큼 평행이동한 그래프의 식을 구하시오. (단, a, p는 상수) [6점]

06

이차함수 $y=a(x-p)^2+q$의 그래프가 아래 조건을 만족시킬 때, 다음 물음에 답하시오. (단, a, p, q는 상수) [7점]

> ㈎ 축의 방정식이 $x=2$이다.
> ㈏ 꼭짓점이 직선 $y=x+1$ 위에 있다.

(1) 이차함수의 그래프의 꼭짓점의 좌표를 구하시오. [3점]

(2) 이차함수의 그래프가 제2사분면을 지나지 않도록 하는 상수 a의 값의 범위를 구하시오. [4점]

07

다음 그림과 같이 이차함수 $y=-3x^2$의 그래프 위에 두 점 A, B를 선분 AB가 x축과 평행하도록 잡고, 이차함수 $y=ax^2$의 그래프 위에 두 점 C, D를 선분 CD가 x축과 평행하도록 잡았다. $B(1, -3)$이고 $\overline{CD}=4\overline{AB}$일 때, 다음 물음에 답하시오. (단, a는 상수) [7점]

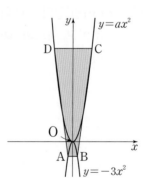

(1) 점 A의 좌표를 구하시오. [2점]

(2) 점 C의 좌표를 a를 사용하여 나타내시오. [2점]

(3) □ABCD의 넓이가 115일 때, 상수 a의 값을 구하시오. [3점]

01

다음 중 y가 x에 대한 이차함수가 <u>아닌</u> 것은? [3점]

① $y = 3x - x^2$

② $y = x(5-x)$

③ $y = 2x^2 - (1 + x + 2x^2)$

④ $y = 3x^2 - 2x + 5$

⑤ $y = -2x^2$

02

다음 중 y가 x에 대한 이차함수인 것은? [3점]

① 한 변의 길이가 x cm인 정삼각형의 둘레의 길이 y cm

② 연속하는 세 자연수 x, $x+1$, $x+2$의 곱 y

③ 시속 x km인 기차를 타고 2시간 이동한 거리 y km

④ 반지름의 길이가 x cm인 원의 둘레의 길이 y cm

⑤ 가로의 길이가 x cm이고 세로의 길이가 $2x$ cm인 직사각형의 넓이 y cm^2

03

함수 $y = a^2 x^2 + 3x - x(4x + 2)$가 x에 대한 이차함수일 때, 다음 중 상수 a의 값이 될 수 <u>없는</u> 것은? [4점]

① -3　　　② -2　　　③ -1

④ 0　　　⑤ 1

04

이차함수 $f(x) = ax^2 + 2x + 1$에 대하여 $f(-2) = 9$일 때, $f(-1)$의 값은? (단, a는 상수) [3점]

① -2　　　② -1　　　③ 0

④ 1　　　⑤ 2

05

다음 중 아래 조건을 모두 만족시키는 이차함수의 그래프의 식은? [4점]

> ㈎ 원점을 꼭짓점으로 하고, y축을 축으로 하는 포물선이다.
>
> ㈏ $x > 0$일 때 x의 값이 증가하면 y의 값도 증가한다.
>
> ㈐ 이차함수 $y = \dfrac{1}{2}x^2$의 그래프보다 폭이 넓다.

① $y = -4x^2$　　② $y = -\dfrac{1}{2}x^2$　　③ $y = -\dfrac{1}{4}x^2$

④ $y = \dfrac{1}{4}x^2$　　⑤ $y = 4x^2$

06

세 이차함수 $y = ax^2$, $y = 3x^2$, $y = \dfrac{1}{2}x^2$의 그래프가 다음 그림과 같을 때, 다음 중 상수 a의 값이 될 수 있는 것은? [4점]

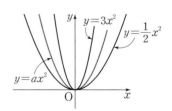

① -2　　　② $-\dfrac{1}{4}$　　　③ $\dfrac{1}{3}$

④ $\dfrac{5}{2}$　　　⑤ 4

07

이차함수 $y=\frac{1}{2}x^2$의 그래프가 점 $(a,\ 2a)$를 지날 때, a의 값은? (단, $a \neq 0$) [3점]

① -4 ② -2 ③ 1

④ 2 ⑤ 4

08

오른쪽 그림에서 두 점 A, B는 이차함수 $y=\frac{1}{2}x^2$의 그래프 위의 점이고, 두 점 C, D는 이차함수 $y=-x^2$의 그래프 위의 점이다. $\overline{AB}$와 $\overline{CD}$가 x축에 평행하고 □ABCD가 정사각형일 때, 점 A의 x좌표는? [5점]

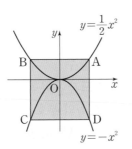

① $\frac{2}{3}$ ② $\frac{3}{4}$ ③ $\frac{5}{4}$

④ $\frac{4}{3}$ ⑤ $\frac{5}{3}$

09

이차함수 $y=ax^2$의 그래프를 y축의 방향으로 b만큼 평행이동한 그래프가 오른쪽 그림과 같을 때, ab의 값은? (단, a는 상수) [4점]

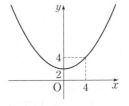

① $\frac{1}{8}$ ② $\frac{1}{4}$ ③ $\frac{1}{2}$

④ 1 ⑤ 2

10

이차함수 $y=ax^2+2$의 그래프를 y축의 방향으로 -4만큼 평행이동한 그래프가 두 점 $(3,\ 1)$, $(-6,\ b)$를 지날 때, $3a-b$의 값은? (단, a는 상수) [4점]

① -9 ② -8 ③ -7

④ -6 ⑤ -5

11

다음 중 이차함수 $y=-x^2+1$의 그래프에 대한 설명으로 옳지 <u>않은</u> 것은? [4점]

① 위로 볼록한 포물선이다.
② 꼭짓점의 좌표는 $(0,\ 1)$이다.
③ 축의 방정식은 $x=1$이다.
④ 모든 사분면을 지난다.
⑤ 이차함수 $y=-x^2$의 그래프를 y축의 방향으로 1만큼 평행이동한 것이다.

12

다음은 이차함수 $y=-(x-1)^2$의 그래프에 대한 설명이다. 이때 $a+b+c+d$의 값은? (단, d는 상수) [4점]

> • 꼭짓점의 좌표는 $(a,\ b)$이다.
> • 축의 방정식은 $x=c$이다.
> • 이차함수 $y=dx^2$의 그래프를 x축의 방향으로 1만큼 평행이동한 그래프이다.

① 1 ② 2 ③ 3

④ 4 ⑤ 5

13

다음 중 이차함수 $y=2x^2$의 그래프를 평행이동하여 완전히 포갤 수 있는 것은? [3점]

① $y=-2x^2$ ② $y=-\dfrac{1}{2}x^2+1$

③ $y=\dfrac{1}{2}x^2+3$ ④ $y=2(x-3)^2-1$

⑤ $y=3x^2+2$

14

이차함수 $y=\dfrac{4}{3}(x+2p)^2+p$의 그래프의 꼭짓점이 직선 $y=2x-15$ 위에 있을 때, 상수 p의 값은? [4점]

① -5 ② -3 ③ -1

④ 1 ⑤ 3

15

이차함수 $y=a(x-p)^2+q$의 그래프가 오른쪽 그림과 같을 때, $a-p+q$의 값은?

(단, a, p, q는 상수) [4점]

① $\dfrac{7}{2}$ ② $\dfrac{15}{4}$

③ 4 ④ $\dfrac{17}{4}$

⑤ $\dfrac{9}{2}$

16

이차함수 $y=(k+2)x^2+k+1$의 그래프가 제1, 2사분면만을 지나기 위한 상수 k의 값의 범위는?

(단, 그래프는 원점을 지나지 않는다.) [5점]

① $k<-2$ ② $k>-2$ ③ $k<-1$

④ $k>-1$ ⑤ $k>1$

17

이차함수 $y=a(x-p)^2+q$의 그래프가 오른쪽 그림과 같을 때, a, p, q의 부호는?

(단, a, p, q는 상수) [4점]

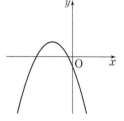

① $a>0$, $p>0$, $q>0$

② $a>0$, $p>0$, $q<0$

③ $a<0$, $p>0$, $q<0$

④ $a<0$, $p<0$, $q>0$

⑤ $a<0$, $p<0$, $q<0$

18

이차함수 $y=x^2$의 그래프를 x축의 방향으로 2만큼, y축의 방향으로 -9만큼 평행이동한 그래프가 y축과 만나는 점을 A라 하고 x축과 만나는 두 점을 각각 B, C라 할 때, $\triangle$ABC의 넓이는? [5점]

① 15 ② 16 ③ 17

④ 18 ⑤ 19

19

원점을 꼭짓점으로 하고 점 $(-2, -12)$를 지나는 포물선과 x축에 대하여 대칭인 이차함수의 그래프가 점 $(3, k)$를 지날 때, k의 값을 구하시오. [4점]

20

다음 그림은 이차함수 $y = \dfrac{1}{3}x^2$의 그래프를 x축의 방향으로 평행이동한 그래프이다. 이 그래프가 제1사분면 위의 점 $(a, 12)$를 지날 때, a의 값을 구하시오. [6점]

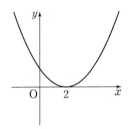

21

두 이차함수 $y = ax^2 + b$, $y = -\dfrac{1}{2}(x-4)^2$의 그래프가 서로의 꼭짓점을 지날 때, 상수 a, b에 대하여 ab의 값을 구하시오. (단, $a > 0$) [6점]

22

이차함수 $y = -(x-2)^2 - 1$의 그래프를 x축의 방향으로 -3만큼, y축의 방향으로 5만큼 평행이동한 그래프의 꼭짓점의 좌표를 (p, q), 축의 방정식을 $x = m$이라 할 때, $p + q + m$의 값을 구하시오. [7점]

23

다음은 이차함수 $y = -2(x+1)^2 + 2$의 그래프이다. 이 그래프의 꼭짓점을 A, x축과 만나는 두 점을 각각 B, C라 할 때, $\triangle ABC$의 넓이를 구하시오. [7점]

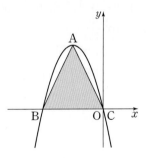

01

다음 중 y가 x에 대한 이차함수인 것은? [3점]

① $y = -2x^3 + 1$
② $y = 2x(3-x)$
③ $y = x^2 - (x-1)^2$
④ $y = 3x^2 - 2x - 3(x^2 + 1)$
⑤ $y = \dfrac{4}{x^2}$

02

다음 중 y가 x에 대한 이차함수가 <u>아닌</u> 것은? [3점]

① 한 변의 길이가 x cm인 정사각형의 넓이 y cm^2
② 연속하는 두 홀수 $2x-1$, $2x+1$의 곱 y
③ 밑면이 한 변의 길이가 x cm인 정사각형이고, 높이가 4 cm인 직육면체의 부피 y cm^3
④ 밑변의 길이가 x cm이고 높이가 $(x+3)$ cm인 삼각형의 넓이 y cm^2
⑤ 아랫변의 길이가 x cm, 윗변의 길이가 $3x$ cm, 높이가 5 cm인 사다리꼴의 넓이 y cm^2

03

함수 $y = a(a-5)x^2 + 3x + 6x(x+1)$이 x에 대한 이차함수일 때, 다음 중 상수 a의 값이 될 수 <u>없는</u> 것을 모두 고르면? (정답 2개) [4점]

① 0   ② 1   ③ 2
④ 3   ⑤ 4

04

다음 중 보기의 이차함수의 그래프에서 x축에 대하여 서로 대칭인 것끼리 짝 지어진 것을 모두 고르면?
(정답 2개) [3점]

> **보기**
>
> ㄱ. $y = 5x^2$ ㄴ. $y = 4x^2$ ㄷ. $y = -\dfrac{1}{4}x^2$
>
> ㄹ. $y = -5x^2$ ㅁ. $y = \dfrac{1}{4}x^2$ ㅂ. $y = -2x^2$

① ㄱ, ㄹ   ② ㄱ, ㅂ   ③ ㄴ, ㅁ
④ ㄴ, ㅂ   ⑤ ㄷ, ㅁ

05

다음 이차함수의 그래프 중에서 위로 볼록하면서 폭이 가장 좁은 것은? [3점]

① $y = -2x^2$ ② $y = -x^2$
③ $y = -\dfrac{1}{2}x^2$ ④ $y = x^2$
⑤ $y = 2x^2$

06

이차함수 $y = ax^2$의 그래프가 두 점 $(2, -12)$, $(-3, b)$를 지날 때, $a+b$의 값은? (단, a는 상수) [4점]

① -30 ② -27 ③ -25
④ -24 ⑤ -21

07

다음 중 원점을 꼭짓점으로 하고 점 $(2, 3)$을 지나는 포물선과 x축에 대하여 대칭인 포물선이 지나는 점이 <u>아닌</u> 것은? [4점]

① $\left(-5, -\dfrac{75}{4}\right)$ ② $\left(-3, -\dfrac{27}{4}\right)$ ③ $\left(-1, -\dfrac{3}{4}\right)$

④ $(2, -6)$ ⑤ $(4, -12)$

08

다음 보기에서 이차함수 $y = x^2 + 3$의 그래프에 대한 설명으로 옳은 것을 모두 고른 것은? [4점]

보기
ㄱ. 축의 방정식은 $x = 0$이다.
ㄴ. 꼭짓점의 좌표는 $(3, 0)$이다.
ㄷ. 제1, 2사분면을 지난다.
ㄹ. 이차함수 $y = x^2$의 그래프를 x축의 방향으로 3만큼 평행이동한 것이다.

① ㄱ, ㄴ   ② ㄱ, ㄷ   ③ ㄷ, ㄹ

④ ㄱ, ㄴ, ㄷ   ⑤ ㄱ, ㄷ, ㄹ

09

이차함수 $y = \dfrac{1}{4}x^2$의 그래프를 y축의 방향으로 p만큼 평행이동한 그래프가 점 $(2, -3)$을 지날 때, p의 값은?
[4점]

① -5 ② -4 ③ -3

④ -2 ⑤ -1

10

오른쪽 그림과 같은 이차함수의 그래프가 점 $(-3, m)$을 지날 때, m의 값은? [4점]

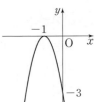

① -14 ② -13
③ -12 ④ -11
⑤ -10

11

다음은 이차함수 $y = \dfrac{2}{3}(x-2)^2$의 그래프에 대한 설명이다. ①~⑤에 들어갈 것으로 알맞지 <u>않은</u> 것은? [4점]

• 꼭짓점의 좌표는 ① 이다.
• 축의 방정식은 ② 이다.
• 이차함수 $y = \dfrac{2}{3}x^2$의 그래프를 ③ 축의 방향으로 ④ 만큼 평행이동한 것이다.
• 제1사분면, 제 ⑤ 사분면을 지난다.

① $(2, 0)$ ② $x = 2$ ③ x
④ -2 ⑤ 2

12

다음 중 이차함수 $y = \dfrac{3}{4}x^2$의 그래프를 x축의 방향으로 3만큼, y축의 방향으로 -1만큼 평행이동한 그래프를 나타내는 이차함수의 식은? [3점]

① $y = -\dfrac{3}{4}(x-3)^2 - 1$ ② $y = -\dfrac{3}{4}(x+3)^2 + 1$

③ $y = \dfrac{3}{4}(x-3)^2 - 1$ ④ $y = \dfrac{3}{4}(x+3)^2 - 1$

⑤ $y = 3(x-3)^2 - 1$

13

다음 설명 중 옳은 것은? [4점]

① 이차함수 $y=(x+1)^2-1$의 그래프의 꼭짓점의 좌표는 $(1, -1)$이다.

② 이차함수 $y=2x^2$의 그래프는 위로 볼록한 포물선이다.

③ 이차함수 $y=(x-1)^2-2$의 그래프는 모든 사분면을 지난다.

④ 이차함수 $y=-\dfrac{1}{2}(x+2)^2+1$의 그래프에서

$x<-2$이면 x의 값이 증가할 때, y의 값은 감소한다.

⑤ 이차함수 $y=-2x^2$의 그래프와 이차함수 $y=2x^2$의 그래프는 y축에 대하여 대칭이다.

14

다음 중 이차함수 $y=-4(x+1)^2+3$의 그래프가 지나지 <u>않는</u> 사분면은? [4점]

① 제1사분면　　② 제2사분면　　③ 제3사분면
④ 제4사분면　　⑤ 없다.

15

이차함수 $y=a(x+p)^2+4$의 그래프가 직선 $x=-3$을 축으로 하고, 점 $(-4, 6)$을 지난다. 상수 a, p에 대하여 $a+p$의 값은? [4점]

① 1　　　　② 2　　　　③ 3
④ 4　　　　⑤ 5

16

이차함수 $y=a(x-p)^2+q$의 그래프가 오른쪽 그림과 같을 때, 다음 중 옳은 것은?

（단, a, p, q는 상수） [5점]

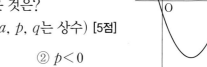

① $a<0$　　　　② $p<0$
③ $pq>0$　　　④ $apq>0$
⑤ $ap^2+q<0$

17

이차함수 $y=-3(x+6)^2+7$의 그래프를 x축의 방향으로 3만큼, y축의 방향으로 5만큼 평행이동한 그래프가 x축과 만나는 두 점을 각각 A, B라 하고, y축과 만나는 점을 C라 하자. 이때, $\triangle$ABC의 넓이는? [5점]

① 15　　　　② 20　　　　③ 25
④ 30　　　　⑤ 35

18

두 이차함수 $y=(x+2)^2$, $y=(x+2)^2-4$의 그래프가 오른쪽 그림과 같을 때, 색칠한 부분의 넓이는? [5점]

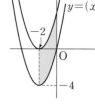

① 2　　　　② 4
③ 6　　　　④ 8
⑤ 16

19

이차함수 $y=a^2x^2-4$의 그래프가 점 $(-1, 5)$를 지나고 이차함수 $y=ax^2$의 그래프가 아래로 볼록한 포물선일 때, 상수 a의 값을 구하시오. [4점]

20

이차함수 $y=\dfrac{1}{5}x^2$의 그래프를 x축의 방향으로 평행이동한 그래프의 꼭짓점의 좌표가 $(-3, 0)$이고 이 그래프가 제2사분면 위의 점 $(a, 5)$를 지날 때, a의 값을 구하시오. [6점]

21

이차함수 $y=a(x-5)^2-3$의 그래프를 x축의 방향으로 -2만큼, y축의 방향으로 5만큼 평행이동하였더니 이차함수 $y=-\dfrac{2}{3}(x+b)^2+c$의 그래프와 일치하였다. 상수 a, b, c에 대하여 abc의 값을 구하시오. [7점]

22

이차함수 $y=3x^2$의 그래프와 모양과 폭이 같고, 꼭짓점의 좌표가 $(-1, -4)$인 포물선을 그래프로 하는 이차함수의 식을 $y=a(x+p)^2+q$라 할 때, 다음 물음에 답하시오. (단, a, p, q는 상수) [6점]

⑴ a, p, q의 값을 각각 구하시오. [3점]

⑵ 이 이차함수의 그래프가 점 $(-2, k)$를 지날 때, k의 값을 구하시오. [3점]

23

다음 그림은 이차함수 $y=-3(x-p)^2+5p-2$의 그래프이다. 이 그래프의 꼭짓점을 A라 하고, 점 A에서 x축에 내린 수선의 발을 H라 하자. $\triangle$OHA의 넓이가 36일 때, 상수 p의 값을 구하시오. (단, O는 원점이고, 점 A는 제1사분면 위의 점이다.) [7점]

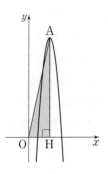

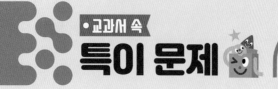

01
지학사 변형

자동차를 운전할 때, 브레이크를 밟은 순간부터 자동차가 완전히 멈출 때까지 움직인 거리를 '제동 거리'라고 한다. 마찰력의 크기가 일정한 도로 위를 달릴 때, 제동 거리는 자동차의 속력의 제곱에 비례한다. 마찰력의 크기가 일정한 도로에서 자동차의 속력을 x km/h, 제동 거리를 y m라 할 때, x와 y 사이의 관계가 다음 표와 같았다. y를 x에 대한 식으로 나타내고, 표의 빈칸을 채우시오.

속력(km/h)		30	40	
제동 거리(m)	2	4.5		12.5

02
금성 변형

오른쪽 그림과 같이 이차함수 $y=2x^2$의 그래프 위의 두 점 A, C를 지나며 각 변이 각각 x축 또는 y축에 평행한 직사각형 ABCD가 있다. 점 C의 x좌표가 점 A의 x좌표의 2배이고 $\overline{BC}=2\overline{AB}$일 때, 직사각형 ABCD의 넓이를 구하시오.

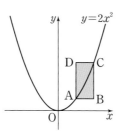

03
비상 변형

다음 그림은 포물선 모양의 놀이 기구 레일의 일부분이다. 지면 위의 지점 O에서 지점 P까지의 높이가 4 m이고 지점 O에서 3 m 떨어진 지점 Q에서 지점 R까지의 높이가 7 m일 때, 지점 O에서 6 m 떨어진 지점 S에서 지점 T까지의 높이를 구하시오.

(단, 점 P는 포물선의 꼭짓점이다.)

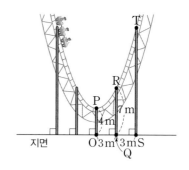

04
동아 변형

이차함수 $y=-3(x-p)^2+q$의 그래프가 점 $(4, -4)$를 지나고 그 꼭짓점은 직선 $y=4x$ 위에 있을 때, 꼭짓점의 좌표를 구하시오. (단, $p<4$)

① 이차함수와 그 그래프

② 이차함수의 활용

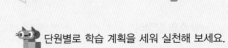

단원별로 학습 계획을 세워 실천해 보세요.

학습 날짜	월 일	월 일	월 일	월 일
학습 계획				
학습 실행도	0 100	0 100	0 100	0 100
자기 반성				

2 이차함수의 활용

1 이차함수 $y=ax^2+bx+c$의 그래프

이차함수 $y=ax^2+bx+c$의 그래프는 $y=a(x-p)^2+q$ 꼴로 바꾸어 생각한다.

$$y=ax^2+bx+c \rightarrow y=a\left(x^2+\frac{b}{a}x\right)+c$$

$$=a\left\{x^2+\frac{b}{a}x+\left(\frac{b}{2a}\right)^2-\left(\frac{b}{2a}\right)^2\right\}+c$$

$$=a\left\{x^2+\frac{b}{a}x+\left(\frac{b}{2a}\right)^2\right\}-\frac{b^2}{4a}+c$$

$$=a\left(x+\frac{b}{2a}\right)^2-\frac{b^2-4ac}{4a}$$

(1) **꼭짓점의 좌표** : $\left(-\dfrac{b}{2a},\ -\dfrac{b^2-4ac}{4a}\right)$

(2) **축의 방정식** : $x=\boxed{}^{(1)}$ → 꼭짓점의 x좌표와 같다.

(3) **y축과의 교점의 좌표** : $(0,\ c)$

(4) **이차함수 $y=ax^2+bx+c$의 그래프 그리기**

❶ $y=a(x-p)^2+q$ 꼴로 고치기 : 이차함수를 $y=a(x-p)^2+q$ 꼴로 변형하여 꼭짓점의 좌표, 축의 방정식을 구한다.

❷ y축과의 교점의 좌표 구하기 : $x=0$을 대입하여 y축과의 교점의 좌표를 구한다.

❸ 이차함수의 그래프 그리기 : a의 부호를 확인하여 이차함수의 그래프를 그린다.

예 이차함수 $y=2x^2+4x-3$의 그래프를 그려 보자.

❶ $y=a(x-p)^2+q$ 꼴로 고치기	→	❷ y축과의 교점의 좌표 구하기	→	❸ a의 부호 확인하여 그래프 그리기

$y=2x^2+4x-3$
$=2(x^2+2x+1-1)-3$
$=2(x+1)^2-5$
- 꼭짓점의 좌표 : $(-1,\ -5)$
- 축의 방정식 : $x=-1$

$y=2x^2+4x-3$에
$x=0$을 대입하면
$y=-3$
- y축과의 교점의 좌표
  : $(0,\ -3)$

$a>0$이므로
아래로 볼록한 포물선이다.

> **참고** $y=ax^2+bx+c$ 꼴을 이차함수의 일반형이라 하고, $y=a(x-p)^2+q$ 꼴을 이차함수의 표준형이라 한다.

2 이차함수 $y=ax^2+bx+c$의 그래프와 x축, y축과의 교점

이차함수 $y=ax^2+bx+c$의 그래프에서

(1) **x축과의 교점** : $\boxed{}^{(2)}$일 때의 x의 값을 구한다.
ㅤ→ 이차방정식 $ax^2+bx+c=0$의 해와 같다.
(2) **y축과의 교점** : $\boxed{}^{(3)}$일 때의 y의 값을 구한다.

> **참고** 이차함수의 그래프와 y축과의 교점은 항상 존재하지만 x축과의 교점은 존재하지 않을 수도 있다.

답 (1) $-\dfrac{b}{2a}$ (2) $y=0$ (3) $x=0$

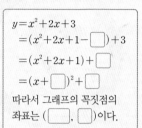

개념 check

1 다음 □ 안에 알맞은 수를 써넣으시오.

$y=x^2+2x+3$
$=(x^2+2x+1-\boxed{})+3$
$=(x^2+2x+1)+\boxed{}$
$=(x+\boxed{})^2+\boxed{}$
따라서 그래프의 꼭짓점의 좌표는 $(\boxed{},\ \boxed{})$이다.

2 다음 이차함수의 그래프의 꼭짓점의 좌표, 축의 방정식을 차례대로 구하시오.

(1) $y=x^2-2x+2$

(2) $y=-3x^2+12x+3$

(3) $y=\dfrac{1}{2}x^2+2x-1$

3 이차함수 $y=x^2-2x-3$의 그래프를 다음 좌표평면 위에 그리시오.

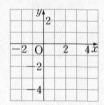

4 다음 이차함수의 그래프와 x축, y축과의 교점의 좌표를 각각 구하시오.

(1) $y=-x^2-x+2$

(2) $y=2x^2-x-6$

(3) $y=\dfrac{1}{2}x^2+2x+\dfrac{3}{2}$

③ 이차함수 $y=ax^2+bx+c$의 그래프와 a, b, c의 부호

이차함수 $y=ax^2+bx+c$의 그래프가 주어졌을 때 a, b, c의 부호는 다음과 같이 결정된다.

(1) **a의 부호** : 그래프의 │ (4) │으로 결정

   ① 아래로 볼록 ➡ $a>0$

   ② 위로 볼록 ➡ $a<0$

$a>0$ $a<0$

(2) **b의 부호** : │ (5) │의 위치로 결정

   ① 축이 y축의 왼쪽에 위치 ➡ $ab>0$ (a, b는 같은 부호)

   ② 축이 y축과 일치 ➡ $b=0$

   ③ 축이 y축의 오른쪽에 위치 ➡ $ab<0$ (a, b는 다른 부호)

$ab>0$ $b=0$ $ab<0$

참고 이차함수 $y=ax^2+bx+c$의 그래프의 축의 방정식이 $x=-\dfrac{b}{2a}$이므로

   (1) 축이 y축의 왼쪽에 있으면

$$-\frac{b}{2a}<0 \;\rightarrow\; \frac{b}{2a}>0 \;\rightarrow\; ab>0$$

   (2) 축이 y축의 오른쪽에 있으면

$$-\frac{b}{2a}>0 \;\rightarrow\; \frac{b}{2a}<0 \;\rightarrow\; ab<0$$

(3) **c의 부호** : │ (6) │축과의 교점의 위치로 결정

   ① y축과의 교점이 x축의 위쪽에 위치 ➡ $c>0$

   ② y축과의 교점이 원점에 위치 ➡ $c=0$

   ③ y축과의 교점이 x축의 아래쪽에 위치 ➡ $c<0$

$c>0$ $c=0$ $c<0$

④ 이차함수의 식 구하기

(1) **꼭짓점의 좌표 (p, q)와 다른 한 점을 알 때**

  ❶ 이차함수의 식을 $y=a(x-p)^2+q$로 놓는다.

  ❷ 다른 한 점의 좌표를 대입하여 a의 값을 구한다.

(2) **축의 방정식 $x=p$와 서로 다른 두 점을 알 때**

  ❶ 이차함수의 식을 $y=a(x-p)^2+q$로 놓는다.

  ❷ 두 점의 좌표를 각각 대입하여 a, q의 값을 구한다.

  참고 축의 방정식이 $x=p$이면 꼭짓점의 x좌표는 p이다.

     축의 방정식 : $x=0$ ➡ 이차함수의 식 : $y=ax^2+q$

     축의 방정식 : $x=p$ ➡ 이차함수의 식 : $y=a(x-p)^2+q$

(3) **서로 다른 세 점을 알 때**

  ❶ 이차함수의 식을 $y=ax^2+bx+c$로 놓는다.

  ❷ 세 점의 좌표를 각각 대입하여 a, b, c의 값을 구한다.

(4) **x축과의 교점의 좌표 $(\alpha, 0)$, $(\beta, 0)$과 다른 한 점을 알 때**

  ❶ 이차함수의 식을 $y=a(x-\alpha)(x-\beta)$로 놓는다.

  ❷ 다른 한 점의 좌표를 대입하여 a의 값을 구한다.

  참고 이차함수 $y=a(x-\alpha)(x-\beta)$의 그래프는 축에 대하여 대칭이므로 축의 방정식은 $x=\dfrac{\alpha+\beta}{2}$

답 (4) 모양   (5) 축   (6) y

개념 check

5 이차함수 $y=ax^2+bx+c$의 그래프가 다음 그림과 같을 때, □ 안에 알맞은 부등호를 써넣으시오. (단, a, b, c는 상수)

(1)
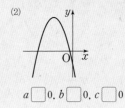

a □ 0, b □ 0, c □ 0

(2)

a □ 0, b □ 0, c □ 0

6 다음 이차함수의 식을 $y=a(x-p)^2+q$ 꼴로 나타내시오. (단, a, p, q는 상수)

(1) 꼭짓점의 좌표가 $(1, 3)$이고, 점 $(2, 5)$를 지나는 포물선

(2) 축의 방정식이 $x=2$이고, 두 점 $(1, 2)$, $(4, 5)$를 지나는 포물선

7 다음 이차함수의 식을 $y=ax^2+bx+c$ 꼴로 나타내시오. (단, a, b, c는 상수)

(1) 세 점 $(1, 2)$, $(-1, 4)$, $(0, -1)$을 지나는 포물선

(2) 세 점 $(2, 0)$, $(-4, 0)$, $(-1, -3)$을 지나는 포물선

유형 01 이차함수 $y=ax^2+bx+c$의 그래프의 꼭짓점의 좌표와 축의 방정식 〔최다 빈출〕

01

이차함수 $y=\dfrac{1}{2}x^2+x$를 $y=a(x-p)^2+q$ 꼴로 나타낼 때, 상수 a, p, q에 대하여 $a+p+q$의 값은?

① -1　　　　② $-\dfrac{1}{2}$　　　③ 0

④ $\dfrac{1}{2}$　　　　⑤ 1

02

이차함수 $y=-2x^2+4ax-5$의 그래프의 꼭짓점의 좌표가 $(3, b)$일 때, $a+b$의 값은? (단, a는 상수)

① 7　　　　② 10　　　　③ 12

④ 16　　　　⑤ 20

03

이차함수 $y=3x^2+6x+5$의 그래프는 이차함수 $y=3x^2$의 그래프를 x축의 방향으로 p만큼, y축의 방향으로 $-q$만큼 평행이동한 것일 때, $p+q$의 값은?

① -3　　　　② -1　　　　③ 0

④ 1　　　　⑤ 3

04

이차함수 $y=\dfrac{1}{2}x^2-ax+3$의 그래프와 이차함수 $y=-x^2+6x+b$의 그래프의 꼭짓점이 일치할 때, $\dfrac{a}{b}$의 값은? (단, a, b는 상수)

① $-\dfrac{1}{3}$　　　　② $-\dfrac{2}{7}$　　　③ $\dfrac{2}{7}$

④ $\dfrac{1}{3}$　　　　⑤ 1

05

이차함수 $y=x^2+2x+2m-1$의 그래프의 꼭짓점이 직선 $y=-2x+4$ 위에 있을 때, 상수 m의 값은?

① -4　　　　② -2　　　　③ -1

④ 2　　　　⑤ 4

06

이차함수 $y=-x^2-4ax+5$의 그래프의 축의 방정식이 $x=-6$일 때, 상수 a의 값은?

① -3　　　　② -1　　　　③ 1

④ 3　　　　⑤ 5

● 정답 및 풀이 41쪽

유형 02 이차함수 $y = ax^2 + bx + c$의 그래프 그리기 최다 빈출

07 •••

다음 중 이차함수 $y = -x^2 - 4x - 3$의 그래프는?

①   ②   ③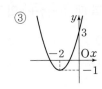

④   ⑤

08 •••

다음 이차함수 중 그 그래프가 x축과 만나지 <u>않는</u> 것은?

① $y = x^2$ ② $y = \dfrac{1}{2}(x-1)^2$

③ $y = -\dfrac{1}{2}x^2 + 3$ ④ $y = -x^2 + 2x + 3$

⑤ $y = x^2 - 2x + 3$

09 •••

다음 보기 중 이차함수의 그래프가 모든 사분면을 지나는 그래프를 모두 고른 것은?

> 보기
> ㄱ. $y = x^2 - 1$ ㄴ. $y = -x^2 + 4x - 5$
> ㄷ. $y = -5x^2 - 5x + 1$ ㄹ. $y = 9x^2 + 6x + 1$

① ㄱ, ㄴ   ② ㄱ, ㄷ   ③ ㄴ, ㄷ

④ ㄴ, ㄹ   ⑤ ㄷ, ㄹ

10 •••

다음 중 이차함수 $y = 3x^2 - 12x + 11$의 그래프가 지나지 <u>않는</u> 사분면은?

① 제1사분면   ② 제2사분면   ③ 제3사분면

④ 제4사분면   ⑤ 제1, 3사분면

유형 03 이차함수 $y = ax^2 + bx + c$의 그래프에서 증가, 감소하는 범위

11 •••

이차함수 $y = 3x^2 - 6x + 7$의 그래프에서 x의 값이 증가할 때, y의 값도 증가하는 x의 값의 범위는?

① $x < -1$ ② $x > -1$ ③ $x < 0$

④ $x < 1$ ⑤ $x > 1$

12 •••

이차함수 $y = -\dfrac{1}{2}x^2 + ax + 2$의 그래프에서 $x < -2$이면 x의 값이 증가할 때 y의 값도 증가하고, $x > -2$이면 x의 값이 증가할 때 y의 값은 감소한다. 이때 상수 a의 값은?

① -3 ② -2 ③ -1

④ 1 ⑤ 2

유형 **04** 이차함수 $y=ax^2+bx+c$의 그래프의 평행이동 최다 빈출

13

이차함수 $y=-x^2-2x+3$의 그래프를 x축의 방향으로 1만큼, y축의 방향으로 -2만큼 평행이동하였더니 이차함수 $y=-x^2+ax+b$의 그래프와 일치하였다. 이때 $a+b$의 값은? (단, a, b는 상수)

① -1 ② 1 ③ 2

④ 3 ⑤ 4

14

이차함수 $y=x^2-4x+1$의 그래프를 x축의 방향으로 p만큼, y축의 방향으로 q만큼 평행이동하였더니 이차함수 $y=x^2-6x+7$의 그래프와 일치하였다. 이때 $p-q$의 값은?

① -1 ② 0 ③ 1

④ 2 ⑤ 3

15

이차함수 $y=-3x^2+6x-1$의 그래프를 x축의 방향으로 -1만큼, y축의 방향으로 -2만큼 평행이동한 그래프가 점 $(a, -3)$을 지날 때, a의 값은? (단, $a>0$)

① 1 ② 2 ③ 3

④ 4 ⑤ 5

유형 **05** 이차함수 $y=ax^2+bx+c$의 그래프와 축의 교점

16

이차함수 $y=x^2-5x+6$의 그래프가 x축과 만나는 두 점의 x좌표를 각각 p, q라 하고, y축과 만나는 점의 y좌표를 r라 할 때, $p+q+r$의 값은?

① 9 ② 10 ③ 11

④ 12 ⑤ 13

17

이차함수 $y=2x^2-5x-3$의 그래프와 x축과의 두 교점을 A, B라 할 때, $\overline{AB}$의 길이는?

① $\dfrac{3}{2}$ ② 2 ③ $\dfrac{5}{2}$

④ 3 ⑤ $\dfrac{7}{2}$

18

오른쪽 그림과 같이 이차함수 $y=x^2+4x+3$의 그래프가 x축과 만나는 두 점을 각각 A, C라 하고, 꼭짓점을 B, y축과 만나는 점을 D라 하자. $\overline{ED}$가 x축에 평행할 때, 다음 중 5개의 점 A~E의 좌표로 옳지 <u>않은</u> 것은?

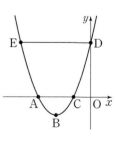

① $A(-3, 0)$ ② $B(-2, -1)$ ③ $C(-1, 0)$

④ $D(0, 3)$ ⑤ $E(-5, 3)$

•정답 및 풀이 42쪽

유형 06 이차함수 $y=ax^2+bx+c$의 그래프의 성질

19 •••

다음 중 이차함수 $y=2x^2-4x+2$의 그래프에 대한 설명으로 옳은 것은?

① 원점을 지난다.
② 위로 볼록한 포물선이다.
③ 꼭짓점은 제4사분면에 있다.
④ 축의 방정식은 $x=-1$이다.
⑤ $x>1$일 때, x의 값이 증가하면 y의 값도 증가한다.

20 •••

다음 보기 중 이차함수 $y=-\dfrac{1}{2}x^2-x+\dfrac{15}{2}$의 그래프에 대한 설명으로 옳은 것을 모두 고른 것은?

> 보기
>
> ㄱ. 꼭짓점의 좌표는 $(1, 8)$이다.
> ㄴ. 제1사분면은 지나지 않는다.
> ㄷ. y축과 만나는 점의 좌표는 $\left(0, \dfrac{15}{2}\right)$이다.
> ㄹ. x축과 두 점에서 만난다.
> ㅁ. $x>-1$일 때, x의 값이 증가하면 y의 값은 감소한다.

① ㄱ, ㄹ
② ㄴ, ㄷ
③ ㄷ, ㄹ
④ ㄴ, ㄷ, ㄹ
⑤ ㄷ, ㄹ, ㅁ

21 •••

다음 중 이차함수 $y=ax^2+bx+c$의 그래프에 대한 설명으로 옳지 <u>않은</u> 것은? (단, a, b, c는 상수)

① $a<0$이면 위로 볼록하다.
② 축의 방정식은 $x=-\dfrac{b}{2a}$이다.
③ x축과의 교점의 개수는 2이다.
④ 이차함수 $y=ax^2$의 그래프와 폭이 같다.
⑤ y축과의 교점의 좌표는 $(0, c)$이다.

유형 07 이차함수 $y=ax^2+bx+c$의 그래프의 활용

22 •••

오른쪽 그림과 같이 이차함수 $y=x^2-2x-3$의 그래프가 x축과 만나는 두 점을 각각 A, B라 하고, 꼭짓점을 C라 할 때, $\triangle ABC$의 넓이를 구하시오.

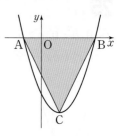

23 •••

오른쪽 그림과 같이 이차함수 $y=-x^2+4x+5$의 그래프가 x축과 만나는 두 점을 각각 A, B라 하고, 꼭짓점을 C, y축과 만나는 점을 D라 할 때, $\triangle ABC : \triangle ABD$를 가장 간단한 자연수의 비로 나타내면?

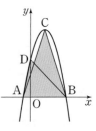

① 9 : 7
② 9 : 5
③ 5 : 3
④ 5 : 2
⑤ 4 : 3

24 •••

오른쪽 그림과 같이 이차함수 $y=x^2+ax-12$의 그래프가 x축의 음의 부분과 만나는 점을 A, 꼭짓점을 B, y축과 만나는 점을 C라 할 때, $\square OABC$의 넓이를 구하시오. (단, O는 원점, a는 상수)

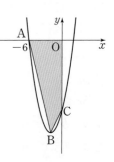

25

$a<0$, $b>0$, $c>0$일 때, 다음 중 이차함수 $y=ax^2+bx+c$의 그래프로 가장 알맞은 것은?

(단, a, b, c는 상수)

26

이차함수 $y=ax^2-bx+c$의 그래프가 오른쪽 그림과 같을 때, a, b, c의 부호는? (단, a, b, c는 상수)

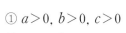

① $a>0$, $b>0$, $c>0$
② $a>0$, $b>0$, $c<0$
③ $a>0$, $b<0$, $c>0$
④ $a<0$, $b>0$, $c>0$
⑤ $a<0$, $b>0$, $c<0$

27

이차함수 $y=ax^2+bx+c$의 그래프가 오른쪽 그림과 같을 때, 다음 중 옳은 것은? (단, a, b, c는 상수)

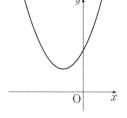

① $ab>0$
② $ac>0$
③ $bc<0$
④ $a+b+c<0$
⑤ $a-b+c<0$

28

꼭짓점의 좌표가 $(-1, 4)$이고, 점 $(1, 0)$을 지나는 포물선을 그래프로 하는 이차함수의 식을 $y=ax^2+bx+c$라 할 때, 상수 a, b, c에 대하여 $2a-b+c$의 값은?

① -6 ② -3 ③ 0
④ 3 ⑤ 6

29

꼭짓점의 좌표가 $(2, 9)$이고 점 $(5, 0)$을 지나는 이차함수의 그래프가 y축과 만나는 점의 좌표를 구하시오.

30

오른쪽 그림과 같은 이차함수의 그래프가 점 $(2, k)$를 지날 때, k의 값은?

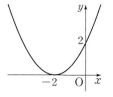

① 4 ② 5
③ 6 ④ 7
⑤ 8

31

이차함수 $y=ax^2+bx+c$의 그래프를 x축의 방향으로 3만큼, y축의 방향으로 -2만큼 평행이동한 그래프는 꼭짓점의 좌표가 $(4, 3)$이고, 점 $(3, 2)$를 지난다. 상수 a, b, c에 대하여 $a+b+c$의 값을 구하시오.

유형 10 이차함수의 식 구하기
− 축의 방정식과 서로 다른 두 점을 알 때

32 ●●●

축의 방정식이 $x=4$이고, 두 점 $(2, 8)$, $(7, 3)$을 지나는 포물선을 그래프로 하는 이차함수의 식은?

① $y=x^2-8x-4$ ② $y=x^2-8x+4$
③ $y=-x^2-8x+4$ ④ $y=-x^2+4x-4$
⑤ $y=-x^2+8x-4$

33 ●●●

오른쪽 그림과 같이 꼭짓점의 x좌표가 -2인 이차함수의 그래프의 꼭짓점의 y좌표는?

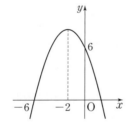

① $\dfrac{13}{2}$ ② 7

③ $\dfrac{15}{2}$ ④ 8

⑤ $\dfrac{17}{2}$

34 ●●●

이차함수 $y=3x^2$의 그래프와 모양과 폭이 같고, 축의 방정식이 $x=1$인 이차함수의 그래프가 점 $(2, -9)$를 지날 때, 이 그래프가 y축과 만나는 점의 좌표를 구하시오.

유형 11 이차함수의 식 구하기 − 서로 다른 세 점을 알 때

35 ●●●

세 점 $(3, 2)$, $(0, 5)$, $(-1, 10)$을 지나는 이차함수의 그래프의 꼭짓점의 좌표는?

① $(2, 1)$ ② $(1, 2)$ ③ $(1, -2)$
④ $(-2, 1)$ ⑤ $(-2, -1)$

36 ●●●

오른쪽 그림은 이차함수 $y=ax^2+bx+c$의 그래프이다. 점 $(-1, k)$가 이 그래프 위의 점일 때, k의 값을 구하시오.

(단, a, b, c는 상수)

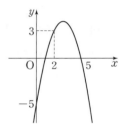

유형 12 이차함수의 식 구하기
− x축과의 두 교점과 다른 한 점을 알 때

37 ●●●

오른쪽 그림과 같은 포물선을 그래프로 하는 이차함수의 식에서 x^2의 계수는?

① -4 ② -3
③ -2 ④ -1
⑤ $-\dfrac{1}{2}$

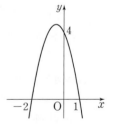

38 ●●●

x좌표가 각각 -1, 2인 점에서 x축과 만나고 점 $(3, -12)$를 지나는 이차함수의 그래프가 y축과 만나는 점의 y좌표를 구하시오.

01

이차함수 $y=x^2+4x+7$의 그래프를 x축의 방향으로 3만큼, y축의 방향으로 5만큼 평행이동한 그래프의 식을 $y=ax^2+bx+c$ 꼴로 나타내시오.

(단, a, b, c는 상수) [4점]

채점 기준 1 이차함수의 식을 $y=a(x-p)^2+q$ 꼴로 나타내기 … 2점

$y=x^2+4x+7$을 $y=a(x-p)^2+q$ 꼴로 나타내면

_____

채점 기준 2 평행이동한 그래프의 식을 $y=ax^2+bx+c$ 꼴로 나타내기 … 2점

이 이차함수의 그래프를 x축의 방향으로 3만큼, y축의 방향으로 5만큼 평행이동한 그래프의 식은 _____

$y=ax^2+bx+c$ 꼴로 나타내면 _____

01-1
숫자 바꾸기

이차함수 $y=2x^2-8x+9$의 그래프를 x축의 방향으로 -1만큼, y축의 방향으로 -3만큼 평행이동한 그래프의 식을 $y=ax^2+bx+c$ 꼴로 나타내시오.

(단, a, b, c는 상수) [4점]

채점 기준 1 이차함수의 식을 $y=a(x-p)^2+q$ 꼴로 나타내기 … 2점

채점 기준 2 평행이동한 그래프의 식을 $y=ax^2+bx+c$ 꼴로 나타내기 … 2점

02

이차함수 $y=-2x^2+mx+n$의 그래프의 꼭짓점의 좌표가 $(3, 8)$일 때, 다음 물음에 답하시오. [6점]

(1) 상수 m, n의 값을 각각 구하시오. [4점]

(2) 주어진 이차함수의 그래프가 x축과 만나는 점의 좌표를 모두 구하시오. [2점]

(1) **채점 기준 1** 이차함수의 식을 $y=a(x-p)^2+q$ 꼴로 나타내기 … 2점

x^2의 계수가 ___이고, 꼭짓점의 좌표가 $(3, 8)$이므로

$y=a(x-p)^2+q$ 꼴로 나타내면

_____ ······ ㉠

채점 기준 2 m, n의 값 각각 구하기 … 2점

㉠을 $y=ax^2+bx+c$ 꼴로 나타내면

_____ ∴ $m=$_____, $n=$_____

(2) **채점 기준 3** 그래프가 x축과 만나는 점의 좌표 구하기 … 2점

주어진 이차함수의 식에 $y=0$을 대입하면

_____

따라서 그래프가 x축과 만나는 점의 좌표는

_____, _____

02-1
숫자 바꾸기

이차함수 $y=2x^2+mx+n$의 그래프의 꼭짓점의 좌표가 $(-1, -8)$일 때, 다음 물음에 답하시오. [6점]

(1) 상수 m, n의 값을 각각 구하시오. [4점]

(2) 주어진 이차함수의 그래프가 x축과 만나는 점의 좌표를 모두 구하시오. [2점]

(1) **채점 기준 1** 이차함수의 식을 $y=a(x-p)^2+q$ 꼴로 나타내기 … 2점

채점 기준 2 m, n의 값 각각 구하기 … 2점

(2) **채점 기준 3** 그래프가 x축과 만나는 점의 좌표 구하기 … 2점

●정답 및 풀이 45쪽

03

이차함수 $y=x^2+2px-3$의 그래프의 축의 방정식이 $x=-3$일 때, 이 그래프의 꼭짓점의 좌표를 구하시오.

(단, p는 상수) [4점]

04

이차함수 $y=2x^2+8x+3$의 그래프에 대하여 다음 물음에 답하시오. [4점]

⑴ 이차함수의 그래프의 꼭짓점의 좌표를 구하시오. [2점]

⑵ x의 값이 증가할 때, y의 값은 감소하는 x의 값의 범위를 구하시오. [2점]

05

오른쪽 그림은 이차함수 $y=4x^2+ax-3$의 그래프이다. 이 그래프가 x축과 만나는 두 점을 각각 A, B라 할 때, $\overline{AB}$의 길이를 구하시오.

(단, a는 상수) [6점]

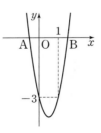

06

오른쪽 그림과 같이 이차함수 $y=-\dfrac{1}{2}x^2-x+4$의 그래프가 x축과 만나는 두 점을 각각 A, D라 하고 꼭짓점을 B, y축과 만나는 점을 C라 할 때, $\triangle ABD : \triangle ACD$를 가장 간단한 자연수의 비로 나타내시오. [7점]

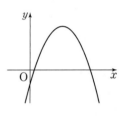

07

이차함수 $y=ax^2+bx+c$의 그래프가 오른쪽 그림과 같을 때, 이차함수 $y=-cx^2+bx-a$의 그래프가 지나지 <u>않는</u> 사분면을 구하시오.

(단, a, b, c는 상수) [6점]

08

이차함수 $y=ax^2+bx+c$의 그래프가 다음 조건을 모두 만족시킬 때, $4a+b+c$의 값을 구하시오. (단, a, b, c는 상수) [6점]

⑦ 이차함수 $y=-\dfrac{3}{5}(x-4)^2$의 그래프와 축의 방정식이 같다.

㉯ 두 점 $(2, -2)$, $(0, 7)$을 지난다.

01

이차함수 $y=x^2-6x+2$의 그래프의 꼭짓점의 좌표와 축의 방정식을 차례대로 구하면? [3점]

① $(-3, -7)$, $x=-3$　② $(-3, -7)$, $x=3$

③ $(3, -7)$, $x=-3$　④ $(3, -7)$, $x=3$

⑤ $(3, 7)$, $x=3$

02

이차함수 $y=-x^2+2ax-1$의 그래프의 꼭짓점의 좌표가 $(-2, b)$일 때, $a+b$의 값은? (단, a는 상수) [4점]

① -1　　② 0　　③ 1

④ 2　　⑤ 3

03

다음 중 이차함수 $y=-\dfrac{1}{2}x^2+2x-3$의 그래프는? [3점]

① 　② 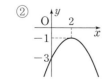　③

④ 　⑤

04

다음 중 이차함수 $y=5x^2+10x+7$의 그래프가 지나지 <u>않는</u> 사분면을 모두 고르면? (정답 2개) [3점]

① 제1사분면　　　② 제2사분면

③ 제3사분면　　　④ 제4사분면

⑤ 없다.

05

이차함수 $y=\dfrac{1}{4}x^2+ax+5$의 그래프에서 $x<4$이면 x의 값이 증가할 때 y의 값은 감소하고, $x>4$이면 x의 값이 증가할 때 y의 값도 증가한다. 이때 상수 a의 값은? [3점]

① -2　　② -1　　③ 0

④ 1　　⑤ 2

06

이차함수 $y=2x^2-8x-4$의 그래프를 x축의 방향으로 a만큼, y축의 방향으로 b만큼 평행이동하였더니 이차함수 $y=2x^2+4x+1$의 그래프와 일치하였다. 이때 $a+b$의 값은? [4점]

① -10　　② -8　　③ 8

④ 10　　⑤ 14

07

이차함수 $y=\dfrac{1}{3}x^2+2x+1$의 그래프를 x축의 방향으로 a만큼, y축의 방향으로 b만큼 평행이동한 그래프의 꼭짓점의 좌표가 $(0,\,0)$일 때, $a-b$의 값은? [4점]

① -2　　　　② -1　　　　③ 0

④ 1　　　　　⑤ 2

08

이차함수 $y=x^2-3x+2b$의 그래프가 y축과 만나는 점의 y좌표가 2일 때, 이 그래프가 x축과 만나는 두 점 사이의 거리는? (단, b는 상수) [4점]

① 1　　　　　② 2　　　　　③ 3

④ 4　　　　　⑤ 5

09

이차함수 $y=-x^2-2x+3$의 그래프를 y축의 방향으로 k만큼 평행이동하면 x축과 만나는 두 점 사이의 거리가 처음의 2배가 될 때, 상수 k의 값은? [5점]

① 3　　　　　② 5　　　　　③ 7

④ 9　　　　　⑤ 12

10

이차함수 $y=\dfrac{1}{2}x^2+4x+1$의 그래프에 대한 다음 설명 중 옳지 <u>않은</u> 것은? [4점]

① 꼭짓점의 좌표는 $(-4,\,-7)$이다.
② y축과의 교점의 좌표는 $(0,\,1)$이다.
③ 모든 사분면을 지난다.
④ 이차함수 $y=x^2$의 그래프보다 폭이 넓다.
⑤ $x>-4$일 때 x의 값이 증가하면 y의 값도 증가한다.

11

다음 이차함수 중 그래프의 폭이 가장 좁은 이차함수의 그래프의 꼭짓점의 좌표를 $(p,\,q)$, 그래프의 축이 y축과 가장 가까운 이차함수의 그래프의 y축과의 교점을 $(0,\,c)$라 할 때, $-p+q+c$의 값은? [4점]

$\bullet\ y=-3x^2+6x+2$	$\bullet\ y=\dfrac{1}{5}(x+3)^2-2$
$\bullet\ y=5(x-2)^2+10$	$\bullet\ y=-4x^2-4x-1$

① -3　　　　② -1　　　　③ 3

④ 5　　　　　⑤ 7

12

오른쪽 그림과 같이 이차함수 $y=x^2-3x-10$의 그래프가 x축과 만나는 두 점을 각각 A, B라 하고, y축과 만나는 점을 C라 할 때, $\triangle ABC$의 넓이는? [4점]

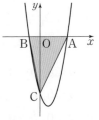

① 15　　　　② 20　　　　③ 25

④ 30　　　　⑤ 35

13

오른쪽 그림과 같이 이차함수 $y=\frac{1}{2}x^2-4x+6$의 그래프가 y축과 만나는 점을 A, x축과 만나는 두 점을 각각 B, C라 하자. 직선 l은 점 A를 지나고 $\triangle$ABC의 넓이를 이등분한다고 할 때, 직선 l의 기울기는? [5점]

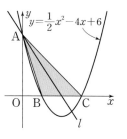

① -2 ② $-\frac{3}{2}$ ③ -1

④ $-\frac{1}{2}$ ⑤ $-\frac{1}{3}$

14

오른쪽 그림과 같이 이차함수 $y=-x^2-4x+m$의 그래프가 y축과 만나는 점을 A라 하자. 그래프 위의 점 B에 대하여 $\square$OABC가 직사각형이고 그 넓이가 8일 때, 상수 m의 값은? (단, O는 원점) [5점]

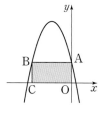

① -2 ② -1 ③ 0

④ 1 ⑤ 2

15

이차함수 $y=ax^2+bx+c$의 그래프가 오른쪽 그림과 같을 때, a, b, c의 부호는?

(단, a, b, c는 상수) [4점]

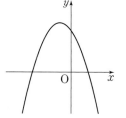

① $a<0$, $b<0$, $c<0$
② $a<0$, $b<0$, $c>0$
③ $a<0$, $b>0$, $c>0$
④ $a>0$, $b<0$, $c<0$
⑤ $a>0$, $b>0$, $c<0$

16

꼭짓점의 좌표가 $(1, 2)$이고 원점을 지나는 포물선을 그래프로 하는 이차함수의 식이 $y=ax^2+bx+c$일 때, $a+b+c$의 값은? (단, a, b, c는 상수) [3점]

① -2 ② -1 ③ 0

④ 1 ⑤ 2

17

축의 방정식이 $x=-2$이고 두 점 $(-3, 5)$, $(1, -3)$을 지나는 이차함수의 그래프의 꼭짓점의 y좌표는? [4점]

① -6 ② -4 ③ -2

④ 4 ⑤ 6

18

이차함수 $y=ax^2+bx+c$의 그래프가 세 점 $(0, -2)$, $(1, -2)$, $(3, 4)$를 지날 때, 상수 a, b, c에 대하여 abc의 값은? [4점]

① -8 ② -5 ③ 2

④ 5 ⑤ 8

19

이차함수 $y=-\dfrac{1}{4}x^2-2x+1$의 그래프를 x축의 방향으로 3만큼, y축의 방향으로 -1만큼 평행이동한 그래프가 점 $(-3, a)$를 지날 때, a의 값을 구하시오. [4점]

20

이차함수 $y=x^2-2ax+4$의 그래프가 x축과 한 점에서 만나고, 축은 제1, 4사분면을 지날 때, 꼭짓점의 좌표를 구하시오. (단, a는 상수) [6점]

21

오른쪽 그림과 같은 이차함수의 그래프의 꼭짓점의 좌표를 구하시오. [6점]

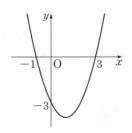

22

다음 그림과 같이 점 $A(2, 9)$를 꼭짓점으로 하는 이차함수의 그래프에서 그래프가 x축과 만나는 두 점을 각각 B, C라 하고, y축과 만나는 점을 D라 할 때, □ADBC의 넓이를 구하시오. [7점]

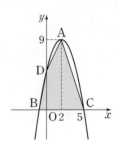

23

이차함수 $y=ax^2+bx+c$의 그래프가 다음 조건을 모두 만족시킬 때, $a+b-c$의 값을 구하시오.

(단, a, b, c는 상수) [7점]

(가) 이차함수 $y=3x^2$의 그래프를 평행이동하여 포갤 수 있다.

(나) 직선 $x=-2$를 축으로 한다.

(다) 그래프의 꼭짓점은 직선 $y=2x-1$ 위에 있다.

01

이차함수 $y=-2x^2-8x-5$의 그래프의 꼭짓점의 좌표가 $(a,\,b)$일 때, $a+b$의 값은? [3점]

① -7 ② -3 ③ 1

④ 5 ⑤ 7

02

이차함수 $y=2x^2-4ax+b$의 그래프의 꼭짓점의 좌표가 $(2,\,-3)$일 때, $b-a$의 값은? (단, a, b는 상수) [4점]

① -3 ② -1 ③ 1

④ 3 ⑤ 5

03

이차함수 $y=-2x^2+4x+1$의 그래프는 이차함수 $y=-2x^2$의 그래프를 x축의 방향으로 a만큼, y축의 방향으로 b만큼 평행이동한 것일 때, $a+b$의 값은? [3점]

① -4 ② -2 ③ 1

④ 2 ⑤ 4

04

다음 중 이차함수 $y=-3x^2+6x-5$의 그래프는? [3점]

05

이차함수 $y=-x^2+4x+k-4$의 그래프가 모든 사분면을 지나기 위한 상수 k의 값의 범위는? [4점]

① $k>0$ ② $k<4$ ③ $k>4$

④ $k<-4$ ⑤ $k>-4$

06

다음 중 이차함수 $y=-x^2+10x-5$의 그래프에서 x의 값이 증가할 때, y의 값은 감소하는 x의 값의 범위는? [3점]

① $x<-5$ ② $x>-5$ ③ $x<5$

④ $x>5$ ⑤ $x<10$

07

이차함수 $y=ax^2+2x+5$의 그래프를 x축의 방향으로 p만큼, y축의 방향으로 q만큼 평행이동한 그래프의 꼭 짓점의 좌표는 $(1, 4)$이고, 이 그래프가 점 $(2, 5)$를 지 날 때, $a+p+q$의 값은? (단, a는 상수) [4점]

① 0   ② 1   ③ 2
④ 3   ⑤ 4

08

이차함수 $y=x^2+2x-1$의 그래프를 x축의 방향으로 p 만큼, y축의 방향으로 $2p$만큼 평행이동한 그래프가 점 $(-1, 1)$을 지날 때, 모든 p의 값의 합은? [4점]

① -2 ② -1 ③ 0
④ 1   ⑤ 2

09

이차함수 $y=-3(x+4)(x-1)$의 그래프가 x축과 만 나는 두 점의 x좌표가 각각 a, b이고, y축과 만나는 점 의 y좌표가 c일 때, $a+b+c$의 값은? (단, $a<b$) [3점]

① 7   ② 9   ③ 11
④ 15   ⑤ 17

10

다음 보기에서 이차함수 $y=3x^2-6x+2$의 그래프에 대한 설명으로 옳은 것을 모두 고른 것은? [4점]

> 보기
> ㄱ. 꼭짓점의 좌표는 $(1, -1)$이다.
> ㄴ. y축과 만나는 점의 좌표는 $(0, 2)$이다.
> ㄷ. 이차함수 $y=-3x^2$의 그래프를 평행이동하여 포 갤 수 있다.
> ㄹ. $x<1$일 때, x의 값이 증가하면 y의 값은 감소한다.

① ㄱ, ㄴ   ② ㄷ, ㄹ   ③ ㄱ, ㄴ, ㄷ
④ ㄱ, ㄴ, ㄹ   ⑤ ㄴ, ㄷ, ㄹ

11

오른쪽 그림과 같이 이차함수 $y=-x^2+6x+7$의 그래프가 x축 과 만나는 두 점을 각각 A, B라 하 고 꼭짓점을 C라 할 때, $\triangle ABC$의 넓이는? [4점]

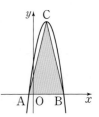

① 32   ② 40   ③ 48
④ 56   ⑤ 64

12

일차함수 $y=bx-a$의 그래프가 오른쪽 그림과 같을 때, 다음 중 이 차함수 $y=ax^2+bx-a$의 그래프 로 가장 알맞은 것은?
(단, a, b는 상수) [4점]

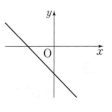

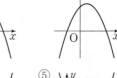

13

이차함수 $y=ax^2+bx+c$의 그래프가 오른쪽 그림과 같을 때, 다음 중 옳은 것은?

(단, a, b, c는 상수) [5점]

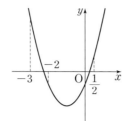

① $a+b+c<0$

② $bc>0$

③ $9a-3b+c<0$

④ $4a-2b+c>0$

⑤ $a+2b+4c>0$

14

이차함수 $y=ax^2+bx+c$의 그래프가 오른쪽 그림과 같을 때, $a+b+c$의 값은?

(단, a, b, c는 상수) [4점]

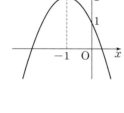

① -3 ② -2

③ -1 ④ 0

⑤ 1

15

오른쪽 그림과 같은 이차함수 $y=-\dfrac{1}{3}x^2+ax+b$의 그래프에서 x의 값이 증가할 때 y의 값도 증가하는 x의 값의 범위가 $x<k$ 이다. 이때 상수 a, b에 대하여 abk의 값은? (단, $k<0$) [5점]

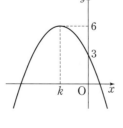

① 6 ② 12 ③ 18

④ 24 ⑤ 30

16

직선 $x=1$을 축으로 하고, 두 점 $(-1, 15)$, $(0, 3)$을 지나는 포물선을 그래프로 하는 이차함수의 식은? [4점]

① $y=4x^2-8x+3$ ② $y=4x^2-8x-3$

③ $y=4x^2-4x+3$ ④ $y=4x^2-4x-3$

⑤ $y=2x^2-8x+3$

17

세 점 $(0, 3)$, $(-1, 0)$, $(4, -5)$를 지나는 이차함수의 그래프의 꼭짓점의 좌표는? [4점]

① $(-1, -4)$ ② $(-1, 4)$ ③ $(1, -4)$

④ $(1, -2)$ ⑤ $(1, 4)$

18

오른쪽 그림과 같이 지면에서 $20\,m$ 높이의 비행기에서 떨어뜨린 물체가 땅에 떨어질 때까지 지평면에서 이동한 거리가 $10\,m$이고, 그 모양은 포물선을 이룬다. 똑같은 비행기에서 동일한 물건을 $80\,m$의 높이에서 떨어뜨렸을 때 물체가 지평면에서 이동한 거리는?

(단, 물체의 궤적인 포물선의 폭은 같다.) [5점]

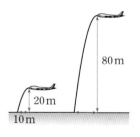

① $15\,m$ ② $20\,m$ ③ $25\,m$

④ $30\,m$ ⑤ $35\,m$

19

이차함수 $y=\dfrac{1}{2}x^2-4x+2$의 그래프를 x축의 방향으로 -2만큼, y축의 방향으로 2만큼 평행이동한 그래프가 점 $(m,\ -2)$를 지날 때, 모든 m의 값의 합을 구하시오. [4점]

20

오른쪽 그림과 같이 이차함수 $y=x^2+2x-8$의 그래프의 꼭짓점을 A, y축과 만나는 점을 B, x축의 음의 부분과 만나는 점을 C라 할 때, △ABC의 넓이를 구하시오. [7점]

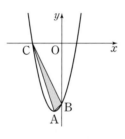

21

오른쪽 그림과 같이 원점 O를 지나는 이차함수의 그래프의 꼭짓점을 A라 하고, 그래프가 x축의 양의 부분과 만나는 점을 B라 하자. 점 B의 좌표가 $(6,\ 0)$이고 △OAB의 넓이가 12일 때, 다음 물음에 답하시오. [7점]

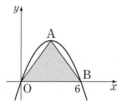

⑴ 점 A의 좌표를 구하시오. [3점]

⑵ 이차함수의 그래프의 식을 $y=ax^2+bx+c$ 꼴로 나타내시오. (단, $a,\ b,\ c$는 상수) [4점]

22

이차함수 $y=ax^2+bx+c$의 그래프가 x축과 두 점 $(1,\ 0)$, $(4,\ 0)$에서 만나고, 점 $(2,\ -10)$을 지날 때, $2a+b+c$의 값을 구하시오. (단, $a,\ b,\ c$는 상수) [6점]

23

이차함수 $y=ax^2+bx+c$의 그래프가 다음 조건을 모두 만족시킬 때, 이 이차함수의 그래프의 꼭짓점의 좌표를 구하시오. (단, $a,\ b,\ c$는 상수) [6점]

㉮ 이차함수 $y=-\dfrac{1}{4}x^2$의 그래프를 평행이동하여 포갤 수 있다.

㉯ y축과 만나는 점의 좌표가 $(0,\ 3)$이다.

㉰ x축과 만나는 한 점의 x좌표가 2이다.

01 　　　　　　　　　　　동아 변형

이차함수 $y=2x^2-4ax-5a-2$의 그래프는 $x<-3$일 때 x의 값이 증가하면 y의 값이 감소하고, $x>-3$일 때 x의 값이 증가하면 y의 값도 증가한다. 이 이차함수의 식을 구하시오. (단, a는 상수)

02 　　　　　　　　　　　신사고 변형

이차함수 $y=ax^2+bx+c$의 그래프가 오른쪽 그림과 같을 때, 이차함수 $y=\left(x+\dfrac{c}{b}\right)^2+ab$의 그래프의 꼭짓점은 제몇 사분면에 있는지 구하시오. (단, a, b, c는 상수)

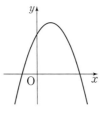

03 　　　　　　　　　　　미래엔 변형

다음 그림은 이차함수 $y=ax^2+bx+4$의 그래프이다. 두 점 A, B는 그래프와 x축이 만나는 점이고 점 C는 꼭짓점일 때, $\triangle ABC$의 넓이를 구하시오.

(단, a, b는 상수)

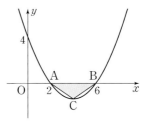

04 　　　　　　　　　　　천재 변형

이차함수 $y=ax^2+bx+c$의 그래프가 다음 그림과 같을 때, 보기 중 양수는 모두 몇 개인지 구하시오.

(단, a, b, c는 상수)

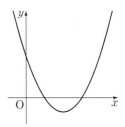

보기

a,　b,　c,　ab,　bc,　ac,　abc

기출 에서 pick 한

부록

- 기출에서 pick한 고난도 50

- 기말고사 대비 실전 모의고사 5회

- 특별한 부록

  동아출판 홈페이지 (www.bookdonga.com)에서
  〈실전 모의고사 5회〉를 다운 받아 사용하세요.

III-1 이차방정식과 풀이

01

이차방정식 $2x^2+3x-1=9x-3$의 한 근을 $x=\alpha$라 할 때, $\alpha^4+\dfrac{1}{\alpha^4}$의 값을 구하시오.

02

서로 다른 두 개의 주사위를 던져서 나온 눈의 수의 합이 이차방정식 $x^2-5x-6=0$의 해가 될 확률을 구하시오.

03

실수 x보다 크지 않은 수 중 가장 큰 정수를 $[x]$라 하자. 예를 들어 $[2.3]=2$, $[1]=1$이다. $2\le x<4$일 때, 다음 이차방정식의 해를 모두 구하시오.

$$[x]x^2+(17-7[x])x-20=0$$

04

자연수 x의 약수의 개수를 $\langle x\rangle$라 할 때, $\langle x\rangle^2+\langle x\rangle-12=0$을 만족시키는 자연수 x의 값 중에서 가장 큰 두 자리의 자연수를 구하시오.

05

x에 대한 이차방정식 $(a+1)x^2-(2a-1)x+a^2-10=0$의 두 근이 $x=3$ 또는 $x=b$일 때, ab의 값을 구하시오.

(단, a, b는 상수)

06

x에 대한 이차방정식 $x^2-3ax+a^2+5=0$의 한 근이 $x=a-1$일 때, x에 대한 다음 이차방정식의 두 근의 곱을 구하시오. (단, a는 자연수)

$$x^2-(a-1)x-(a^2+3a-10)=0$$

●정답 및 풀이 54쪽

07

두 이차방정식 $x^2+(2a-1)x+1-3a=0$,
$x^2-(2+a)x+2a=0$이 공통인 근을 가질 때, 모든 상수
a의 값의 합을 구하시오.

08

이차방정식 $3x^2+ax+b=0$이 중근을 가진다. b가 두 자리
의 자연수일 때, a의 값 중에서 가장 큰 자연수를 구하시오.

09

이차방정식 $2(x-1)^2=3k$의 서로 다른 두 근이 정수가 되
도록 하는 가장 작은 자연수 k의 값을 구하시오.

III-2 이차방정식의 근의 공식과 활용

10

이차방정식 $3x^2-9x+p=0$에 대하여 다음 물음에 답하시
오. (단, p는 상수)

(1) 이차방정식이 해를 갖도록 하는 실수 p의 값의 범위를
구하시오.

(2) 이차방정식이 유리수인 해를 갖도록 하는 자연수 p의
값을 구하시오.

11

이차방정식 $3x^2-4x+a=0$의 해가 $x=\dfrac{b\pm\sqrt{c}}{3}$이고
$4a+c=1$일 때, $a+b+c$의 값을 구하시오.

(단, a, b, c는 상수)

12

두 실수 a, b에 대하여 $a*b=ab-a+b$라 할 때,
$(x+3)*(2x-1)=3$을 만족시키는 모든 실수 x의 값의
합을 구하시오.

13

방정식 $(x^2-5x)^2-2(x^2-5x)-24=0$의 모든 해의 합을 구하시오.

14

이차방정식 $(2a+3)x^2-6x+a-2=0$이 양수인 중근을 갖도록 하는 상수 a의 값을 구하시오.

15

이차방정식 $(m-2)x^2+4x-2=0$이 서로 다른 두 근을 갖도록 하는 상수 m의 값의 범위를 구하시오.

16

다음 보기에서 이차방정식 $x^2+ax+b=0$의 근에 대한 설명으로 옳지 <u>않은</u> 것을 모두 고르시오. (단, a, b는 상수)

보기

ㄱ. $a>0$, $b<0$이면 서로 다른 두 근을 갖는다.

ㄴ. $a=0$, $b>0$이면 중근을 갖는다.

ㄷ. $a<0$, $b=0$이면 $x=0$을 근으로 갖는다.

ㄹ. $a=b=4$이면 중근을 갖지 않는다.

17

두 자연수 m, n에 대하여 등식 $\sqrt{n^2+20}=m$이 성립한다고 한다. m, n이 이차방정식 $x^2+ax+b=0$의 근일 때, $a+b$의 값을 구하시오. (단, a, b는 상수)

18

이차방정식 $f(x)=0$의 두 근을 $x=a$, $x=b$라 하자. $a+b=4$일 때, 방정식 $f(2x+1)=0$의 두 근의 합을 구하시오.

19

다음 그림과 같이 두 직선 l, m의 교점의 좌표를 (a, b)라 할 때, $x=a$, $x=b$를 두 근으로 하고 x^2의 계수가 1인 이차방정식을 구하시오.

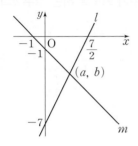

20

연속하는 세 개의 3의 배수가 있다. 가장 큰 수의 제곱은 나머지 두 수의 곱의 2배에 가장 작은 수를 더한 것과 같을 때, 세 개의 3의 배수의 합을 구하시오.

21

어느 식당에서는 점심 식사를 위해 도착순으로 1번부터 대기 번호를 나누어 준다. 현재 대기 번호 7번까지 입장하였고, 입장을 기다리고 있는 사람들의 대기 번호를 모두 더하였더니 500이라 할 때, 가장 마지막 사람의 대기 번호는 몇 번인지 구하시오.

22

오른쪽 그림과 같이 한 변의 길이가 1 cm인 정오각형의 한 대각선의 길이를 구하시오.

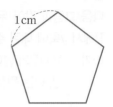

23

다음 그림과 같이 한 변의 길이가 20 cm인 정사각형 ABCD에서 점 P는 점 A를 출발하여 점 B까지 $\overline{AB}$ 위를 매초 1 cm의 속력으로, 점 Q는 점 B를 출발하여 점 C까지 $\overline{BC}$ 위를 매초 2 cm의 속력으로, 점 R는 점 C를 출발하여 점 D까지 $\overline{CD}$ 위를 매초 3 cm의 속력으로 움직인다. 세 점 P, Q, R가 동시에 출발하였을 때, 출발한지 몇 초 후에 삼각형 PBQ와 삼각형 QCR의 넓이가 같아지는지 구하시오.

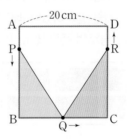

24

다음 그림과 같이 두 점 A, B를 지나는 직선 위에 있는 점 P에서 y축에 내린 수선의 발을 M이라 하자. △AOB의 넓이가 △MOP의 넓이의 4배일 때, 점 P의 좌표를 구하시오.
(단, O는 원점이고, 점 P는 제1사분면 위의 점이다.)

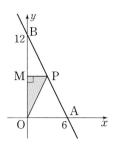

25

다음 그림과 같이 가로, 세로의 길이가 각각 50 m, 20 m인 직사각형 모양의 체육관에 폭이 일정한 통로와 동일한 크기의 배드민턴 코트 6개를 설치하였다. 배드민턴 코트 하나의 넓이가 98 m²일 때, 통로의 폭은 몇 m인지 구하시오.

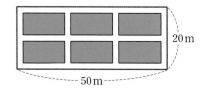

IV-1 이차함수와 그 그래프

26

함수 $y=(a^2+a-2)x^3+(a^2-1)x^2+(a-4)x-1$이 x에 대한 이차함수가 되도록 하는 실수 a의 값을 구하시오.

27

오른쪽 그림과 같이 이차함수 $y=x^2$의 그래프 위의 한 점 B의 y좌표가 4이고, 점 B에서 x축과 평행한 직선을 그어 y축과 만나는 점을 A, 이차함수 $y=ax^2$의 그래프와 만나는 점을 C라 하자. $\overline{BC}=3\overline{AB}$일 때, 상수 a의 값을 구하시오.
(단, 점 B, C는 제1사분면 위의 점이다.)

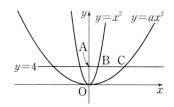

28

오른쪽 그림과 같이 이차함수 $y=\dfrac{1}{3}x^2-k$의 그래프가 x축과 두 점 A, B에서 만날 때, $10\leq\overline{AB}<100$을 만족시키는 정수 k의 개수를 구하시오.

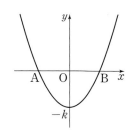

●정답 및 풀이 56쪽

29

다음 그림과 같이 이차함수 $y=2x^2$의 그래프 위에 두 점 A, D가 있고, 이차함수 $y=-\dfrac{2}{3}x^2$의 그래프 위에 두 점 B, C 가 있다. $\overline{AB}=2\overline{AD}$이고 □ABCD가 직사각형일 때, □ABCD의 넓이를 구하시오.

(단, $\overline{AD}$와 $\overline{BC}$는 x축과 평행하다.)

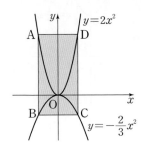

30

다음 그림과 같이 이차함수 $y=\dfrac{1}{4}x^2$의 그래프 위에 두 점 A, C가 있고, 이차함수 $y=x^2$의 그래프 위에 점 D가 있다. $\overline{AB}$와 $\overline{CD}$는 x축과 평행하고 □ABCD는 정사각형이라 할 때, 점 A의 x좌표를 구하시오.

(단, 점 A, C는 제1사분면 위의 점이다.)

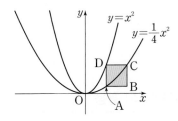

31

이차함수 $y=a(x-4)^2-5$의 그래프가 모든 사분면을 지나도록 하는 상수 a의 값의 범위를 구하시오.

32

일차함수 $y=ax+b$의 그래프가 오른쪽 그림과 같을 때, 이차함수 $y=a(x-b)^2-1$의 그래프에서 x의 값이 증가할 때, y의 값도 증가하는 x의 값의 범위를 구하시오.

(단, a, b는 상수)

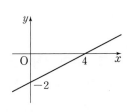

33

이차함수 $y=a(x-p)^2+q$의 그래프가 x축과 두 점 $(-4, 0)$, $(2, 0)$에서 만나고 꼭짓점이 직선 $y=3$ 위에 있을 때, $a+p+q$의 값을 구하시오. (단, a, p, q는 상수)

34

이차함수 $y=2x^2$의 그래프를 x축의 방향으로 p만큼 평행이동한 그래프가 x축과 만나는 점을 A, y축과 만나는 점을 B라 할 때, 삼각형 OAB의 넓이는 27이다. 이차함수 $y=2x^2$의 그래프를 y축의 방향으로 q만큼 평행이동한 그래프가 점 A를 지날 때, q의 값을 구하시오. (단, O는 원점, $p>0$)

35

이차함수 $y=a(x+1)^2-3$의 그래프를 x축의 방향으로 b만큼, y축의 방향으로 c만큼 평행이동한 그래프의 꼭짓점의 좌표가 $(4, 1)$이고 점 $(2, 5)$를 지난다고 할 때, $a-b+c$의 값을 구하시오. (단, a, b, c는 상수)

36

이차함수 $y=a(x-p)^2+q$의 그래프의 꼭짓점이 오른쪽 그림과 같이 y축 위에 있을 때, 이차함수
$y=q(x-a)^2+p$의 그래프가 지나지 <u>않는</u> 사분면을 모두 구하시오.
(단, a, p, q는 상수)

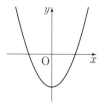

37

다음 그림에서 두 점 P, Q는 각각 이차함수 $y=\frac{1}{2}x^2+6$, $y=-2(x-4)^2$의 그래프 위의 점이다. $\overline{PQ}$는 x축에 수직이고 $\overline{PQ}=16$일 때, 점 P의 좌표를 구하시오.
(단, 점 P의 좌표는 모두 자연수)

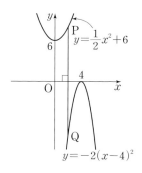

38

세 이차함수 $y=-3(x+2)^2$, $y=-3(x-2)^2$, $y=-3x^2+12$의 그래프로 둘러싸인 부분의 넓이를 구하시오.

IV-2 이차함수의 활용

39

이차함수 $y=x^2+ax+b$의 그래프가 점 $(2, 4)$를 지나고 꼭짓점이 직선 $y=2x+1$ 위에 있을 때, $a+b$의 값을 구하시오. (단, a, b는 상수)

40

두 이차함수 $y=2x^2+ax-1$, $y=-3x^2+12x-3b$의 그래프의 꼭짓점의 좌표가 서로 같을 때, 상수 a, b에 대하여 $b-a$의 값을 구하시오.

41

이차함수 $y=-2x^2+6x$의 그래프를 y축의 방향으로 k만큼 평행이동한 그래프가 x축과 만나지 않을 때, 가능한 상수 k의 값의 범위를 구하시오.

42

서로 다른 두 주사위를 던져서 나온 눈의 수를 각각 a, b라 할 때, 이차함수 $y=x^2+ax+b$의 그래프가 x축과 만나지 않을 확률을 구하시오.

43

다음 그림은 꼭짓점의 좌표가 $(3, 6)$인 이차함수 $y=ax^2+bx+c$의 그래프이다. 이 그래프의 꼭짓점을 A, 그래프가 x축과 만나는 두 점을 각각 B, C라 하자. △ABC의 넓이가 12일 때, $a-b+c$의 값을 구하시오.

(단, a, b, c는 상수)

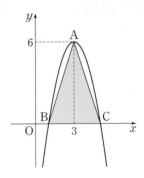

44

다음 그림과 같이 이차함수 $y=\dfrac{1}{2}x^2-\dfrac{1}{2}x-6$의 그래프가 x축과 만나는 두 점을 각각 A, C, y축과 만나는 점을 B라 하자. 사각형 ABCD가 평행사변형이 되도록 하는 점 D의 좌표를 구하시오.

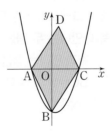

●정답 및 풀이 59쪽

45

오른쪽 그림과 같이 두 이차함수 $y=x^2-4$, $y=-x^2+2x$의 그래프가 만나는 점을 각각 A, B라 하고, 이차함수 $y=-x^2+2x$의 꼭짓점을 C라 할 때, $\triangle$ABC의 넓이를 구하시오.

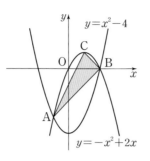

46

오른쪽 그림과 같이 이차함수 $y=-x^2+4x+12$의 그래프의 꼭짓점을 A, y축과의 교점을 B, x축과의 교점을 각각 C, D라 할 때, 사각형 ABCD의 넓이를 구하시오.

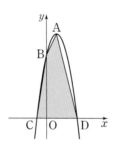

47

다음 그림과 같이 이차함수 $y=ax^2+bx+c$의 그래프와 일차함수 $y=2x+2$의 그래프가 y축 위에서 만난다. 이차함수의 그래프가 x축과 만나는 두 점을 각각 A, B라 하고, 일차함수의 그래프가 x축과 만나는 점을 C라 하자. A$(-4, 0)$이고 $\overline{AC}:\overline{BC}=2:1$일 때, $a+2b+c$의 값을 구하시오. (단, a, b, c는 상수)

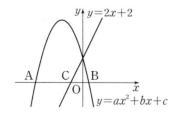

48

오른쪽 그림과 같이 이차함수 $y=-x^2+6x-5$의 그래프의 꼭짓점을 A, x축과의 교점을 각각 B, C라 할 때, 점 B를 지나고 삼각형 ABC의 넓이를 이등분하는 직선 l의 방정식을 구하시오.

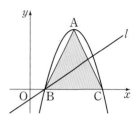

49

이차함수 $y=ax^2+bx+c$의 그래프가 제1, 2, 4사분면만을 지날 때, 이차함수 $y=cx^2+ax+b$의 그래프가 지나는 사분면을 모두 구하시오. (단, a, b, c는 상수)

50

오른쪽 그림과 같이 이차함수 $y=ax^2+bx+c$의 그래프가 x축과 두 점 $(\alpha, 0)$, $(\beta, 0)$에서 만난다. $-2<\alpha<-1$, $1<\beta<2$일 때, 다음 보기에서 옳지 <u>않은</u> 것을 모두 고르시오. (단, a, b, c는 상수)

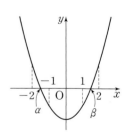

보기

ㄱ. $4a-2b+c<0$ ㄴ. $a-b+c<0$

ㄷ. $c<0$ ㄹ. $a+b+c>0$

ㅁ. $4a+2b+c>0$

선택형	18문항 70점	총점
서술형	5문항 30점	100점

※ 선택형 문제입니다. 문제를 풀고 답을 골라 OMR 답안지에
■ 표 하시오.

01

다음 중 x에 대한 이차방정식이 <u>아닌</u> 것은? [3점]

① $-5x^2+2x=-3$ ② $10x(x-1)=10x-8x^2$
③ $(x-2)^2=x^2$ ④ $3x+1=x^2$
⑤ $4x^3+x^2+3=4x^3$

02

다음 보기에서 $x=3$을 해로 갖는 이차방정식은 모두 몇
개인가? [3점]

> **보기**
> ㄱ. $3x(x-2)=0$ ㄴ. $x^2-3x=0$
> ㄷ. $x^2-9=0$ ㄹ. $x^2=-2x-15$
> ㅁ. $2x^2-7x+3=0$ ㅂ. $(x+2)(x-3)-6=0$

① 1개   ② 2개   ③ 3개
④ 4개   ⑤ 5개

03

이차방정식 $(x-2)(x+3)=0$의 두 근 중에서 작은 근
이 이차방정식 $2x^2+ax-3=0$의 한 근일 때, 상수 a의
값은? [3점]

① 1   ② 2   ③ 3
④ 4   ⑤ 5

04

이차방정식 $x^2+(2a+1)x+3a=0$의 일차항의 계수
와 상수항을 바꾸어 풀었더니 한 근이 $x=-1$이었다.
처음 이차방정식의 두 근의 곱은? (단, a는 상수) [4점]

① 3   ② 4   ③ 5
④ 6   ⑤ 7

05

이차방정식 $x^2-18x+6k+3=0$이 $x=m$을 중근으로
가질 때, $k+m$의 값은? (단, k는 상수) [4점]

① 19   ② 22   ③ 23
④ 25   ⑤ 27

06

이차방정식 $3x^2-6x-10=0$을 $(x-a)^2=b$ 꼴로 나
타낼 때, 상수 a, b에 대하여 $a-b$의 값은? [4점]

① $-\dfrac{10}{3}$ ② -3 ③ $-\dfrac{8}{3}$
④ $\dfrac{5}{3}$ ⑤ 2

07

이차방정식 $(x-5)^2+3(x-5)-28=0$의 두 근의 곱은? [4점]

① -18 ② -12 ③ -6

④ 6   ⑤ 12

08

이차방정식 $2x^2+6x-3(k+3)=0$이 서로 다른 두 근을 갖도록 하는 정수 k의 최솟값이 이차방정식 $x^2-(m+3)x+16=0$의 근일 때, 상수 m의 값은?

[5점]

① -13 ② -12 ③ -11

④ -10 ⑤ -9

09

다음 그림에서 두 직사각형 ABCD와 FGCE가 서로 닮은 도형일 때, $\overline{BC}$의 길이는? (단, $\overline{BC}>\overline{CE}$) [5점]

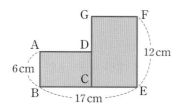

① 9 cm   ② 9.5 cm   ③ 10 cm

④ 10.5 cm   ⑤ 11 cm

10

이차함수 $f(x)=2x^2-x+2$에서 $f(a)=12$일 때, 정수 a의 값은? [3점]

① -6 ② -2 ③ -1

④ 3   ⑤ 5

11

다음 이차함수의 그래프 중 아래로 볼록하면서 폭이 가장 넓은 것은? [3점]

① $y=-\dfrac{1}{4}x^2$ ② $y=\dfrac{5}{2}x^2$

③ $y=-\dfrac{1}{2}x^2$ ④ $y=x^2$

⑤ $y=-3x^2$

12

이차함수 $y=-\dfrac{1}{3}(x+2)^2$의 그래프가 두 점 $(a, -12)$, $(-12, b)$를 지날 때, $3ab$의 값은? (단, $a>0$) [4점]

① -400 ② -240 ③ -120

④ 20   ⑤ 160

13

이차함수 $y=-\dfrac{1}{3}(x-p)^2+q$의 그래프는 꼭짓점의 좌표가 $(2, 4)$이고, 점 $\left(\dfrac{1}{2}, a\right)$를 지난다. 상수 a, p, q에 대하여 $a+p+q$의 값은? [4점]

① $\dfrac{17}{2}$　　　② $\dfrac{21}{2}$　　　③ $\dfrac{27}{4}$

④ $\dfrac{31}{4}$　　　⑤ $\dfrac{37}{4}$

14

이차함수 $y=\dfrac{1}{2}x^2$의 그래프를 x축의 방향으로 p만큼 평행이동한 그래프와 y축의 방향으로 q만큼 평행이동한 그래프가 모두 점 $(2, 8)$을 지날 때, $p+q$의 값은?
(단, $p>0$) [4점]

① 6　　　② 8　　　③ 10

④ 12　　　⑤ 14

15

일차함수 $y=ax+b$의 그래프가 오른쪽 그림과 같을 때, 다음 중 이차함수 $y=(x-a)^2+b$의 그래프로 알맞은 것은? (단, a, b는 상수) [4점]

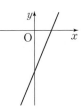

① 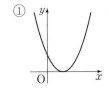　② 　③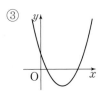

④ 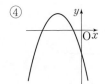　⑤

16

이차함수 $y=-x^2+2x+a$의 그래프가 x축과 서로 다른 두 점 A, B에서 만난다. $\overline{AB}=6$일 때, 상수 a의 값은? [5점]

① -6　　　② -3　　　③ 1

④ 4　　　⑤ 8

17

다음 중 이차함수 $y=3x^2-6x+15$의 그래프에 대한 설명으로 옳지 <u>않은</u> 것은? [4점]

① 꼭짓점의 좌표는 $(1, 12)$이다.
② y축과의 교점은 $(0, 15)$이다.
③ 축의 방정식은 $x=2$이다.
④ $x<1$일 때, x의 값이 증가하면 y의 값은 감소한다.
⑤ $y=3x^2$의 그래프를 평행이동하여 그릴 수 있다.

18

이차함수 $y=ax^2+bx+c$의 그래프가 오른쪽 그림과 같을 때, 상수 a, b, c에 대하여 $a+b+c$의 값은? [4점]

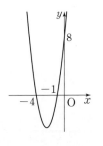

① 17　　　② 18

③ 19　　　④ 20

⑤ 21

19

이차방정식 $\dfrac{x(x-1)}{3} - \dfrac{(x-3)(x+2)}{6} = 1$의 해를 구하시오. [4점]

20

이차방정식 $x^2-8x+5k+1=0$이 중근을 가질 때, 이차방정식 $(k-1)x^2+x-1=0$의 두 근의 제곱의 합을 구하시오. (단, k는 상수) [6점]

21

정민이네 학교에서는 졸업식을 위해 강당에 직사각형 모양으로 좌석을 배치하려고 한다. 세로 줄의 수가 가로 줄의 수보다 많게 하고, 세로 줄의 수와 가로 줄의 수의 합이 38이 되도록 360개의 좌석을 배치할 때, 가로 줄의 수를 구하시오. (단, 빈자리는 없다.) [6점]

22

두 이차함수 $y=2(x-2)^2$, $y=ax^2+q$의 그래프가 다음 그림과 같이 서로의 꼭짓점을 지날 때, $a+q$의 값을 구하시오. (단, a, q는 상수) [7점]

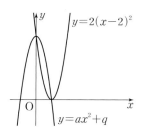

23

이차함수 $y=2x^2-x-a$의 그래프가 다음 조건을 모두 만족시킬 때, 상수 a의 값을 구하시오. [7점]

> ㈎ 점 (a, a^2+3)을 지난다.
> ㈏ x축과 만나지 않는다.

선택형	18문항 70점	총점
서술형	5문항 30점	100점

※ 선택형 문제입니다. 문제를 풀고 답을 골라 OMR 답안지에 ■표 하시오.

01

다음 보기에서 x에 대한 이차방정식의 개수는? [3점]

> **보기**
>
> ㄱ. $2x=8x^2$
> ㄴ. $2x^3-x^2=2x^3$
> ㄷ. $(x-1)^2=(x+5)^2$
> ㄹ. $4x^2+3=(2x-1)(2x+7)$
> ㅁ. $2x(x-6)=-8x^2+x-3$

① 1개 ② 2개 ③ 3개
④ 4개 ⑤ 5개

02

다음 중 [ ] 안의 수가 주어진 이차방정식의 해인 것은? [3점]

① $x(x-5)=0$ [1]
② $x^2-5x-6=0$ [2]
③ $x(x+2)=3x$ [-1]
④ $(x+1)(x-5)=7$ [6]
⑤ $3x^2-x=10$ [-2]

03

이차방정식 $x^2+6x+5a=1$이 $x=b$를 중근으로 가질 때, $a+b$의 값은? (단, a는 상수) [4점]

① -2 ② -1 ③ 0
④ 1 ⑤ 2

04

이차방정식 $x^2+ax+b=0$을 $(x+c)^2=0$ 꼴로 나타낼 때, $b+c=12$이다. 이때 상수 a의 값은?

(단, b, c는 상수, $c>0$) [5점]

① 2 ② 4 ③ 6
④ 8 ⑤ 10

05

이차방정식 $3x^2+4x-5=0$의 근이 $x=\dfrac{-b\pm\sqrt{c}}{a}$일 때, $a+b+c$의 값은?

(단, a, b, c의 최대공약수는 1이다.) [3점]

① 24 ② 25 ③ 26
④ 27 ⑤ 28

06

$(x+y+2)(x+y-4)+9=0$일 때, $x+y$의 값은?

[4점]

① 1 ② 2 ③ 3
④ 4 ⑤ 5

07

이차방정식 $4x^2-8x+m=0$이 중근을 가질 때, $x=m$ 또는 $x=m-2$를 두 근으로 하고 x^2의 계수가 3인 이차방정식은? [4점]

① $3x^2-12x+9=0$ ② $3x^2-18x+24=0$

③ $3x^2-24x+45=0$ ④ $3x^2-30x+72=0$

⑤ $3x^2-36x+105=0$

08

연속하는 세 홀수가 있다. 가장 작은 홀수의 제곱을 2배 하여 1을 더하면 나머지 두 홀수의 곱과 같을 때, 이 세 홀수의 합은? [4점]

① 15   ② 21   ③ 27

④ 33   ⑤ 39

09

선생님이 144개의 사탕을 봉사 동아리 학생들에게 남김 없이 똑같이 나누어 주었는데 한 명의 학생이 새로 왔다. 사탕을 나누어 준 학생들에게 사탕을 한 개씩 걷어서 새로 온 학생에게 주었더니 새로 온 학생이 받은 사탕의 수는 다른 학생 한 명이 갖고 있는 사탕의 수의 2배였다. 처음 동아리 학생은 모두 몇 명인가? [5점]

① 10명   ② 12명   ③ 14명

④ 16명   ⑤ 18명

10

이차함수 $f(x)=2x^2+ax-3$에 대하여 $f(2)=9$일 때, 상수 a의 값은? [3점]

① 1   ② 2   ③ 3

④ 4   ⑤ 5

11

네 이차함수 $y=-2x^2$, $y=-\dfrac{1}{2}x^2$, $y=x^2$, $y=\dfrac{4}{3}x^2$의 그래프가 오른쪽 그림과 같다. 그래프 ㉠이 점 $(3, a)$를 지날 때, a의 값은? [4점]

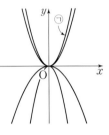

① 3   ② 6   ③ 9

④ 12   ⑤ 15

12

이차함수 $y=2(x+1)^2-5$의 그래프를 x축의 방향으로 3만큼, y축의 방향으로 4만큼 평행이동한 그래프의 식은? [3점]

① $y=2(x-2)^2-1$ ② $y=2(x-2)^2-9$

③ $y=2(x+4)^2-1$ ④ $y=2(x+4)^2-9$

⑤ $y=-2(x-2)^2-9$

13

오른쪽 그림은 이차함수 $y=ax^2-3$의 그래프이다. 이 그래프와 x축과의 두 교점을 각각 A, B라 하고, 꼭짓점을 C라 하자. △ABC의 넓이가 9일 때, 상수 a의 값은? [4점]

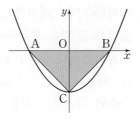

① $\dfrac{1}{3}$ ② $\dfrac{1}{2}$ ③ 1

④ 2   ⑤ 3

14

이차함수 $y=x^2+ax+b$의 그래프가 점 $(-1, 4)$를 지나고, 꼭짓점이 직선 $y=-\dfrac{1}{2}x+3$ 위에 있을 때, 상수 a, b에 대하여 $a+b$의 값은? (단, $a>0$) [5점]

① 1   ② 3   ③ 5

④ 7   ⑤ 9

15

이차함수 $y=2x^2-12x+20$의 그래프를 x축의 방향으로 a만큼, y축의 방향으로 b만큼 평행이동하면 $y=2x^2+4x-1$의 그래프와 일치한다. 이때 ab의 값은? [4점]

① 6   ② 12   ③ 20

④ 30   ⑤ 42

16

$a<0$, $b>0$, $c>0$일 때, 다음 중 이차함수 $y=ax^2+bx+c$의 그래프로 알맞은 것은? [4점]

① 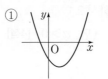   ②   ③

④ 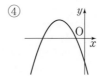   ⑤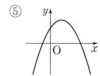

17

다음 중 오른쪽 그림과 같은 이차함수의 그래프에 대한 설명으로 옳지 <u>않은</u> 것은? [4점]

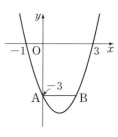

① $y=x^2$의 그래프를 평행이동한 그래프이다.

② 축의 방정식은 $x=1$이다.

③ 이 그래프의 식은 $y=x^2-2x-3$이다.

④ 꼭짓점의 좌표는 $(1, -4)$이다.

⑤ $\overline{AB}$가 x축과 평행할 때, 점 B의 좌표는 $B(1, -3)$이다.

18

이차함수 $y=a(x-p)^2+q$의 그래프가 오른쪽 그림과 같을 때, 상수 a, p, q에 대하여 apq의 값은? [4점]

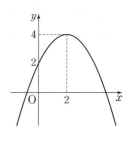

① -5 ② -4

③ -3 ④ -2

⑤ -1

19

x에 대한 이차방정식 $ax^2-ax-a^2+3=0$의 두 근이 $x=2$ 또는 $x=b$일 때, ab의 값을 구하시오.

(단, $a>0$) [4점]

20

이차방정식 $x^2-2x-k=0$의 해가 정수가 되도록 하는 한 자리의 자연수 k의 값을 모두 구하시오. [7점]

21

오른쪽 그림과 같은 정사각형 모양의 종이의 네 귀퉁이에서 한 변의 길이가 $3\,cm$인 정사각형 모양의 종이를 잘라 내어 뚜껑이 없는 직육면체 모양의 상자를 만들려고 한다. 상자의 부

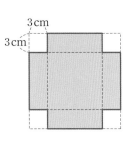

피가 $243\,cm^3$일 때, 처음 정사각형 모양의 종이의 한 변의 길이를 구하시오. [6점]

22

이차함수의 그래프를 x축의 방향으로 -2만큼 평행이동해야 할 것을 잘못하여 y축의 방향으로 -2만큼 평행이동하였더니 $y=3(x+4)^2+3$의 그래프와 포개어졌다. 처음 이차함수의 그래프를 바르게 평행이동한 이차함수의 그래프의 식을 구해 $y=a(x-p)^2+q$ 꼴로 나타내시오. [6점]

23

두 이차함수 $y=x^2-4$,

$y=-\dfrac{1}{2}x^2+a$의 그래프가

오른쪽 그림과 같을 때, □ABCD의 넓이를 구하시오. (단, a는 상수) [7점]

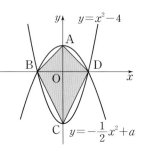

선택형	18문항 70점	총점
서술형	5문항 30점	100점

※ 선택형 문제입니다. 문제를 풀고 답을 골라 OMR 답안지에
■표 하시오.

01

다음 중 $ax^2+2x=3x^2+3x+1$이 x에 대한 이차방정
식이 되도록 하는 상수 a의 값이 <u>아닌</u> 것은? [3점]

① -3 ② -1 ③ 0

④ 1 ⑤ 3

02

이차방정식 $x^2+8kx-6k+1=0$의 한 근이 $x=k$일
때, 상수 k의 값은? [4점]

① $-\dfrac{2}{3}$ ② $-\dfrac{1}{3}$ ③ 0

④ $\dfrac{1}{3}$ ⑤ $\dfrac{2}{3}$

03

이차방정식 $(x+2)(2x-3)=0$의 해는? [3점]

① $x=-2$ 또는 $x=\dfrac{2}{3}$

② $x=-2$ 또는 $x=\dfrac{3}{2}$

③ $x=-2$ 또는 $x=3$

④ $x=2$ 또는 $x=-3$

⑤ $x=2$ 또는 $x=-\dfrac{3}{2}$

04

이차방정식 $2x^2+(2k+1)x+k=0$에서 일차항의 계
수와 상수항을 서로 바꾸어 풀었더니 한 근이 $x=-1$이
었다. 이때 처음 이차방정식의 해는? (단, k는 상수) [4점]

① $x=-\dfrac{3}{2}$ 또는 $x=-\dfrac{1}{2}$ ② $x=-\dfrac{3}{2}$ 또는 $x=\dfrac{1}{2}$

③ $x=-\dfrac{1}{2}$ 또는 $x=\dfrac{3}{2}$ ④ $x=-\dfrac{1}{2}$ 또는 $x=3$

⑤ $x=\dfrac{1}{2}$ 또는 $x=-3$

05

다음 조건을 모두 만족시키는 상수 a, b에 대하여
$a^2+4a+b+\dfrac{1}{b}$의 값은? [4점]

> ㈎ $x=a$는 이차방정식 $x^2+4x-1=0$의 한 근이다.
> ㈏ $x=b$는 이차방정식 $x^2-3x+1=0$의 한 근이다.

① 0 ② 1 ③ 2

④ 3 ⑤ 4

06

x에 대한 이차방정식 $x^2+2ax+25b^2=0$이 중근을 가
질 때, 20 이하의 두 자연수 a, b에 대하여 이를 만족시
키는 순서쌍 (a, b)는 모두 몇 개인가? [4점]

① 1개   ② 2개   ③ 3개

④ 4개   ⑤ 5개

07

이차방정식 $(x-4)(x+3)=3x-6$의 해가 $x=a\pm\sqrt{b}$
일 때, $a+b$의 값은? (단, a, b는 유리수) [3점]

① 12 ② 13 ③ 14

④ 15 ⑤ 16

08

다음 두 이차방정식의 공통인 근은? [4점]

$$x^2-6x+8=0$$
$$\frac{(x-1)^2}{3}=\frac{(x-1)(x-2)}{2}$$

① $x=-4$ ② $x=-2$ ③ $x=1$

④ $x=2$ ⑤ $x=4$

09

이차함수 $f(x)=x^2-3x-8$에서 $f(a)=2$일 때, 양수
a의 값은? [3점]

① 1 ② 2 ③ 3

④ 4 ⑤ 5

10

다음 이차함수의 그래프 중 폭이 가장 좁은 것은? [3점]

① $y=-\frac{3}{4}x^2$ ② $y=-\frac{2}{3}x^2$

③ $y=-\frac{1}{3}x^2$ ④ $y=\frac{1}{4}x^2$

⑤ $y=\frac{1}{2}x^2$

11

이차함수 $y=ax^2+q$의 그래프
를 y축의 방향으로 2만큼 평행이
동한 그래프가 오른쪽 그림과 같
을 때, $a+q$의 값은?

(단, a, q는 상수) [4점]

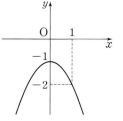

① -4 ② -3

③ -2 ④ -1

⑤ 0

12

이차함수 $y=3x^2$의 그래프를 x축의 방향으로 p만큼 평
행이동한 그래프가 점 $(1, 3)$을 지날 때, p의 값은?

(단, $p\neq0$) [4점]

① -4 ② -2 ③ -1

④ 1 ⑤ 2

13

오른쪽 그림과 같이 이차함수 $y=\dfrac{1}{2}x^2$의 그래프 위에 두 점 B, D가 있다. $\overline{EB}=\overline{BC}$이고, □ABCD가 정사각형일 때, □ABCD의 넓이는? (단, 점 A, B, C, D는 제1사분면 위에 있다.) [5점]

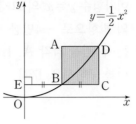

① $\dfrac{1}{4}$　　② $\dfrac{4}{9}$　　③ $\dfrac{9}{16}$

④ $\dfrac{16}{9}$　　⑤ $\dfrac{9}{4}$

14

이차함수 $y=-3x^2+12x-8$의 그래프를 x축의 방향으로 m만큼, y축의 방향으로 n만큼 평행이동하면 $y=-3x^2-6x+5$의 그래프와 일치한다. 이때 $m+n$의 값은? [4점]

① -5　　② -4　　③ 1

④ 2　　⑤ 3

15

오른쪽 그림은 이차함수 $y=-x^2-4x+5$의 그래프이다. 이 그래프와 x축과의 두 교점을 각각 A, B라 하고, y축과의 교점을 C, 꼭짓점을 D라 하자. $\triangle ABD=k\triangle ABC$일 때, 상수 k의 값은? [5점]

① $\dfrac{2}{5}$　　② $\dfrac{2}{3}$　　③ $\dfrac{9}{5}$

④ 2　　⑤ $\dfrac{7}{3}$

16

이차함수 $y=ax^2+bx+c$의 그래프가 오른쪽 그림과 같을 때, 다음 중 옳지 <u>않은</u> 것은?
(단, a, b, c는 상수) [4점]

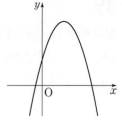

① $a<0$　　② $b<0$
③ $c>0$　　④ $abc<0$
⑤ $c-ab>0$

17

다음 중 오른쪽 그림과 같은 이차함수의 그래프에 대한 설명으로 옳은 것은? [4점]

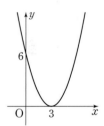

① 점 $(6, 3)$을 지난다.
② 축의 방정식은 $x=-3$이다.
③ 꼭짓점의 좌표는 $(0, 3)$이다.
④ 그래프의 식은 $y=\dfrac{2}{3}(x-3)^2$이다.
⑤ 이차함수 $y=x^2$의 그래프를 x축의 방향으로 3만큼 평행이동한 것이다.

18

다음 중 오른쪽 그림과 같이 축의 방정식이 $x=-1$인 이차함수의 그래프 위의 점이 <u>아닌</u> 것은?
[5점]

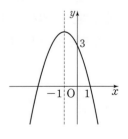

① $(-3, 0)$　　② $(-2, 3)$
③ $(-1, 5)$　　④ $(2, -5)$
⑤ $(3, -12)$

서술형

19

이차함수 $y=ax^2$의 그래프가 두 점 $(-1, -2)$, $(b, -8)$을 지날 때, $a+b$의 값을 구하시오.

(단, a는 상수, $b<0$) [4점]

20

이차방정식 $3x^2-4x-4=0$의 두 근을 a, b라 할 때, $x^2+3ax-b=0$의 두 근의 곱을 구하시오.

(단, $a<b$) [6점]

21

오른쪽 그림과 같이 가로의 길이와 세로의 길이가 각각 $10\,cm$, $15\,cm$인 직사각형 ABCD가 있다. 가로의 길이는 매초 $2\,cm$씩 늘어나고 세로의 길이는 매초 $1\,cm$씩 줄어들 때, 이 직사각형의 넓이가 처음 직사각형의 넓이와 같아지는 것은 몇 초 후인지 구하시오. [6점]

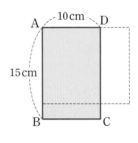

22

이차함수 $y=x^2$의 그래프를 x축의 방향으로 1만큼, y축의 방향으로 -4만큼 평행이동한 그래프가 x축과 만나는 두 점을 각각 A, B라 할 때, 두 점 A, B 사이의 거리를 구하시오. [7점]

23

다음 조건을 모두 만족시키는 그래프를 나타내는 이차함수의 식을 $y=ax^2+bx+c$ 꼴로 나타내시오.

(단, a, b, c는 상수) [7점]

⑦ 이차함수 $y=\dfrac{3}{2}(x-3)^2+5$의 그래프를 평행이동하면 완전히 포개진다.
⑭ 그래프가 y축과 만나는 점의 y좌표는 8이다.
⑮ 점 $(4, 8)$을 지난다.

선택형	18문항 70점	총점
서술형	5문항 30점	100점

※ 선택형 문제입니다. 문제를 풀고 답을 골라 OMR 답안지에 ■표 하시오.

01

다음 중 $(2x-1)(x+4)=ax^2+3$이 x에 대한 이차방정식이 되도록 하는 상수 a의 값이 <u>아닌</u> 것은? [3점]

① -2 　　　　② -1 　　　　③ 0

④ 1 　　　　⑤ 2

02

x에 대한 이차방정식 $x^2+ax+a^2-12=0$에서 $x=2$가 방정식의 근이 되도록 하는 상수 a의 값을 모두 고르면? (정답 2개) [3점]

① -4 　　　　② -2 　　　　③ 0

④ 2 　　　　⑤ 4

03

이차방정식 $x^2+(3k-2)x+4=0$이 중근을 가지도록 하는 모든 상수 k의 값의 합은? [4점]

① -2 　　　　② $-\dfrac{5}{3}$ 　　　　③ 1

④ $\dfrac{4}{3}$ 　　　　⑤ $\dfrac{8}{3}$

04

오른쪽은 완전제곱식을 이용하여 이차방정식 $3x^2+15x-1=0$의 해를 구하는 과정이다. ①~⑤에 들어갈 수로 알맞지 <u>않은</u> 것은? [4점]

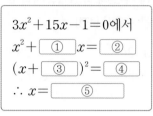

$3x^2+15x-1=0$에서
x^2+ ① $x=$ ②
$(x+$ ③ $)^2=$ ④
$\therefore x=$ ⑤

① 5 　　　　② $\dfrac{1}{3}$ 　　　　③ $\dfrac{5}{2}$

④ $\dfrac{79}{12}$ 　　　　⑤ $\dfrac{-5\pm\sqrt{237}}{2}$

05

이차방정식 $2x^2-5x-a=0$의 해가 $x=\dfrac{b\pm\sqrt{41}}{4}$일 때, 유리수 a, b에 대하여 $a+b$의 값은? [3점]

① 6 　　　　② 7 　　　　③ 8

④ 9 　　　　⑤ 10

06

x^2의 계수가 1인 이차방정식을 푸는데 민경이는 x의 계수를 잘못 보고 풀어 $x=-1$ 또는 $x=-6$의 해를 얻었고, 상원이는 상수항을 잘못 보고 풀어 $x=1$ 또는 $x=4$의 해를 얻었다. 이때 처음 이차방정식의 해는? [4점]

① $x=-6$ 또는 $x=1$ 　　② $x=6$ 또는 $x=-1$

③ $x=-3$ 또는 $x=-2$ 　　④ $x=-3$ 또는 $x=2$

⑤ $x=2$ 또는 $x=3$

07

두 자리의 자연수가 있다. 이 수의 십의 자리의 숫자는 일의 자리의 숫자의 2배이고, 각 자리의 숫자의 곱은 원래 수보다 45만큼 작다고 할 때, 이 자연수보다 5만큼 큰 수는? [4점]

① 26   ② 38   ③ 47

④ 68   ⑤ 89

08

오른쪽 그림에서 사각형 ABCD, EFGH는 각각 한 변의 길이가 14 cm, 12 cm인 정사각형이고, $\overline{AE}=\overline{BF}=\overline{CG}=\overline{DH}$이다. $\overline{AE}<\overline{BE}$일 때, $\overline{BE}$의 길이는?

[5점]

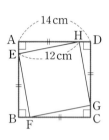

① $(2+\sqrt{23})$ cm   ② $(7+\sqrt{23})$ cm

③ 12 cm   ④ 13 cm

⑤ $(9+\sqrt{23})$ cm

09

두 이차함수 $y=-\dfrac{3}{2}x^2$, $y=ax^2$의 그래프가 오른쪽 그림과 같을 때, 상수 a의 값의 범위는? [4점]

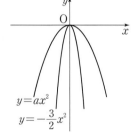

① $a<-\dfrac{3}{2}$

② $a>\dfrac{3}{2}$

③ $0<a<\dfrac{3}{2}$

④ $-\dfrac{3}{2}<a<0$

⑤ $-\dfrac{3}{2}<a<\dfrac{3}{2}$

10

이차함수 $y=-2x^2$의 그래프와 x축에 대하여 대칭인 이차함수의 그래프가 점 $(3, k)$를 지날 때, k의 값은? [3점]

① -10 ② -8 ③ -2

④ 6   ⑤ 18

11

다음 이차함수의 그래프 중 평행이동하여 이차함수 $y=-\dfrac{4}{3}x^2-5$의 그래프와 완전히 포갤 수 있는 것은?

[3점]

① $y=-\dfrac{5}{4}(x-1)^2+4$ ② $y=-\dfrac{4}{3}(x+5)^2$

③ $y=-\dfrac{3}{4}(x-5)^2$ ④ $y=x^2+\dfrac{4}{3}$

⑤ $y=\dfrac{4}{3}x^2+5$

12

다음 보기에서 이차함수 $y=5(x+6)^2-2$의 그래프에 대한 설명으로 옳은 것을 모두 고른 것은? [4점]

> **보기**
>
> ㄱ. 이차함수 $y=5x^2$의 그래프를 x축의 방향으로 -6만큼, y축의 방향으로 2만큼 평행이동한 그래프이다.
> ㄴ. 꼭짓점의 좌표는 $(-6, -2)$이다.
> ㄷ. 축의 방정식은 $x=6$이다.
> ㄹ. $y=5x^2$의 그래프와 포물선의 폭이 같다.
> ㅁ. $x<-6$일 때, x의 값이 증가하면 y의 값은 감소한다.

① ㄱ, ㄴ   ② ㄴ, ㄹ   ③ ㄱ, ㄴ, ㅁ

④ ㄴ, ㄹ, ㅁ   ⑤ ㄴ, ㄷ, ㄹ, ㅁ

13

다음 이차함수의 그래프 중 모든 사분면을 지나는 것은? [4점]

① $y=-x^2-8$ ② $y=2(x-1)^2$

③ $y=2(x+1)^2-1$ ④ $y=-(x-3)^2+1$

⑤ $y=-\dfrac{1}{4}(x-2)^2+5$

14

이차함수 $y=\dfrac{1}{3}x^2-4x+6$의 그래프를 x축의 방향으로 m만큼, y축의 방향으로 n만큼 평행이동한 그래프의 식을 $y=\dfrac{1}{3}x^2-\dfrac{16}{3}x+\dfrac{55}{3}$라 할 때, $m+n$의 값은? [4점]

① 2 ② 3 ③ 4

④ 5 ⑤ 6

15

이차함수 $y=-(x-1)^2+4$, $y=-(x-1)^2-2$의 그래프가 오른쪽 그림과 같을 때, 두 그래프와 y축, 직선 $x=1$로 둘러싸인 부분의 넓이는? [5점]

① 2 ② 4

③ 6 ④ 8

⑤ 10

16

이차함수 $y=ax^2+bx+c$의 그래프가 오른쪽 그림과 같을 때, 다음 중 옳지 <u>않은</u> 것은?
(단, a, b, c는 상수) [4점]

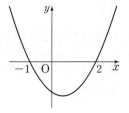

① $ab<0$

② $bc>0$

③ $ac<0$

④ $a+b+c<0$

⑤ $a-b+c<0$

17

이차함수 $y=a(x-p)^2+q$의 그래프가 오른쪽 그림과 같을 때, 상수 a, p, q에 대하여 $4a-p+q$의 값은? [4점]

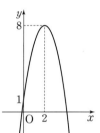

① 3 ② -1

③ 1 ④ 2

⑤ 3

18

이차함수 $y=ax^2+bx+c$의 그래프가 세 점 $(-3, 0)$, $(5, 0)$, $(0, -15)$를 지날 때, 다음 중 이 그래프에 대한 설명으로 옳은 것은? (단, a, b, c는 상수) [5점]

① 축의 방정식은 $x=2$이다.

② 꼭짓점의 좌표는 $(1, -14)$이다.

③ 이차함수 $y=-x^2$의 그래프를 평행이동한 것이다.

④ 제1, 2, 3사분면만을 지난다.

⑤ $x>1$일 때, x의 값이 증가하면 y의 값도 증가한다.

서술형

19

이차함수 $y = -\dfrac{3}{2}x^2 - 6x + 8$의 그래프에서 x의 값이 증가할 때, y의 값도 증가하는 x의 값의 범위를 구하시오. [4점]

20

이차방정식 $x^2 - 2x - 1 = 0$의 한 근이 a일 때, $a^2 + \dfrac{1}{a^2}$ 의 값을 구하시오. [6점]

21

높이가 120 m인 건물 꼭대기에서 하늘로 쏘아 올린 물체의 x초 후의 높이는 $(120 + 100x - 5x^2)$ m라 할 때, 다음 물음에 답하시오. [6점]

(1) 이 물체의 높이가 처음으로 300 m가 되는 것은 몇 초 후인지 구하시오. [3점]

(2) 이 물체가 땅에 떨어질 때까지 걸리는 시간을 구하시오. [3점]

22

주사위를 두 번 던져서 첫 번째 나온 눈의 수를 a, 두 번째 나온 눈의 수를 b라 할 때, 이차방정식 $(ab+1)x^2 - 2(a+b)x + 4 = 0$의 근이 존재하지 않도록 하는 순서쌍 (a, b)의 개수를 구하시오. [7점]

23

오른쪽 그림과 같이 이차함수 $y = ax^2$의 그래프 위에 네 점 A, B, C, D가 있다. A$(-3, 1)$, B$(3, 1)$이고,

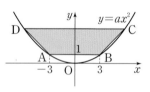

선분 AB에 평행한 선분 CD의 길이가 12일 때, 사다리꼴 ABCD의 넓이를 구하시오. (단, a는 상수) [7점]

선택형	18문항 70점	총점
서술형	5문항 30점	100점

※ 선택형 문제입니다. 문제를 풀고 답을 골라 OMR 답안지에 ■표 하시오.

01

다음 이차방정식 중 $x=2$를 해로 갖지 <u>않는</u> 것은? [3점]

① $\dfrac{1}{4}x^2-1=0$ ② $2x^2-10x+12=0$

③ $2x^2+x-6=0$ ④ $5x^2-9x-2=0$

⑤ $-2x^2+9x-10=0$

02

이차방정식 $2x^2+ax-14=0$의 두 근이 $x=2$ 또는 $x=b$일 때, $a+b$의 값은? (단, a는 상수) [4점]

① $-\dfrac{5}{2}$ ② -2 ③ $-\dfrac{3}{2}$

④ -1 ⑤ $-\dfrac{1}{2}$

03

다음 두 이차방정식의 근이 서로 같을 때, 상수 a, b에 대하여 $a+b$의 값은? [4점]

$$x^2+(a-1)x+a=0, \qquad (x+b)(x+3)=0$$

① 2   ② 4   ③ 6

④ 8   ⑤ 10

04

이차방정식 $x^2-7x+2=0$의 한 근이 $x=a$일 때, $a+\dfrac{2}{a}$의 값은? (단, $a\neq0$) [4점]

① -3 ② -2 ③ 5

④ 6   ⑤ 7

05

이차방정식 $(x-3)(x-5)=24$를 $(x+p)^2=q$ 꼴로 나타낼 때, $p+q$의 값은? (단, p, q는 상수) [3점]

① 9   ② 15   ③ 21

④ 27   ⑤ 37

06

이차방정식 $(x-3)^2=\dfrac{k}{2}+27$의 두 근이 모두 정수가 되도록 하는 모든 자연수 k의 값의 합은?

(단, $30\leq k\leq80$) [5점]

① 117   ② 118   ③ 119

④ 120   ⑤ 121

07

이차방정식 $(x-5)(x+3)=-3x-9$의 두 근을 각각 a, b라 할 때, 이차방정식 $x^2+ax+b=0$의 해는?

(단, $a<b$) [4점]

① $x=-3$ 또는 $x=-2$
② $x=-2$ 또는 $x=3$
③ $x=-1$ 또는 $x=-2$
④ $x=1$ 또는 $x=2$
⑤ $x=2$ 또는 $x=-3$

08

이차방정식 $0.2x^2+0.4x-3=0$을 풀면? [4점]

① $x=-5$ 또는 $x=-3$
② $x=-5$ 또는 $x=3$
③ $x=-3$ 또는 $x=5$
④ $x=3$ 또는 $x=5$
⑤ $x=5$ 또는 $x=7$

09

오른쪽 그림과 같이 직사각형 모양의 땅에 폭이 일정한 길을 만들었더니 길을 제외한 부분의 넓이가 $128\,\text{m}^2$이었다. 이때 길의 폭은? [4점]

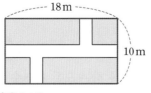

① 2 m
② 3 m
③ 4 m
④ 5 m
⑤ 6 m

10

다음 보기에서 이차함수는 모두 몇 개인가? [3점]

> **보기**
>
> ㄱ. $y=-3x^2$　　　　ㄴ. $y=x(x+2)$
>
> ㄷ. $y=-\dfrac{1}{x^2}$　　　　ㄹ. $y=\dfrac{x^2}{3}+11$
>
> ㅁ. $y=(5-x)x^2$

① 1개
② 2개
③ 3개
④ 4개
⑤ 5개

11

이차함수 $f(x)=2x^2-3x+4$에서 $f(2)-\dfrac{1}{3}f(-4)$의 값은? [3점]

① -10
② -8
③ 2
④ 6
⑤ 12

12

두 이차함수 $y=2x^2$, $y=-x^2$의 그래프가 오른쪽 그림과 같을 때, 다음 중 함수의 그래프가 색칠한 부분에 있는 것을 모두 고르면?

(정답 2개) [3점]

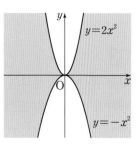

① $y=-\dfrac{3}{2}x^2$
② $y=-\dfrac{1}{2}x^2$
③ $y=x^2$
④ $y=3x^2$
⑤ $y=\dfrac{5}{2}x^2$

13

다음 중 두 이차함수 $y=\dfrac{3}{2}x^2-1$, $y=\dfrac{3}{2}(x-1)^2$의 그래프에 대한 공통된 설명으로 옳은 것은? [4점]

① 점 $(0,\ 1)$을 지난다.
② 위로 볼록한 포물선이다.
③ 축의 방정식은 서로 같다.
④ 꼭짓점의 좌표가 서로 같다.
⑤ $y=\dfrac{3}{2}x^2$의 그래프와 포물선의 폭이 같다.

14

이차함수 $y=-a(x-p)^2+q$의 그래프가 오른쪽 그림과 같을 때, 다음 중 옳지 <u>않은</u> 것은?
(단, a, p, q는 상수) [4점]

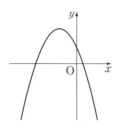

① $a+q>0$ ② $ap^2+q>0$
③ $apq<0$ ④ $a-p>0$
⑤ $\dfrac{q}{p}>0$

15

오른쪽 그림에서 두 점 A, D는 이차함수 $y=x^2+2$의 그래프 위의 점이고, 두 점 B, C는 이차함수 $y=\dfrac{1}{2}x^2$의 그래프 위의 점이다. □ABCD가 정사각형일 때, □ABCD의 넓이는?
(단, $\overline{BC}$는 x축과 평행하다.) [5점]

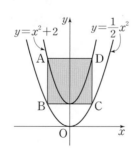

① 14   ② 16   ③ 18
④ 20   ⑤ 22

16

이차함수 $y=\dfrac{1}{2}x^2-mx+2m-5$의 그래프에서 x의 값이 증가함에 따라 y의 값도 증가하는 x의 값의 범위가 $x>1$일 때, 이 이차함수의 꼭짓점의 좌표는? [5점]

① $(-3,\ 6)$ ② $\left(-3,\ \dfrac{1}{6}\right)$ ③ $\left(1,\ -\dfrac{7}{2}\right)$
④ $\left(1,\ \dfrac{8}{3}\right)$ ⑤ $(1,\ 6)$

17

이차함수 $y=-x^2-6x-7$의 그래프를 x축의 방향으로 5만큼, y축의 방향으로 a만큼 평행이동한 그래프가 점 $(3,\ 4)$를 지날 때, a의 값은? [4점]

① 1   ② 2   ③ 3
④ 4   ⑤ 5

18

오른쪽 그림은 직선 $x=-2$를 축으로 하는 이차함수 $y=ax^2+bx+c$의 그래프이다. 이때 상수 a, b, c에 대하여 $a-b-c$의 값은? [4점]

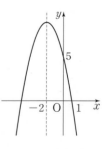

① -2 ② -1
③ 0 ④ 1
⑤ 2

19

수학책을 펼쳤더니 두 면의 쪽수의 곱이 1056이었다. 이때 두 면의 쪽수의 합을 구하시오. [4점]

20

이차방정식 $x^2-6x+4=0$의 두 근 사이에 있는 정수의 개수를 구하시오. [7점]

21

이차함수 $y=-x^2+ax-5$의 그래프의 꼭짓점의 좌표가 $(2, b)$일 때, $a-b$의 값을 구하시오. (단, a는 상수) [6점]

22

다음 세 조건을 만족시키는 포물선을 그래프로 하는 이차함수의 식을 구해 $y=a(x-p)^2+q$ 꼴로 나타내시오. [6점]

> ㈎ x축과 한 점에서 만난다.
> ㈏ 축의 방정식은 $x=3$이다.
> ㈐ 점 $(5, 2)$를 지난다.

23

오른쪽 그림은 이차함수 $y=x^2+4x-5$와 일차함수 $y=mx+n$의 그래프이다. 포물선과 x축과의 두 교점을 각각 A, B라 하고, y축과의 교점을 C라 할 때, $\triangle$ACB의 넓이는 점 C를 지나는 일차함수 $y=mx+n$의 그래프에 의하여 이등분된다고 한다. 이때 상수 m, n에 대하여 $2m-n$의 값을 구하시오. [7점]

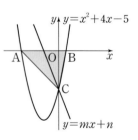

단원명	주요 개념	처음 푼 날	복습한 날

문제

풀이

개념

왜 틀렸을까?

☐ 문제를 잘못 이해해서

☐ 계산 방법을 몰라서

☐ 계산 실수

☐ 기타:

단원명	주요 개념	처음 푼 날	복습한 날

문제

풀이

개념

왜 틀렸을까?

☐ 문제를 잘못 이해해서

☐ 계산 방법을 몰라서

☐ 계산 실수

☐ 기타:

나의 오답 Note

단원명	주요 개념	처음 푼 날	복습한 날

문제

풀이

개념

왜 틀렸을까?

☐ 문제를 잘못 이해해서

☐ 계산 방법을 몰라서

☐ 계산 실수

☐ 기타:

틀린 문제를 다시 한 번 풀어 보고 실력을 완성해 보세요.

단원명	주요 개념	처음 푼 날	복습한 날

문제

풀이

개념

왜 틀렸을까?

☐ 문제를 잘못 이해해서

☐ 계산 방법을 몰라서

☐ 계산 실수

☐ 기타:

동아출판이 만든 진짜 기출예상문제집

특급기출

동아출판

기말고사

중학 수학 3-1

정답 및 풀이

Ⅲ. 이차방정식

1 이차방정식과 풀이

개념 check 8쪽~9쪽

1 (1) ◯ (2) ✕ (3) ✕ (4) ◯

2 (1) ◯ (2) ✕

3 (1) $x=0$ 또는 $x=4$ (2) $x=-2$ 또는 $x=-9$

 (3) $x=6$ 또는 $x=-\dfrac{1}{2}$ (4) $x=\dfrac{2}{3}$ 또는 $x=-\dfrac{5}{4}$

4 (1) $x=-5$ 또는 $x=5$ (2) $x=2$ 또는 $x=5$

 (3) $x=-6$ 또는 $x=3$ (4) $x=5$

5 3

6 (1) $x=\pm\sqrt{6}$ (2) $x=\pm2\sqrt{3}$

 (3) $x=\pm\dfrac{5}{3}$ (4) $x=\pm\dfrac{8\sqrt{5}}{5}$

7 (1) $x=2\pm\sqrt{5}$ (2) $x=-6\pm\sqrt{2}$

 (3) $x=-1\pm2\sqrt{2}$ (4) $x=\dfrac{2\pm\sqrt{7}}{3}$

8 1, 1, 1, 1, 2, 1, 2, $-1\pm\sqrt{2}$

9 $x=2\pm\sqrt{5}$

기출 유형 10쪽~15쪽

01 ④	**02** 3개	**03** ③	**04** ⑤
05 ④	**06** ②, ⑤	**07** $x=-1$	**08** -3
09 ②	**10** ①	**11** ②	**12** ④
13 ④	**14** ②	**15** ②	**16** ④
17 ⑤	**18** 2	**19** ①	**20** ④
21 ③	**22** ②	**23** 14	**24** 10
25 ④	**26** ①	**27** ②	**28** -12
29 ②, ③	**30** ②	**31** ⑤	**32** 34
33 ④	**34** ③	**35** 9	**36** $2\sqrt{2}$
37 ④	**38** ①	**39** 4	**40** ③
41 ①	**42** ④	**43** ③	
44 $x=1\pm\dfrac{\sqrt{21}}{3}$		**45** ②	

서술형 16쪽~17쪽

01 (1) -7 (2) $x=7$ **01-1** (1) -5 (2) $x=-\dfrac{1}{3}$

01-2 $m=-1$, $x=-\dfrac{1}{2}$ **02** $x=-2\pm\sqrt{6}$

02-1 $x=-3\pm\sqrt{11}$ **03** 23

04 3 **05** 1

06 (1) $x=3$ (2) -6 **07** (1) 7 (2) 7개

실전 중단원 학교 시험 1회 18쪽~21쪽

01 ④	**02** ⑤	**03** ③	**04** ②	**05** ⑤
06 ②	**07** ③	**08** ⑤	**09** ④	**10** ⑤
11 ①	**12** ⑤	**13** ③	**14** ①	**15** ②
16 ⑤	**17** ②	**18** ③	**19** 3	**20** 3

21 $x=-4$ 또는 $x=1$ **22** $\dfrac{27}{4}$ **23** $x=4\pm\sqrt{14}$

실전 중단원 학교 시험 2회 22쪽~25쪽

01 ①, ⑤	**02** ①	**03** ④	**04** ④	**05** ④
06 ③	**07** ③	**08** ③	**09** ③	**10** ②
11 ⑤	**12** ⑤	**13** ②	**14** ①	**15** ③
16 ④	**17** ④	**18** ②	**19** $x=\dfrac{1}{5}$ 또는 $x=1$	
20 -3	**21** 2	**22** $x=-\dfrac{3}{2}$ 또는 $x=\dfrac{5}{2}$		

23 (1) $a=1$, $b=5$, $c=-1$, $d=5$ (2) $x=-5$ 또는 $x=5$

교과서 속 특이 문제 26쪽

01 2, 8	**02** 7	**03** 3
04 $a=-8$, $b=15$	**05** 3개	**06** 3

2 이차방정식의 근의 공식과 활용

개념 check 28쪽

1 (1) $x=\dfrac{-3\pm\sqrt{5}}{2}$ (2) $x=\dfrac{7\pm\sqrt{33}}{4}$

 (3) $x=1\pm\sqrt{2}$ (4) $x=\dfrac{-1\pm\sqrt{19}}{9}$

2 (1) $x=1\pm\sqrt{5}$ (2) $x=-\dfrac{3}{5}$ 또는 $x=1$

 (3) $x=-1$ 또는 $x=9$ (4) $x=4$ 또는 $x=5$

3 (1) 2 (2) 1 (3) 0

4 (1) $x^2-5x-14=0$ (2) $3x^2-30x+75=0$

5 11, 12

기출 유형 ●29쪽~35쪽

01 ④	02 ④	03 ③	04 ①
05 ③	06 ③	07 ③	08 36
09 ④	10 ⑤	11 ④	12 ①
13 ③	14 ①	15 ②	16 ③
17 ③	18 $x=\dfrac{1\pm\sqrt{5}}{2}$		19 ①
20 ②	21 ⑤	22 $x=-6$ 또는 $x=5$	
23 ③	24 ④	25 ④	26 ②
27 ①	28 ②	29 7, 11	30 ④
31 130	32 ③	33 35	34 ④
35 5월 10일	36 ⑤	37 100	38 ③
39 10 m	40 3 m	41 ①	42 ③
43 2초 후	44 10 cm	45 2	46 ⑤
47 ④	48 2 m		

서술형 ▢36쪽~37쪽

01 (1) $x^2+2x-9=0$ (2) 9
01-1 (1) $x^2-6x-4=0$ (2) 16
02 16 02-1 80
03 $x=\dfrac{-5\pm\sqrt{37}}{6}$ 04 -5
05 (1) $a=2,\ b=-5$ (2) $x=-1\pm\sqrt{6}$
06 $x=-3$ 또는 $x=5$ 07 47
08 10 m

실전 중단원 학교 시험 1회 ●38쪽~41쪽

01 ②	02 ④	03 ③	04 ④	05 ④
06 ③	07 ②	08 ④	09 ③	10 ⑤
11 ①	12 ④	13 ③	14 ④	15 ⑤
16 ④	17 ⑤	18 ②	19 1	20 $\dfrac{1}{2}$
21 2	22 12	23 18 cm		

실전 중단원 학교 시험 2회 ●42쪽~45쪽

01 ④	02 ③	03 ②	04 ①	05 ④
06 ⑤	07 ⑤	08 ③	09 ⑤	10 ③
11 ①	12 ④	13 ②	14 ①	15 ②
16 ③	17 ③	18 ③	19 $-\dfrac{1}{2}$	20 -5
21 (1) $x=3$ 또는 $x=6$ (2) 9		22 9	23 8 cm	

교과서 속 특이 문제 ●46쪽

01 7월 26일	02 $(-1+\sqrt{5})$ cm	03 2
04 21 cm^2	05 7단계	

Ⅳ. 이차함수

1 이차함수와 그 그래프

개념 check ●48쪽~49쪽

1 (1) × (2) ○ (3) ×   2 (1) 1 (2) 1 (3) $-\dfrac{1}{4}$

3 (1) 위로 (2) 좁아진다 (3) x축   4 (2), (1), (4), (3)

5 (1) $y=-5x^2-2$ (2) $y=\dfrac{1}{3}x^2+5$

6 (1) $y=-2(x-4)^2$ (2) $y=\dfrac{1}{3}(x+1)^2$

7 (1) $(0, 1)$, $x=0$ (2) $(3, 0)$, $x=3$
  (3) $(-2, 5)$, $x=-2$

8 (1) $a>0$, $p>0$, $q<0$ (2) $a<0$, $p<0$, $q>0$

기출 유형 ●50쪽~55쪽

01 ④	02 ③	03 ③, ⑤	04 ①
05 ③	06 ⑤	07 ④	08 ④
09 ④	10 ①, ③	11 ①	12 $-2<a<0$
13 ③	14 -20	15 ⑤	16 -24
17 ④	18 ①	19 8	20 $\dfrac{3}{4}$
21 ②	22 ③	23 ②	24 ③
25 16	26 $y=-\dfrac{1}{2}(x-2)^2$		27 6
28 ⑤	29 ③	30 ⑤	31 ⑤
32 ②	33 ④	34 1	35 ②
36 ⑤	37 제 3 사분면, 제 4 사분면		38 ②
39 32			

서술형 ▢56쪽~57쪽

01 -12	01-1 9	02 4	02-1 12
02-2 -6	03 -1	04 -4	05 $y=2x^2+1$

06 (1) $(2, 3)$ (2) $a\le-\dfrac{3}{4}$

07 (1) $A(-1, -3)$ (2) $C(4, 16a)$ (3) $\dfrac{5}{4}$

01 ③	02 ⑤	03 ②	04 ⑤	05 ④
06 ④	07 ⑤	08 ④	09 ②	10 ①
11 ③	12 ①	13 ④	14 ②	15 ④
16 ④	17 ④	18 ①	19 27	20 8
21 -4	22 2	23 2		

01 ②	02 ⑤	03 ③, ④	04 ①, ⑤	05 ①
06 ①	07 ④	08 ②	09 ②	10 ③
11 ④	12 ③	13 ③	14 ①	15 ⑤
16 ⑤	17 ④	18 ④	19 3	20 -8
21 4	22 (1) $a=3$, $p=1$, $q=-4$ (2) -1		23 4	

교과서 속
특이 문제
66쪽

01 $y=\dfrac{1}{200}x^2$, 20, 8, 50	02 $\dfrac{2}{9}$
03 16 m	04 $(2, 8)$

2 이차함수의 활용

개념 check
68쪽~69쪽

1 1, 2, 1, 2, -1, 2

2 (1) $(1, 1)$, $x=1$ (2) $(2, 15)$, $x=2$

   (3) $(-2, -3)$, $x=-2$

3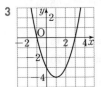

4 (1) x축과의 교점 : $(-2, 0)$, $(1, 0)$, y축과의 교점 : $(0, 2)$

   (2) x축과의 교점 : $\left(-\dfrac{3}{2}, 0\right)$, $(2, 0)$, y축과의 교점 : $(0, -6)$

   (3) x축과의 교점 : $(-3, 0)$, $(-1, 0)$, y축과의 교점 : $\left(0, \dfrac{3}{2}\right)$

5 (1) >, <, >   (2) <, <, <

6 (1) $y=2(x-1)^2+3$ (2) $y=(x-2)^2+1$

7 (1) $y=4x^2-x-1$ (2) $y=\dfrac{1}{3}x^2+\dfrac{2}{3}x-\dfrac{8}{3}$

01 ①	02 ④	03 ①	04 ②
05 ⑤	06 ④	07 ①	08 ⑤
09 ②	10 ③	11 ⑤	12 ②
13 ③	14 ②	15 ①	16 ③
17 ⑤	18 ⑤	19 ⑤	20 ⑤
21 ③	22 8	23 ②	24 60
25 ⑤	26 ③	27 ⑤	28 ④
29 $(0, 5)$	30 ⑤	31 5	32 ⑤
33 ④	34 $(0, -9)$	35 ①	36 -12
37 ③	38 6		

서술형
76쪽~77쪽

01 $y=x^2-2x+9$	01-1 $y=2x^2-4x$
02 (1) $m=12$, $n=-10$	(2) $(1, 0)$, $(5, 0)$
02-1 (1) $m=4$, $n=-6$	(2) $(-3, 0)$, $(1, 0)$
03 $(-3, -12)$	04 (1) $(-2, -5)$ (2) $x<-2$
05 2	06 9 : 8 07 제4사분면 08 4

01 ④	02 ③	03 ②	04 ③, ④	05 ①
06 ③	07 ④	08 ①	09 ⑤	10 ③
11 ⑤	12 ⑤	13 ②	14 ⑤	15 ②
16 ⑤	17 ⑤	18 ③	19 3	20 $(2, 0)$
21 $(1, -4)$	22 30	23 8		

01 ③	02 ④	03 ⑤	04 ③	05 ③
06 ④	07 ④	08 ①	09 ②	10 ④
11 ⑤	12 ④	13 ⑤	14 ②	15 ③
16 ①	17 ⑤	18 ②	19 4	20 6
21 (1) $(3, 4)$ (2) $y=-\dfrac{4}{9}x^2+\dfrac{8}{3}x$		22 5	23 $(-2, 4)$	

교과서 속
특이 문제
86쪽

01 $y=2x^2+12x+13$	02 제3사분면
03 $\dfrac{8}{3}$	04 3개

빠른 정답

부록

고난도 50 88쪽~96쪽

01 47
02 $\frac{5}{36}$
03 $x=\frac{5}{2}$ 또는 $x=\frac{10}{3}$

04 49
05 -4
06 -8
07 $-\frac{5}{3}$

08 30
09 6
10 (1) $p\leq\frac{27}{4}$ (2) 6

11 12
12 -3
13 10
14 3

15 $0<m<2$ 또는 $m>2$
16 ㄴ, ㄹ
17 14

18 1
19 $x^2+x-6=0$
20 36

21 32번
22 $\frac{1+\sqrt{5}}{2}$ cm
23 5초 후

24 P(3, 6)
25 2 m
26 -2
27 $\frac{1}{16}$

28 825
29 18
30 $\frac{4}{3}$
31 $0<a<\frac{5}{16}$

32 $x>-2$
33 $\frac{5}{3}$
34 -18
35 0

36 제1사분면, 제2사분면
37 P(2, 8)
38 48

39 2
40 15
41 $k<-\frac{9}{2}$
42 $\frac{17}{36}$

43 -18
44 D(1, 6)
45 3
46 72

47 -6
48 $y=\frac{2}{3}x-\frac{2}{3}$

49 제1, 2, 3, 4사분면
50 ㄱ, ㄹ

기말고사 대비 실전 모의고사 ①회 97쪽~100쪽

01 ③
02 ③
03 ⑤
04 ④
05 ②

06 ①
07 ①
08 ③
09 ①
10 ②

11 ④
12 ①
13 ⑤
14 ④
15 ③

16 ⑤
17 ③
18 ④
19 $x=0$ 또는 $x=1$

20 $\frac{5}{4}$
21 18
22 6
23 -1

기말고사 대비 실전 모의고사 ②회 101쪽~104쪽

01 ③
02 ④
03 ②
04 ③
05 ①

06 ①
07 ②
08 ③
09 ④
10 ②

11 ④
12 ①
13 ①
14 ⑤
15 ③

16 ⑤
17 ⑤
18 ②
19 -3
20 3, 8

21 15 cm
22 $y=3(x+6)^2+5$
23 12

기말고사 대비 실전 모의고사 ③회 105쪽~108쪽

01 ⑤
02 ④
03 ②
04 ④
05 ⑤

06 ④
07 ①
08 ⑤
09 ⑤
10 ①

11 ①
12 ⑤
13 ②
14 ③
15 ③

16 ②
17 ④
18 ③
19 -4
20 -2

21 10초 후
22 4
23 $y=\frac{3}{2}x^2-6x+8$

기말고사 대비 실전 모의고사 ④회 109쪽~112쪽

01 ⑤
02 ①, ④
03 ④
04 ⑤
05 ②

06 ⑤
07 ④
08 ②
09 ④
10 ⑤

11 ②
12 ④
13 ⑤
14 ④
15 ③

16 ⑤
17 ②
18 ⑤
19 $x<-2$
20 6

21 (1) 2초 후 (2) $(10+2\sqrt{31})$초
22 16
23 27

기말고사 대비 실전 모의고사 ⑤회 113쪽~116쪽

01 ③
02 ⑤
03 ④
04 ⑤
05 ③

06 ②
07 ④
08 ②
09 ①
10 ③

11 ①
12 ②, ③
13 ⑤
14 ⑤
15 ②

16 ③
17 ③
18 ①
19 65
20 5

21 5
22 $y=\frac{1}{2}(x-3)^2$
23 0

1 이차방정식과 풀이

Ⅲ. 이차방정식
8쪽~9쪽

개념 check

1 답 (1) ○　(2) ×　(3) ×　(4) ○

(1) $x^2=5x+6$에서 $x^2-5x-6=0$이므로 이차방정식이다.

(2) x^2-2x+1은 이차방정식이 아니다. (다항식)

(3) $(x+2)^2=x^2$에서 $x^2+4x+4=x^2$, $4x+4=0$이므로 이차방정식이 아니다. (일차방정식)

(4) $2x(x-1)=0$에서 $2x^2-2x=0$이므로 이차방정식이다.

2 답 (1) ○　(2) ×

(1) $x=-3$을 $x^2-9=0$에 대입하면 $(-3)^2-9=0$이므로 $x=-3$은 이차방정식 $x^2-9=0$의 해이다.

(2) $x=1$을 $x^2-3x+4=0$에 대입하면
$1^2-3\times1+4=2\neq0$이므로
$x=1$은 이차방정식 $x^2-3x+4=0$의 해가 아니다.

3 답 (1) $x=0$ 또는 $x=4$　(2) $x=-2$ 또는 $x=-9$

(3) $x=6$ 또는 $x=-\dfrac{1}{2}$　(4) $x=\dfrac{2}{3}$ 또는 $x=-\dfrac{5}{4}$

(1) $x(x-4)=0$에서 $x=0$ 또는 $x-4=0$
$\therefore x=0$ 또는 $x=4$

(2) $(x+2)(x+9)=0$에서 $x+2=0$ 또는 $x+9=0$
$\therefore x=-2$ 또는 $x=-9$

(3) $(x-6)(2x+1)=0$에서 $x-6=0$ 또는 $2x+1=0$
$\therefore x=6$ 또는 $x=-\dfrac{1}{2}$

(4) $(3x-2)(4x+5)=0$에서 $3x-2=0$ 또는 $4x+5=0$
$\therefore x=\dfrac{2}{3}$ 또는 $x=-\dfrac{5}{4}$

4 답 (1) $x=-5$ 또는 $x=5$　(2) $x=2$ 또는 $x=5$

(3) $x=-6$ 또는 $x=3$　(4) $x=5$

(1) $x^2-25=0$에서 $(x+5)(x-5)=0$이므로
$x+5=0$ 또는 $x-5=0$　$\therefore x=-5$ 또는 $x=5$

(2) $x^2-7x+10=0$에서 $(x-2)(x-5)=0$이므로
$x-2=0$ 또는 $x-5=0$　$\therefore x=2$ 또는 $x=5$

(3) $x^2+3x-18=0$에서 $(x+6)(x-3)=0$이므로
$x+6=0$ 또는 $x-3=0$　$\therefore x=-6$ 또는 $x=3$

(4) $x^2-10x+25=0$에서 $(x-5)^2=0$이므로
$x-5=0$ 또는 $x-5=0$　$\therefore x=5$

5 답 3

이차방정식 $x^2+6x+3k=0$이 중근을 가지려면 좌변이 완전제곱식으로 인수분해되어야 한다.

따라서 $3k=\left(\dfrac{6}{2}\right)^2$에서 $3k=9$　$\therefore k=3$

6 답 (1) $x=\pm\sqrt6$　(2) $x=\pm2\sqrt3$　(3) $x=\pm\dfrac{5}{3}$　(4) $x=\pm\dfrac{8\sqrt5}{5}$

(1) $x^2=6$에서 $x=\pm\sqrt6$

(2) $x^2-12=0$에서 $x^2=12$　$\therefore x=\pm\sqrt{12}=\pm2\sqrt3$

(3) $9x^2=25$에서 $x^2=\dfrac{25}{9}$　$\therefore x=\pm\dfrac{5}{3}$

(4) $5x^2-64=0$에서 $5x^2=64$

$x^2=\dfrac{64}{5}$　$\therefore x=\pm\dfrac{8}{\sqrt5}=\pm\dfrac{8\sqrt5}{5}$

7 답 (1) $x=2\pm\sqrt5$　(2) $x=-6\pm\sqrt2$

(3) $x=-1\pm2\sqrt2$　(4) $x=\dfrac{2\pm\sqrt7}{3}$

(1) $(x-2)^2=5$에서 $x-2=\pm\sqrt5$　$\therefore x=2\pm\sqrt5$

(2) $(x+6)^2-2=0$에서 $(x+6)^2=2$
$x+6=\pm\sqrt2$　$\therefore x=-6\pm\sqrt2$

(3) $3(x+1)^2=24$에서 $(x+1)^2=8$
$x+1=\pm\sqrt8=\pm2\sqrt2$　$\therefore x=-1\pm2\sqrt2$

(4) $(3x-2)^2-7=0$에서 $(3x-2)^2=7$, $3x-2=\pm\sqrt7$
$3x=2\pm\sqrt7$　$\therefore x=\dfrac{2\pm\sqrt7}{3}$

8 답 1, 1, 1, 1, 2, 1, 2, $-1\pm\sqrt2$

$x^2+2x-1=0$에서
$x^2+2x=\boxed{1}$
$x^2+2x+\boxed{1}=1+\boxed{1}$
$(x+\boxed{1})^2=\boxed{2}$
$x+\boxed{1}=\pm\sqrt{\boxed{2}}$
$\therefore x=\boxed{-1\pm\sqrt2}$

9 답 $x=2\pm\sqrt5$

$x^2-4x+1=0$에서 $x^2-4x=1$
$x^2-4x+4=1+4$
$(x-2)^2=5$
$x-2=\pm\sqrt5$　$\therefore x=2\pm\sqrt5$

기출 유형

◎ 10쪽~15쪽

유형 01 이차방정식의 뜻

10쪽

x에 대한 이차방정식
→ $ax^2+bx+c=0$ (a, b, c는 상수, $a\neq0$) 꼴로 나타내어지는 방정식

01 답 ④

① $x^2(x+1)=x^3$에서 $x^3+x^2=x^3$, $x^2=0$이므로 이차방정식이다.

② $\dfrac{x^2-1}{2}=x$에서 $\dfrac{1}{2}x^2-x-\dfrac{1}{2}=0$이므로 이차방정식이다.

③ $(x+1)(x-1)=0$에서 $x^2-1=0$이므로 이차방정식이다.

④ $3x(x+1)=3x^2+3$에서 $3x^2+3x=3x^2+3$, $3x-3=0$이므로 이차방정식이 아니다.

⑤ $4x^2+3x=x^2-3$에서 $3x^2+3x+3=0$이므로 이차방정식이다.

따라서 x에 대한 이차방정식이 아닌 것은 ④이다.

02 답 3개

ㄱ. x^2+5x+2는 이차방정식이 아니다.

ㄴ. $(3x+1)^2=(3x-1)^2$에서 $9x^2+6x+1=9x^2-6x+1$, $12x=0$이므로 이차방정식이 아니다.

ㄷ. $4x+1=x^2$에서 $x^2-4x-1=0$이므로 이차방정식이다.

ㄹ. $\dfrac{1}{5}x^2-2x=0$은 이차방정식이다.

ㅁ. $x^2=(x^2+1)^2$에서 $x^2=x^4+2x^2+1$, $x^4+x^2+1=0$이므로 이차방정식이 아니다.

ㅂ. $x(x+1)(x+2)=x^3$에서 $x(x^2+3x+2)=x^3$, $x^3+3x^2+2x=x^3$, $3x^2+2x=0$이므로 이차방정식이다.

따라서 이차방정식인 것은 ㄷ, ㄹ, ㅂ의 3개이다.

03 답 ③

$4ax^2-x=8x^2-12$에서 $(4a-8)x^2-x+12=0$

x에 대한 이차방정식이 되려면 $4a-8\neq0$ ∴ $a\neq2$

유형 02 이차방정식의 해 10쪽

$x=p$가 이차방정식 $ax^2+bx+c=0$의 해이다.

➡ $x=p$를 $ax^2+bx+c=0$에 대입하면 등식이 성립한다.

➡ $ap^2+bp+c=0$

04 답 ⑤

$x=2$를 이차방정식에 각각 대입하면

① $(2+2)^2=16\neq0$

② $(2-3)^2=1\neq-1$

③ $2^2-2\times2-8=-8\neq0$

④ $(2+2)(2-3)=-4\neq0$

⑤ $2^2-5\times2+6=0$

따라서 $x=2$를 해로 갖는 것은 ⑤이다.

05 답 ④

[ ] 안의 수를 주어진 이차방정식에 각각 대입하면

① $(-1)^2=1\neq-1-1=-2$

② $(-2-2)^2=16\neq0$

③ $2^2+2-2=4\neq0$

④ $2\times4^2-10\times4+8=0$

⑤ $(3\times1-1)^2=4\neq1-3=-2$

따라서 [ ] 안의 수가 주어진 이차방정식의 해인 것은 ④이다.

06 답 ②, ⑤

[ ] 안의 수를 주어진 이차방정식에 각각 대입하면

① $1^2-1-2=-2\neq0$

② $(-4)^2+2\times(-4)-8=0$

③ $4^2+5\times4+4=40\neq0$

④ $3\times\left(-\dfrac{1}{3}\right)^2+2\times\left(-\dfrac{1}{3}\right)-1=-\dfrac{4}{3}\neq0$

⑤ $2\times(-6)^2-3=69=(-6)^2-3\times(-6)+15$

따라서 [ ] 안의 수가 주어진 이차방정식의 해인 것은 ②, ⑤이다.

07 답 $x=-1$

$-1\leq x<2$인 정수 x는 -1, 0, 1이므로 $x^2-2x-3=0$에 각각 대입하면

$x=-1$일 때, $(-1)^2-2\times(-1)-3=0$

$x=0$일 때, $0^2-2\times0-3=-3\neq0$

$x=1$일 때, $1^2-2\times1-3=-4\neq0$

따라서 이차방정식의 해는 $x=-1$이다.

유형 03 한 근이 주어질 때, 미지수의 값 구하기 10쪽

이차방정식의 한 근이 주어지면 주어진 근을 이차방정식에 대입하여 미지수의 값을 구한다.

08 답 -3

$x=2$를 $x^2+ax-(a+1)=0$에 대입하면

$2^2+a\times2-(a+1)=0$, $4+2a-a-1=0$

$a+3=0$ ∴ $a=-3$

09 답 ②

$x=-1$을 $ax^2-x+7=0$에 대입하면

$a\times(-1)^2-(-1)+7=0$에서 $a+1+7=0$ ∴ $a=-8$

$x=1$을 $x^2+5x-2b=0$에 대입하면

$1^2+5\times1-2b=0$에서 $6-2b=0$ ∴ $b=3$

∴ $a+b=-8+3=-5$

10 답 ①

$x=-2$를 $x^2+ax+b=0$에 대입하면

$(-2)^2+a\times(-2)+b=0$에서 $-2a+b=-4$ ⋯⋯ ㉠

$x=5$를 $x^2+ax+b=0$에 대입하면

$5^2+5a+b=0$에서 $5a+b=-25$ ⋯⋯ ㉡

㉠, ㉡을 연립하여 풀면 $a=-3$, $b=-10$

∴ $a+2b=-3+2\times(-10)=-23$

유형 04 한 근이 문자로 주어졌을 때, 식의 값 구하기 11쪽

이차방정식 $x^2+ax+b=0$의 한 근이 $x=\alpha$일 때

$\alpha^2+a\alpha+b=0$ ➡ $\alpha^2+a\alpha=-b$

➡ $\alpha+\dfrac{b}{\alpha}=-a$ (단, $\alpha\neq0$)

11 답 ②

$x=k$를 $x^2-6x+8=0$에 대입하면

$k^2-6k+8=0$에서 $k^2-6k=-8$

∴ $(k^2-6k+7)(k^2-6k+9)=(-8+7)\times(-8+9)$
$=(-1)\times1=-1$

12 답 ④

$x=a$를 $x^2+3x-4=0$에 대입하면

$a^2+3a-4=0$에서 $a^2+3a=4$

$x=b$를 $2x^2-x-6=0$에 대입하면

$2b^2-b-6=0$에서 $2b^2-b=6$

∴ $2a^2+6a-2b^2+b=2(a^2+3a)-(2b^2-b)$
$=2\times4-6=2$

13 답 ④

$x=a$를 $x^2-3x-2=0$에 대입하면 $a^2-3a-2=0$

ㄱ. $a^2-3a-2=0$에서 $a^2-3a=2$

ㄴ. $a>0$이므로 $a^2-3a-2=0$의 양변을 a로 나누면

$a-3-\dfrac{2}{a}=0$ ∴ $a-\dfrac{2}{a}=3$

ㄷ. $\left(a+\dfrac{2}{a}\right)^2=\left(a-\dfrac{2}{a}\right)^2+8$이므로 $\left(a+\dfrac{2}{a}\right)^2=3^2+8=17$

이때 $a+\dfrac{2}{a}>0$이므로 $a+\dfrac{2}{a}=\sqrt{17}$

ㄹ. $a^2-3a-2=0$의 양변에 -2를 곱하면

$-2a^2+6a+4=0$ $\quad\therefore -2a^2+6a=-4$

ㅁ. $a^2-3a-2=0$의 양변에 3을 곱하면

$3a^2-9a-6=0$, $3a^2-9a=6$

$\therefore 3a^2-9a+1=6+1=7$

따라서 옳은 것은 ㄴ, ㄹ, ㅁ이다.

유형 05 인수분해를 이용한 이차방정식의 풀이 11쪽

이차방정식의 좌변이 인수분해되면

❶ 좌변을 인수분해하여 $AB=0$ 꼴로 만든다.

❷ $AB=0$이면 $A=0$ 또는 $B=0$임을 이용하여 방정식을 푼다.

14 답 ②

① $(2x-1)(x-2)=0$에서 $2x-1=0$ 또는 $x-2=0$

$\therefore x=\dfrac{1}{2}$ 또는 $x=2$

② $(2x-1)(x+2)=0$에서 $2x-1=0$ 또는 $x+2=0$

$\therefore x=\dfrac{1}{2}$ 또는 $x=-2$

③ $(2x+1)(x+2)=0$에서 $2x+1=0$ 또는 $x+2=0$

$\therefore x=-\dfrac{1}{2}$ 또는 $x=-2$

④ $2(x+1)(x-2)=0$에서 $x+1=0$ 또는 $x-2=0$

$\therefore x=-1$ 또는 $x=2$

⑤ $2(x+1)(x+2)=0$에서 $x+1=0$ 또는 $x+2=0$

$\therefore x=-1$ 또는 $x=-2$

따라서 해가 $x=\dfrac{1}{2}$ 또는 $x=-2$인 것은 ②이다.

15 답 ②

$2x^2+x-6=0$에서 $(x+2)(2x-3)=0$

$x+2=0$ 또는 $2x-3=0$

$\therefore x=-2$ 또는 $x=\dfrac{3}{2}$

16 답 ④

$x^2-3x-28=0$에서 $(x+4)(x-7)=0$

$x+4=0$ 또는 $x-7=0$ $\quad\therefore x=-4$ 또는 $x=7$

이때 $a>b$이므로 $a=7$, $b=-4$

$\therefore a-b=7-(-4)=11$

17 답 ⑤

$x^2+x-6=0$에서 $(x+3)(x-2)=0$

$\therefore x=-3$ 또는 $x=2$

$2x^2-5x+2=0$에서 $(2x-1)(x-2)=0$

$\therefore x=\dfrac{1}{2}$ 또는 $x=2$

따라서 두 이차방정식의 공통인 근은 $x=2$이다.

18 답 2

$x^2-6x-7=0$에서 $(x+1)(x-7)=0$

$\therefore x=-1$ 또는 $x=7$

$3x^2+2x-1=0$에서 $(3x-1)(x+1)=0$

$\therefore x=\dfrac{1}{3}$ 또는 $x=-1$

두 이차방정식을 동시에 만족시키는 x의 값은 -1이므로

$a=-1$

$\therefore a^2-a=(-1)^2-(-1)=2$

유형 06 이차방정식의 근의 활용 12쪽

이차방정식 $ax^2+bx+c=0$의 한 근이 이차방정식 $px^2+qx+r=0$의 한 근인 경우

❶ 이차방정식 $ax^2+bx+c=0$의 근을 구한다.

❷ ❶에서 구한 근 중 조건에 맞는 근을 이차방정식 $px^2+qx+r=0$에 대입하여 미지수의 값을 구한다.

19 답 ①

$x^2-3x-18=0$에서 $(x+3)(x-6)=0$

$\therefore x=-3$ 또는 $x=6$

두 근 중 큰 근은 $x=6$이므로

$x=6$을 $2x^2+ax+6=0$에 대입하면

$2\times6^2+6a+6=0$, $6a=-78$ $\quad\therefore a=-13$

20 답 ④

$3x^2+5x-2=0$에서 $(3x-1)(x+2)=0$

$\therefore x=\dfrac{1}{3}$ 또는 $x=-2$

두 근 중 작은 근은 $x=-2$이므로

$x=-2$를 $x^2-kx-4k=0$에 대입하면

$(-2)^2-k\times(-2)-4k=0$, $4+2k-4k=0$

$-2k=-4$ $\quad\therefore k=2$

21 답 ③

$2x^2+5x-3=0$에서 $(2x-1)(x+3)=0$

$\therefore x=\dfrac{1}{2}$ 또는 $x=-3$

$2x^2-7x+3=0$에서 $(2x-1)(x-3)=0$

$\therefore x=\dfrac{1}{2}$ 또는 $x=3$

따라서 두 이차방정식의 공통인 근은 $x=\dfrac{1}{2}$이므로

$x=\dfrac{1}{2}$ 을 $6x^2-5x+a=0$에 대입하면

$6\times\left(\dfrac{1}{2}\right)^2-5\times\dfrac{1}{2}+a=0$, $\dfrac{3}{2}-\dfrac{5}{2}+a=0$

$a-1=0$ $\quad\therefore a=1$

유형 07 한 근이 주어졌을 때, 다른 한 근 구하기 12쪽

이차방정식의 한 근이 주어진 경우

❶ 주어진 한 근을 이차방정식에 대입하여 미지수의 값을 구한다.

❷ 미지수의 값을 원래의 이차방정식에 대입하여 다른 한 근을 구한다.

22 답 ②

$x=4$를 $2x^2-7x+k=0$에 대입하면

$2\times4^2-7\times4+k=0,\ 32-28+k=0$ ∴ $k=-4$

$k=-4$를 주어진 이차방정식에 대입하면

$2x^2-7x-4=0$에서 $(2x+1)(x-4)=0$

∴ $x=-\dfrac{1}{2}$ 또는 $x=4$

따라서 다른 한 근은 $x=-\dfrac{1}{2}$이다.

23 답 14

$x=-5$를 $x^2+ax+15=0$에 대입하면

$(-5)^2-5a+15=0,\ -5a=-40$ ∴ $a=8$

$a=8$을 $x^2+ax+15=0$에 대입하면

$x^2+8x+15=0$에서 $(x+3)(x+5)=0$

∴ $x=-3$ 또는 $x=-5$

따라서 다른 한 근은 $x=-3$이다.

$x=-3$을 $3x^2+7x+b=0$에 대입하면

$3\times(-3)^2+7\times(-3)+b=0$

$27-21+b=0$ ∴ $b=-6$

∴ $a-b=8-(-6)=14$

24 답 10

$x=2$를 $ax^2-2x+a^2+4=0$에 대입하면

$a\times2^2-2\times2+a^2+4=0,\ 4a-4+a^2+4=0,\ a^2+4a=0$

$a(a+4)=0$ ∴ $a=0$ 또는 $a=-4$

이때 $a\neq0$이므로 $a=-4$

$a=-4$를 주어진 이차방정식에 대입하면

$-4x^2-2x+20=0$에서 $2x^2+x-10=0$

$(2x+5)(x-2)=0$ ∴ $x=-\dfrac{5}{2}$ 또는 $x=2$

따라서 다른 한 근은 $x=-\dfrac{5}{2}$이므로 $b=-\dfrac{5}{2}$

∴ $ab=(-4)\times\left(-\dfrac{5}{2}\right)=10$

25 답 ④

$x^2+2(a-1)x+a+1=0$의 일차항의 계수와 상수항을 바꾸면

$x^2+(a+1)x+2(a-1)=0$

$x=-3$을 $x^2+(a+1)x+2(a-1)=0$에 대입하면

$(-3)^2-3(a+1)+2(a-1)=0,\ -a+4=0$ ∴ $a=4$

$a=4$를 처음 이차방정식에 대입하면

$x^2+6x+5=0$에서 $(x+1)(x+5)=0$

∴ $x=-1$ 또는 $x=-5$

두 근 중 큰 근은 $x=-1$이므로 $k=-1$

∴ $a+k=4+(-1)=3$

유형 08 이차방정식의 중근 _13쪽_

이차방정식이 (완전제곱식)$=0$ 꼴로 인수분해되면 이차방정식은 중근을 갖는다.

26 답 ①

① $x^2=1$에서 $x^2-1=0,\ (x+1)(x-1)=0$

∴ $x=-1$ 또는 $x=1$

② $(x-1)^2=0$에서 $x=1$

③ $x^2-14x+49=0$에서 $(x-7)^2=0$

∴ $x=7$

④ $9x^2=30x-25$에서 $9x^2-30x+25=0,\ (3x-5)^2=0$

∴ $x=\dfrac{5}{3}$

⑤ $2x^2-12x+18=0$에서 $x^2-6x+9=0,\ (x-3)^2=0$

∴ $x=3$

따라서 중근을 갖지 않는 것은 ①이다.

27 답 ②

ㄱ. $x^2-2x+1=0$에서 $(x-1)^2=0$ ∴ $x=1$

ㄴ. $x^2=4$에서 $x^2-4=0,\ (x+2)(x-2)=0$

∴ $x=-2$ 또는 $x=2$

ㄷ. $-2x^2+4x+6=0$에서 $x^2-2x-3=0$

$(x+1)(x-3)=0$ ∴ $x=-1$ 또는 $x=3$

ㄹ. $3x^2+18x=-27$에서 $3x^2+18x+27=0$

$x^2+6x+9=0,\ (x+3)^2=0$ ∴ $x=-3$

따라서 중근을 갖는 것은 ㄱ, ㄹ이다.

유형 09 이차방정식이 중근을 가질 조건 _13쪽_

이차방정식 $ax^2+bx+c=0$이 중근을 갖는다.

→ 이차방정식 $ax^2+bx+c=0$이 $a(x-p)^2=0$ 꼴로 인수분해된다.

참고 이차방정식 $x^2+ax+b=0$이 중근을 가질 조건 → $b=\left(\dfrac{a}{2}\right)^2$

28 답 -12

$x^2+6x-3-a=0$이 중근을 가지므로

$-3-a=\left(\dfrac{6}{2}\right)^2$에서 $-3-a=9$

$-a=12$ ∴ $a=-12$

29 답 ②, ③

$x^2+2(a+1)x+25=0$이 중근을 가지므로

$25=\left\{\dfrac{2(a+1)}{2}\right\}^2$에서 $25=(a+1)^2$

$25=a^2+2a+1,\ a^2+2a-24=0$

$(a+6)(a-4)=0$ ∴ $a=-6$ 또는 $a=4$

따라서 a의 값이 될 수 있는 것은 ②, ③이다.

30 답 ②

$2x^2+8x+a=0$, 즉 $x^2+4x+\dfrac{a}{2}=0$이 중근을 가지므로

$\dfrac{a}{2}=\left(\dfrac{4}{2}\right)^2$에서 $\dfrac{a}{2}=4$ ∴ $a=8$

$a=8$을 주어진 이차방정식에 대입하면

$2x^2+8x+8=0$이므로 $x^2+4x+4=0$

$(x+2)^2=0$ ∴ $x=-2$

∴ $k=-2$

31 답 ⑤

$x^2-2(a-3)x+2a-7=0$이 중근을 가지므로

$2a-7=\left\{\dfrac{-2(a-3)}{2}\right\}^2$에서 $2a-7=(a-3)^2$

$2a-7=a^2-6a+9$, $a^2-8a+16=0$

$(a-4)^2=0$ $\therefore a=4$

$a=4$를 주어진 이차방정식에 대입하면

$x^2-2x+1=0$이므로 $(x-1)^2=0$ $\therefore x=1$

32 답 34

$x^2+12x+a+5=0$이 중근을 가지므로

$a+5=\left(\dfrac{12}{2}\right)^2$에서 $a+5=36$ $\therefore a=31$

$x^2-2bx+2b+3=0$이 중근을 가지므로

$2b+3=\left(\dfrac{-2b}{2}\right)^2$에서 $2b+3=b^2$

$b^2-2b-3=0$, $(b+1)(b-3)=0$

$\therefore b=-1$ 또는 $b=3$

이때 $b>0$이므로 $b=3$

$\therefore a+b=31+3=34$

유형 ◯⑨ 제곱근을 이용한 이차방정식의 풀이   14쪽

(1) $x^2=q\,(q\geq0)$이면 ➡ $x=\pm\sqrt{q}$

(2) $(x-p)^2=q\,(q\geq0)$이면 ➡ $x=p\pm\sqrt{q}$

참고 이차방정식 $(x-p)^2=q$에 대하여

① 서로 다른 두 근을 갖는다. ➡ $q>0$ ⎤ 해를 가질 조건
② 중근을 갖는다. ➡ $q=0$ ⎦ ➡ $q\geq0$
③ 해가 없다. ➡ $q<0$

---

33 답 ④

$(2x+3)^2=5$에서 $2x+3=\pm\sqrt{5}$

$2x=-3\pm\sqrt{5}$ $\therefore x=\dfrac{-3\pm\sqrt{5}}{2}$

34 답 ③

① $(x-3)^2=2$에서 $x-3=\pm\sqrt{2}$ $\therefore x=3\pm\sqrt{2}$

② $(x-2)^2=3$에서 $x-2=\pm\sqrt{3}$ $\therefore x=2\pm\sqrt{3}$

③ $(x+2)^2=3$에서 $x+2=\pm\sqrt{3}$ $\therefore x=-2\pm\sqrt{3}$

④ $(x+3)^2=2$에서 $x+3=\pm\sqrt{2}$ $\therefore x=-3\pm\sqrt{2}$

⑤ $(2x-1)^2=3$에서 $2x-1=\pm\sqrt{3}$

    $2x=1\pm\sqrt{3}$ $\therefore x=\dfrac{1\pm\sqrt{3}}{2}$

따라서 해가 $x=-2\pm\sqrt{3}$인 것은 ③이다.

35 답 9

$4(x-3)^2-24=0$에서 $(x-3)^2=6$

$x-3=\pm\sqrt{6}$ $\therefore x=3\pm\sqrt{6}$

따라서 $A=3$, $B=6$이므로

$A+B=3+6=9$

36 답 $2\sqrt{2}$

$(x-7)^2-2=0$에서 $(x-7)^2=2$

$x-7=\pm\sqrt{2}$ $\therefore x=7\pm\sqrt{2}$

따라서 두 근의 차는

$(7+\sqrt{2})-(7-\sqrt{2})=2\sqrt{2}$

---

37 답 ④

$(x+3)^2=-a+5$가 서로 다른 두 근을 가지려면

$-a+5>0$, $-a>-5$ $\therefore a<5$

38 답 ①

$\left(x-\dfrac{1}{2}\right)^2=2k+3$이 근을 가지려면

$2k+3\geq0$, $2k\geq-3$ $\therefore k\geq-\dfrac{3}{2}$

따라서 k의 값으로 옳지 않은 것은 ①이다.

39 답 4

$(2x+1)^2=6k+1$에서 $2x+1=\pm\sqrt{6k+1}$

$2x=-1\pm\sqrt{6k+1}$ $\therefore x=\dfrac{-1\pm\sqrt{6k+1}}{2}$

이 해가 정수가 되려면 $\sqrt{6k+1}$이 홀수인 자연수가 되어야 한다.

즉, $6k+1=1^2$, 3^2, 5^2, 7^2, $\cdots$이어야 하므로

$6k+1=1$, 9, 25, 49, $\cdots$

$\therefore k=0$, $\dfrac{4}{3}$, 4, 8, $\cdots$

따라서 자연수 k의 최솟값은 4이다.

유형 ①⓪ 완전제곱식을 이용한 이차방정식의 풀이   15쪽

이차방정식 $ax^2+bx+c=0$의 좌변이 인수분해되지 않으면 이차방정식의 좌변을 완전제곱식 꼴로 바꾼 후, 제곱근을 이용하여 이차방정식을 푼다.

$ax^2+bx+c=0$ ➡ $(x-p)^2=q$ ➡ $x=p\pm\sqrt{q}$

---

40 답 ③

$x^2-12x-7=0$에서 $x^2-12x=7$

$x^2-12x+36=7+36$, $(x-6)^2=43$

따라서 $a=-6$, $b=43$이므로

$a+b=-6+43=37$

41 답 ①

$\dfrac{1}{2}x^2-3x-3=0$에서 $x^2-6x-6=0$

$x^2-6x=6$, $x^2-6x+9=6+9$, $(x-3)^2=15$

따라서 $p=-3$, $q=15$이므로

$3p+q=3\times(-3)+15=6$

42 답 ④

$2x^2-4x-12=0$에서

$x^2-2x-\boxed{6}=0$

$x^2-2x=\boxed{6}$

$x^2-2x+\boxed{1}=\boxed{6}+\boxed{1}$

$(x-\boxed{1})^2=\boxed{7}$

$x-\boxed{1}=\pm\sqrt{\boxed{7}}$

$\therefore x=\boxed{1\pm\sqrt{7}}$

따라서 ① 6 ② 1 ③ 1 ④ 7 ⑤ $1\pm\sqrt{7}$이므로 알맞은 것은 ④이다.

43 답 ③

$x^2-8x+6=0$에서 $x^2-8x=-6$

$x^2-8x+16=-6+16,\ (x-4)^2=10$

$x-4=\pm\sqrt{10}\qquad\therefore x=4\pm\sqrt{10}$

따라서 $A=16,\ B=4,\ C=10$이므로

$A+B-C=16+4-10=10$

44 답 $x=1\pm\dfrac{\sqrt{21}}{3}$

$3x^2-6x-4=0$에서 $x^2-2x-\dfrac{4}{3}=0$

$x^2-2x=\dfrac{4}{3},\ x^2-2x+1=\dfrac{4}{3}+1$

$(x-1)^2=\dfrac{7}{3},\ x-1=\pm\dfrac{\sqrt{21}}{3}$

$\therefore x=1\pm\dfrac{\sqrt{21}}{3}$

45 답 ②

$2x^2+10x-1=0$에서 $x^2+5x-\dfrac{1}{2}=0$

$x^2+5x=\dfrac{1}{2},\ x^2+5x+\dfrac{25}{4}=\dfrac{1}{2}+\dfrac{25}{4}$

$\left(x+\dfrac{5}{2}\right)^2=\dfrac{27}{4},\ x+\dfrac{5}{2}=\pm\dfrac{3\sqrt{3}}{2}$

$\therefore x=\dfrac{-5\pm3\sqrt{3}}{2}$

따라서 $a=-5,\ b=3$이므로

$a+b=-5+3=-2$

서술형
16쪽~17쪽

01 답 (1) -7 (2) $x=7$

(1) **채점 기준 1** a의 값 구하기 … 2점

$x=\underline{-1}$을 $x^2+(a+1)x-7=0$에 대입하면

$\underline{(-1)^2+(a+1)\times(-1)-7=0},\ -a-7=0$

$\therefore a=\underline{-7}$

(2) **채점 기준 2** 다른 한 근 구하기 … 2점

$a=\underline{-7}$을 $x^2+(a+1)x-7=0$에 대입하면

$x^2-\boxed{6}x-7=0$에서 $(x+1)(\boxed{x-7})=0$

$\therefore x=-1$ 또는 $x=\underline{7}$

따라서 다른 한 근은 $\underline{x=7}$이다.

01-1 답 (1) -5 (2) $x=-\dfrac{1}{3}$

(1) **채점 기준 1** a의 값 구하기 … 2점

$x=2$를 $3x^2+ax-2=0$에 대입하면

$3\times2^2+a\times2-2=0,\ 12+2a-2=0$

$2a=-10\qquad\therefore a=-5$

(2) **채점 기준 2** 다른 한 근 구하기 … 2점

$a=-5$를 $3x^2+ax-2=0$에 대입하면

$3x^2-5x-2=0$에서 $(3x+1)(x-2)=0$

$\therefore x=-\dfrac{1}{3}$ 또는 $x=2$

따라서 다른 한 근은 $x=-\dfrac{1}{3}$이다.

01-2 답 $m=-1,\ x=-\dfrac{1}{2}$

채점 기준 1 m의 값 구하기 … 3점

$x=-2$를 $(m-1)x^2-(m^2-2m+2)x-2=0$에 대입하면

$4(m-1)+2(m^2-2m+2)-2=0$에서

$2m^2=2\qquad\therefore m=\pm1$

이때 $m-1\neq0$이므로 $m\neq1\qquad\therefore m=-1$

채점 기준 2 다른 한 근 구하기 … 3점

$m=-1$을 $(m-1)x^2-(m^2-2m+2)x-2=0$에 대입하면

$-2x^2-5x-2=0$에서 $2x^2+5x+2=0$

$(2x+1)(x+2)=0\qquad\therefore x=-\dfrac{1}{2}$ 또는 $x=-2$

따라서 다른 한 근은 $x=-\dfrac{1}{2}$이다.

02 답 $x=-2\pm\sqrt{6}$

채점 기준 1 $(x-p)^2=q$ 꼴로 나타내기 … 3점

$2x^2+8x-4=0$에서

$x^2+4x=\underline{2}$

$x^2+4x+\underline{4}=\underline{6}$

$(x+\boxed{2})^2=\underline{6}$

채점 기준 2 제곱근을 이용하여 해 구하기 … 1점

$x+\boxed{2}=\pm\sqrt{\boxed{6}}\qquad\therefore x=\underline{-2\pm\sqrt{6}}$

02-1 답 $x=-3\pm\sqrt{11}$

채점 기준 1 $(x-p)^2=q$ 꼴로 나타내기 … 3점

$x^2+6x-2=0$에서

$x^2+6x=2$

$x^2+6x+9=11$

$(x+3)^2=11$

채점 기준 2 제곱근을 이용하여 해 구하기 … 1점

$x+3=\pm\sqrt{11}\qquad\therefore x=-3\pm\sqrt{11}$

03 답 23

$x=a$를 $x^2-5x+1=0$에 대입하면 $a^2-5a+1=0$

양변을 a로 나누면

$a-5+\dfrac{1}{a}=0\qquad\therefore a+\dfrac{1}{a}=5$ ······❶

$\therefore a^2+\dfrac{1}{a^2}=\left(a+\dfrac{1}{a}\right)^2-2=25-2=23$ ······❷

채점 기준	배점
❶ $a+\dfrac{1}{a}$의 값 구하기	2점
❷ $a^2+\dfrac{1}{a^2}$의 값 구하기	2점

04 답 3

$x^2-2x-15=0$에서 $(x+3)(x-5)=0$

$\therefore x=-3$ 또는 $x=5$

두 근 중 양수인 근은 $x=5$이므로 ······❶

$x=5$를 $x^2-kx-10=0$에 대입하면

$5^2-k\times5-10=0,\ 5k=15\qquad\therefore k=3$ ······❷

채점 기준	배점
❶ 주어진 이차방정식의 두 근 중 양수인 근 구하기	2점
❷ k의 값 구하기	2점

05 답 1

이차방정식 $x^2+10x+p=0$이 중근을 가지므로

$p=\left(\dfrac{10}{2}\right)^2$에서 $p=25$ ...... ❶

$p=25$를 $x^2-2qx+p+11=0$에 대입하면

$x^2-2qx+36=0$

이 이차방정식이 중근을 가지므로

$36=\left(\dfrac{-2q}{2}\right)^2$에서 $q^2=36$ ∴ $q=\pm6$

이때 q는 자연수이므로 $q=6$ ...... ❷

∴ $p-4q=25-4\times6=1$ ...... ❸

채점 기준	배점
❶ p의 값 구하기	2점
❷ q의 값 구하기	3점
❸ $p-4q$의 값 구하기	1점

06 답 (1) $x=3$ (2) -6

(1) $x^2+5x-24=0$에서 $(x+8)(x-3)=0$

∴ $x=-8$ 또는 $x=3$

$(x+2)^2=25$에서 $x+2=\pm5$

∴ $x=-7$ 또는 $x=3$

따라서 두 이차방정식의 공통인 근은 $x=3$이다. ...... ❶

(2) $x=3$을 $3x^2+(a+1)x+2a=0$에 대입하면

$3\times3^2+(a+1)\times3+2a=0$

$27+3a+3+2a=0$, $5a=-30$

∴ $a=-6$ ...... ❷

채점 기준	배점
❶ 두 이차방정식의 공통인 근 구하기	4점
❷ a의 값 구하기	2점

07 답 (1) 7 (2) 7개

(1) $(x+4)^2=m(2x+1)$에서

$x^2+8x+16=2mx+m$, $x^2+(8-2m)x+16-m=0$

이 이차방정식이 중근을 가지므로

$16-m=\left(\dfrac{8-2m}{2}\right)^2$에서 $16-m=16-8m+m^2$

$m^2-7m=0$, $m(m-7)=0$

∴ $m=0$ 또는 $m=7$

이때 $m\neq0$이므로 $m=7$ ...... ❶

(2) $m=7$을 $2x^2-(2m-1)x-m=0$에 대입하면

$2x^2-13x-7=0$, $(2x+1)(x-7)=0$

∴ $x=-\dfrac{1}{2}$ 또는 $x=7$ ...... ❷

따라서 $-\dfrac{1}{2}$과 7 사이에 있는 정수는 0, 1, 2, 3, 4, 5, 6이므로 두 근 사이에 있는 정수는 모두 7개이다. ...... ❸

채점 기준	배점
❶ m의 값 구하기	3점
❷ 이차방정식 $2x^2-(2m-1)x-m=0$의 해 구하기	3점
❸ 두 근 사이에 있는 정수는 모두 몇 개인지 구하기	1점

실전 중단원 학교 시험 ❶회

01 ④	**02** ⑤	**03** ③	**04** ②	**05** ⑤
06 ②	**07** ③	**08** ⑤	**09** ④	**10** ⑤
11 ①	**12** ⑤	**13** ③	**14** ①	**15** ②
16 ⑤	**17** ②	**18** ③	**19** 3	**20** 3
21 $x=-4$ 또는 $x=1$		**22** $\dfrac{27}{4}$		**23** $x=4\pm\sqrt{14}$

01 답 ④ 〔유형 01〕

① $2x+8=0$은 이차방정식이 아니다.

② $x^2-2x+3=x^2+1$에서 $-2x+2=0$이므로 이차방정식이 아니다.

③ $x(x+1)=x^2+5$에서 $x^2+x=x^2+5$, $x-5=0$이므로 이차방정식이 아니다.

④ $3x^2-x+1=x^2+2x$에서 $2x^2-3x+1=0$이므로 이차방정식이다.

⑤ $(x+1)(x-1)=x(x+1)$에서 $x^2-1=x^2+x$, $-x-1=0$이므로 이차방정식이 아니다.

따라서 이차방정식인 것은 ④이다.

02 답 ⑤ 〔유형 01〕

$ax^2+4x-1=2x(x-1)$에서

$ax^2+4x-1=2x^2-2x$, $(a-2)x^2+6x-1=0$

x에 대한 이차방정식이 되려면

$a-2\neq0$ ∴ $a\neq2$

03 답 ③ 〔유형 02〕

$x=1$을 이차방정식에 각각 대입하면

① $1^2-2\times1-1=-2\neq0$

② $1^2-4\times1-4=-7\neq0$

③ $2\times1^2-1-1=0$

④ $2\times1^2+3\times1-4=1\neq0$

⑤ $(1+2)^2=9\neq4$

따라서 $x=1$을 해로 갖는 것은 ③이다.

04 답 ② 〔유형 03〕

$x=2$를 $x^2+ax-6=0$에 대입하면

$2^2+a\times2-6=0$, $2a=2$ ∴ $a=1$

$x=2$를 $x^2+(b+3)x-2=0$에 대입하면

$2^2+2(b+3)-2=0$, $2b=-8$ ∴ $b=-4$

∴ $a+b=1+(-4)=-3$

05 답 ⑤ 〔유형 04〕

$x=a$를 $x^2-6x+1=0$에 대입하면 $a^2-6a+1=0$

양변을 a로 나누면 $a-6+\dfrac{1}{a}=0$

∴ $a+\dfrac{1}{a}=6$

참고 $a^2-6a+1=0$에 $a=0$을 대입하면 $0^2-6\times0+1=1\neq0$이므로 $a\neq0$이다.

따라서 $a^2-6a+1=0$의 양변을 a로 나눌 수 있다.

06 답 ② 유형 **04**

$x=a$를 $x^2+x-1=0$에 대입하면
$a^2+a-1=0$에서 $1-a=a^2$, $1-a^2=a$

$\therefore \dfrac{a^2}{1-a}-\dfrac{4a}{1-a^2}=\dfrac{a^2}{a^2}-\dfrac{4a}{a}=1-4=-3$

07 답 ③ 유형 **05**

① $(2x+1)(x+1)=0$에서 $x=-\dfrac{1}{2}$ 또는 $x=-1$

② $(2x-1)(x+1)=0$에서 $x=\dfrac{1}{2}$ 또는 $x=-1$

③ $(2x+1)(x-1)=0$에서 $x=-\dfrac{1}{2}$ 또는 $x=1$

④ $(2x-1)(x-1)=0$에서 $x=\dfrac{1}{2}$ 또는 $x=1$

⑤ $2(x-1)(x+1)=0$에서 $x=1$ 또는 $x=-1$

따라서 해가 $x=-\dfrac{1}{2}$ 또는 $x=1$인 것은 ③이다.

08 답 ⑤ 유형 **05**

$x^2-6x-16=0$에서 $(x-8)(x+2)=0$
$\therefore x=8$ 또는 $x=-2$
따라서 두 근의 합은 $8+(-2)=6$

09 답 ④ 유형 **05**

$x^2+x-12=0$에서 $(x+4)(x-3)=0$
$\therefore x=-4$ 또는 $x=3$
$3x^2-11x+6=0$에서 $(3x-2)(x-3)=0$
$\therefore x=\dfrac{2}{3}$ 또는 $x=3$
따라서 두 이차방정식의 공통인 근은 $x=3$이다.

10 답 ⑤ 유형 **05**

$x^2-(a+7)x+7a=0$에서 $(x-a)(x-7)=0$
$\therefore x=7$ 또는 $x=a$
$x^2+3ax+3a-1=0$에서 $(x+3a-1)(x+1)=0$
$\therefore x=-3a+1$ 또는 $x=-1$
(i) 공통인 근이 $x=7$일 때,
　　$-3a+1=7$　$\therefore a=-2$
(ii) 공통인 근이 $x=-1$일 때, $a=-1$
(iii) $x=a$, $x=-3a+1$이 공통인 근일 때,
　　$a=-3a+1$, $4a=1$　$\therefore a=\dfrac{1}{4}$
따라서 모든 상수 a의 값의 곱은
$(-2)\times(-1)\times\dfrac{1}{4}=\dfrac{1}{2}$

11 답 ① 유형 **06**

$2x^2+x-15=0$에서 $(2x-5)(x+3)=0$
$\therefore x=\dfrac{5}{2}$ 또는 $x=-3$
두 근 중 음수인 근은 $x=-3$이므로
$x=-3$을 $x^2-ax+3=0$에 대입하면
$(-3)^2-a\times(-3)+3=0$, $9+3a+3=0$
$3a=-12$　$\therefore a=-4$

12 답 ⑤ 유형 **07**

$x=-3$을 $5x^2+2ax-3=0$에 대입하면
$5\times(-3)^2+2a\times(-3)-3=0$, $-6a+42=0$
$-6a=-42$　$\therefore a=7$
$a=7$을 $5x^2+2ax-3=0$에 대입하면
$5x^2+14x-3=0$에서 $(5x-1)(x+3)=0$
$\therefore x=\dfrac{1}{5}$ 또는 $x=-3$

따라서 다른 한 근은 $x=\dfrac{1}{5}$이므로 $b=\dfrac{1}{5}$

$\therefore a+5b=7+5\times\dfrac{1}{5}=8$

13 답 ③ 유형 **08** + 유형 **10**

ㄱ. $(x+1)^2=4$에서 $x+1=\pm2$, $x=-1\pm2$
　　$\therefore x=1$ 또는 $x=-3$
ㄴ. $x^2=12x-36$에서 $x^2-12x+36=0$
　　$(x-6)^2=0$　$\therefore x=6$
ㄷ. $4x^2+4x+1=0$에서 $(2x+1)^2=0$
　　$\therefore x=-\dfrac{1}{2}$
ㄹ. $x^2-1=0$에서 $(x+1)(x-1)=0$
　　$\therefore x=-1$ 또는 $x=1$
따라서 중근을 갖는 것은 ㄴ, ㄷ이다.

14 답 ① 유형 **09**

$x^2+2x+3+a=0$이 중근을 가지므로
$3+a=\left(\dfrac{2}{2}\right)^2$에서 $3+a=1$　$\therefore a=-2$
$a=-2$를 $x^2+2x+3+a=0$에 대입하면
$x^2+2x+1=0$에서 $(x+1)^2=0$　$\therefore x=-1$
따라서 $b=-1$이므로
$a+b=(-2)+(-1)=-3$

15 답 ② 유형 **10**

$5(x-2)^2=15$에서 $(x-2)^2=3$
$x-2=\pm\sqrt{3}$　$\therefore x=2\pm\sqrt{3}$
따라서 $a=2$, $b=3$이므로
$a+b=2+3=5$

16 답 ⑤ 유형 **10**

$4(x-5)^2=a$에서 $(x-5)^2=\dfrac{a}{4}$

이때 a는 양수이므로 $x-5=\pm\dfrac{\sqrt{a}}{2}$

$\therefore x=5\pm\dfrac{\sqrt{a}}{2}$

두 근의 차가 3이므로
$\left(5+\dfrac{\sqrt{a}}{2}\right)-\left(5-\dfrac{\sqrt{a}}{2}\right)=3$, $\sqrt{a}=3$
$\therefore a=9$

17 답 ② 유형 **11**

$3x^2-12x+2=0$에서 $x^2-4x+\dfrac{2}{3}=0$

$x^2-4x=-\dfrac{2}{3}$, $x^2-4x+4=-\dfrac{2}{3}+4$

$\therefore (x-2)^2=\dfrac{10}{3}$

따라서 $p=-2$, $q=\dfrac{10}{3}$이므로

$p+3q=-2+3\times\dfrac{10}{3}=8$

18 답 ③ 〔유형⑪〕

$x^2+8x-5=0$에서 $x^2+8x=5$

$x^2+8x+16=5+16$, $(x+4)^2=21$

$\therefore x=-4\pm\sqrt{21}$

따라서 $a=16$, $b=4$, $c=21$이므로

$a+b-c=16+4-21=-1$

19 답 3 〔유형③〕

$x=1$을 $ax^2+bx-1=0$에 대입하면

$a+b-1=0$ $\therefore a+b=1$ ……㉠

$x=-1$을 $3ax^2+bx-7=0$에 대입하면

$3a-b-7=0$ $\therefore 3a-b=7$ ……㉡ ……❶

㉠, ㉡을 연립하여 풀면 $a=2$, $b=-1$

$\therefore a-b=2-(-1)=3$ ……❷

채점 기준	배점
❶ a, b에 대한 연립방정식 세우기	2점
❷ $a-b$의 값 구하기	2점

20 답 3 〔유형⑤〕

$3x^2-4x-4=0$에서 $(3x+2)(x-2)=0$

$\therefore x=-\dfrac{2}{3}$ 또는 $x=2$ ……❶

$6x^2+7x+2=0$에서 $(3x+2)(2x+1)=0$

$\therefore x=-\dfrac{2}{3}$ 또는 $x=-\dfrac{1}{2}$ ……❷

따라서 두 이차방정식의 공통인 해는 $x=-\dfrac{2}{3}$이므로 $k=-\dfrac{2}{3}$

$\therefore 1-3k=1-3\times\left(-\dfrac{2}{3}\right)=3$ ……❸

채점 기준	배점
❶ 이차방정식 $3x^2-4x-4=0$의 해 구하기	2점
❷ 이차방정식 $6x^2+7x+2=0$의 해 구하기	2점
❸ $1-3k$의 값 구하기	2점

21 답 $x=-4$ 또는 $x=1$ 〔유형⑦〕

$x^2+(a+4)x+4a=0$의 x의 계수와 상수항을 바꾸면

$x^2+4ax+(a+4)=0$

$x=3$을 $x^2+4ax+(a+4)=0$에 대입하면

$3^2+4a\times3+(a+4)=0$

$13a+13=0$ $\therefore a=-1$ ……❶

$a=-1$을 $x^2+(a+4)x+4a=0$에 대입하면

$x^2+3x-4=0$에서 $(x+4)(x-1)=0$

$\therefore x=-4$ 또는 $x=1$ ……❷

채점 기준	배점
❶ a의 값 구하기	3점
❷ 처음 이차방정식의 해 구하기	4점

22 답 $\dfrac{27}{4}$ 〔유형⑨〕

$3x^2+ax+12=0$, 즉 $x^2+\dfrac{a}{3}x+4=0$이 중근을 가지므로

$4=\left(\dfrac{1}{2}\times\dfrac{a}{3}\right)^2$에서 $4=\dfrac{a^2}{36}$

$a^2=144$ $\therefore a=-12$ 또는 $a=12$ ……❶

$4x^2-3x+b=0$, 즉 $x^2-\dfrac{3}{4}x+\dfrac{b}{4}=0$이 중근을 가지므로

$\dfrac{b}{4}=\left\{\dfrac{1}{2}\times\left(-\dfrac{3}{4}\right)\right\}^2$에서 $\dfrac{b}{4}=\dfrac{9}{64}$ $\therefore b=\dfrac{9}{16}$ ……❷

따라서 ab의 최댓값은 $a=12$, $b=\dfrac{9}{16}$일 때이므로

$ab=12\times\dfrac{9}{16}=\dfrac{27}{4}$ ……❸

채점 기준	배점
❶ a의 값 구하기	2점
❷ b의 값 구하기	2점
❸ ab의 최댓값 구하기	3점

23 답 $x=4\pm\sqrt{14}$ 〔유형⑪〕

$3x^2-24x+6=0$에서 $x^2-8x+2=0$

$x^2-8x=-2$, $x^2-8x+16=-2+16$

$(x-4)^2=14$ ……❶

$x-4=\pm\sqrt{14}$ $\therefore x=4\pm\sqrt{14}$ ……❷

채점 기준	배점
❶ $(x-p)^2=q$ 꼴로 나타내기	4점
❷ 제곱근을 이용하여 해 구하기	2점

실전! 중단원 학교 시험 2회 ──22쪽~25쪽

01	①, ⑤	02	①	03	④	04	④	05	④
06	③	07	③	08	③	09	③	10	②
11	⑤	12	⑤	13	②	14	①	15	③
16	④	17	④	18	②	19	$x=\dfrac{1}{5}$ 또는 $x=1$		
20	-3	21	2	22	$x=-\dfrac{3}{2}$ 또는 $x=\dfrac{5}{2}$				
23	(1) $a=1$, $b=5$, $c=-1$, $d=5$ (2) $x=-5$ 또는 $x=5$								

01 답 ①, ⑤ 〔유형①〕

① $x^2-4x+1=1-x^2$에서 $2x^2-4x=0$이므로 이차방정식이다.

② $4x+1=2x-1$에서 $2x+2=0$이므로 이차방정식이 아니다.

③ $2x(x+1)=2x^2+4$에서 $2x^2+2x=2x^2+4$, $2x-4=0$이므로 이차방정식이 아니다.

④ $-x^2+1=x(1-x)$에서 $-x^2+1=x-x^2$, $-x+1=0$이 므로 이차방정식이 아니다.

⑤ $x^2-3=2x$에서 $x^2-2x-3=0$이므로 이차방정식이다.
따라서 이차방정식인 것은 ①, ⑤이다.

02 답 ①   유형 01

$2x(ax-1)=-4x^2+3$에서
$2ax^2-2x=-4x^2+3$, $(2a+4)x^2-2x-3=0$
x에 대한 이차방정식이 되려면
$2a+4\neq0$ $\therefore a\neq-2$

03 답 ④   유형 02

[ ] 안의 수를 주어진 이차방정식에 각각 대입하면
① $(-8)^2-16=48\neq0$
② $(-2)^2+(-2)-6=-4\neq0$
③ $(3-1)\times(3-2)=2\neq3$
④ $5^2-3\times5-10=0$
⑤ $3\times1^2-2\times1+5=6\neq0$
따라서 [ ] 안의 수가 주어진 이차방정식의 해인 것은 ④이다.

04 답 ④   유형 03

$x=-1$을 $4x^2-ax-5a+8=0$에 대입하면
$4\times(-1)^2-a\times(-1)-5a+8=0$
$4+a-5a+8=0$, $4a=12$ $\therefore a=3$

05 답 ④   유형 04

$x=a$를 $x^2+3x-1=0$에 대입하면 $a^2+3a-1=0$
① $a^2+3a=1$
② $a^2+3a-5=1-5=-4$
③ $4a^2+12a=4(a^2+3a)=4\times1=4$
④ $3a^2+9a+7=3(a^2+3a)+7=3\times1+7=10$
⑤ $a^2+3a-1=0$에서 $a+3-\dfrac{1}{a}=0$ $\therefore a-\dfrac{1}{a}=-3$
따라서 옳지 않은 것은 ④이다.

06 답 ③   유형 04

$x=k$를 $5x^2-(3a+2)x+5=0$에 대입하면
$5k^2-(3a+2)k+5=0$
양변을 k로 나누면 $5k-(3a+2)+\dfrac{5}{k}=0$, $5k+\dfrac{5}{k}=3a+2$
양변을 5로 나누면 $k+\dfrac{1}{k}=\dfrac{3a+2}{5}$
즉, $\dfrac{3a+2}{5}=a$이므로 $3a+2=5a$
$2a=2$ $\therefore a=1$

07 답 ③   유형 05

$(x+2)(x-5)=0$에서 $x=-2$ 또는 $x=5$
따라서 $a=-2$, $b=5$ 또는 $a=5$, $b=-2$이므로
$a+b=-2+5=3$

08 답 ③   유형 05

$x^2-(a+5)x+5a=0$에서 $(x-a)(x-5)=0$
$\therefore x=a$ 또는 $x=5$
두 근의 차가 8이므로 $a=-3$ 또는 $a=13$
이때 $a<0$이므로 $a=-3$

09 답 ③   유형 03 + 유형 05

$-3x^2+2x+5=0$에서 $3x^2-2x-5=0$
$(3x-5)(x+1)=0$ $\therefore x=\dfrac{5}{3}$ 또는 $x=-1$

(i) 공통인 근이 $x=\dfrac{5}{3}$일 때,
$x=\dfrac{5}{3}$를 $x^2-ax-3=0$에 대입하면
$\left(\dfrac{5}{3}\right)^2-\dfrac{5}{3}a-3=0$, $\dfrac{5}{3}a=-\dfrac{2}{9}$ $\therefore a=-\dfrac{2}{15}$
$x=\dfrac{5}{3}$를 $ax^2+5x+3=0$에 대입하면
$\left(\dfrac{5}{3}\right)^2\times a+\dfrac{25}{3}+3=0$, $\dfrac{25}{9}a=-\dfrac{34}{3}$ $\therefore a=-\dfrac{102}{25}$
이때 a의 값이 서로 다르게 나오므로 공통인 근은 $x=\dfrac{5}{3}$가 아니다.

(ii) 공통인 근이 $x=-1$일 때,
$x=-1$을 $x^2-ax-3=0$에 대입하면
$(-1)^2-a\times(-1)-3=0$, $a-2=0$ $\therefore a=2$
$x=-1$을 $ax^2+5x+3=0$에 대입하면
$a\times(-1)^2+5\times(-1)+3=0$, $a-2=0$ $\therefore a=2$
즉, 공통인 근은 $x=-1$이므로 $k=-1$, $a=2$
$\therefore a+k=2+(-1)=1$

10 답 ②   유형 06

$x^2-4x=21$에서 $x^2-4x-21=0$
$(x+3)(x-7)=0$ $\therefore x=-3$ 또는 $x=7$
두 근 중 작은 근은 $x=-3$이므로
$x=-3$을 $2x^2-ax+2a-3=0$에 대입하면
$2\times(-3)^2-a\times(-3)+2a-3=0$
$18+3a+2a-3=0$, $5a=-15$ $\therefore a=-3$

11 답 ⑤   유형 06 + 유형 07

$x^2+5x-14=0$에서 $(x-2)(x+7)=0$
$\therefore x=2$ 또는 $x=-7$
두 근 중 양수인 근은 $x=2$이므로
$x=2$를 $x^2-(a-1)x+a=0$에 대입하면
$2^2-(a-1)\times2+a=0$, $-a+6=0$ $\therefore a=6$
$a=6$을 $x^2-(a-1)x+a=0$에 대입하면
$x^2-5x+6=0$에서 $(x-2)(x-3)=0$
$\therefore x=2$ 또는 $x=3$
따라서 다른 한 근은 $x=3$이다.

12 답 ⑤   유형 07

$x=-2$를 $5x^2+(a-2)x-2a=0$에 대입하면
$5\times(-2)^2+(a-2)\times(-2)-2a=0$
$-4a=-24$ $\therefore a=6$
$a=6$을 주어진 이차방정식에 대입하면
$5x^2+4x-12=0$에서 $(5x-6)(x+2)=0$
$\therefore x=\dfrac{6}{5}$ 또는 $x=-2$
따라서 다른 한 근은 $x=\dfrac{6}{5}$이다.

13 답 ②　　　　　　　　　　　　　　　　유형 **08**

$x^2+20x+100=0$에서 $(x+10)^2=0$ ∴ $x=-10$

$4x^2-12x+9=0$에서 $(2x-3)^2=0$ ∴ $x=\dfrac{3}{2}$

따라서 $a=-10$, $b=\dfrac{3}{2}$이므로

$ab=(-10)\times\dfrac{3}{2}=-15$

14 답 ①　　　　　　　　　　　　　　　　유형 **09**

$x^2-ax-a+3=0$이 중근을 가지려면

$-a+3=\left(\dfrac{-a}{2}\right)^2$에서 $-a+3=\dfrac{a^2}{4}$

$a^2+4a-12=0$, $(a+6)(a-2)=0$

∴ $a=-6$ 또는 $a=2$

따라서 모든 상수 a의 값의 합은

$-6+2=-4$

15 답 ③　　　　　　　　　　　　　　　　유형 **10**

$2(x-a)^2=12$에서 $(x-a)^2=6$

$x-a=\pm\sqrt{6}$ ∴ $x=a\pm\sqrt{6}$

따라서 $a=-2$, $b=6$이므로

$\dfrac{b}{a}=\dfrac{6}{-2}=-3$

16 답 ④　　　　　　　　　　　　　　　　유형 **10**

ㄱ. $k=-4$이면 $\left(x-\dfrac{1}{4}\right)^2=\dfrac{16}{3}$이므로

$x-\dfrac{1}{4}=\pm\dfrac{4\sqrt{3}}{3}$ ∴ $x=\dfrac{1}{4}+\dfrac{4\sqrt{3}}{3}$

따라서 서로 다른 두 근을 갖는다.

ㄴ. $k=0$이면 $\left(x-\dfrac{1}{4}\right)^2=\dfrac{8}{3}$이므로

$x-\dfrac{1}{4}=\pm\dfrac{2\sqrt{6}}{3}$ ∴ $x=\dfrac{1}{4}+\dfrac{2\sqrt{6}}{3}$

따라서 서로 다른 두 근을 갖는다.

ㄷ. $k=5$이면 $\left(x-\dfrac{1}{4}\right)^2=-\dfrac{2}{3}$

따라서 해가 없다.

따라서 옳은 것은 ㄱ, ㄷ이다.

참고 $\left(x-\dfrac{1}{4}\right)^2=\dfrac{8-2k}{3}$에서

(i) 서로 다른 두 근을 가질 조건 : $\dfrac{8-2k}{3}>0$ ∴ $k<4$

(ii) 중근을 가질 조건 : $\dfrac{8-2k}{3}=0$ ∴ $k=4$

(iii) 해가 없을 조건 : $\dfrac{8-2k}{3}<0$ ∴ $k>4$

17 답 ④　　　　　　　　　　　　　　　　유형 **11**

$x^2-10x+5=0$에서 $x^2-10x=-5$

$x^2-10x+25=-5+25$, $(x-5)^2=20$

따라서 $p=-5$, $q=20$이므로

$p+q=-5+20=15$

18 답 ②　　　　　　　　　　　　　　　　유형 **11**

$2x^2+8x-1=0$에서 $x^2+4x-\dfrac{1}{2}=0$

$x^2+4x=\dfrac{1}{2}$, $x^2+4x+4=\dfrac{1}{2}+4$

$(x+2)^2=\dfrac{9}{2}$, $x+2=\pm\dfrac{3\sqrt{2}}{2}$

∴ $x=-2\pm\dfrac{3\sqrt{2}}{2}$

따라서 ① 4 ② $\dfrac{1}{2}$ ③ 2 ④ $\dfrac{9}{2}$ ⑤ $-2\pm\dfrac{3\sqrt{2}}{2}$이므로 알맞지 않은

것은 ②이다.

19 답 $x=\dfrac{1}{5}$ 또는 $x=1$　　　　유형 **03** + 유형 **05**

$x=3$을 $x^2-x+a=0$에 대입하면

$3^2-3+a=0$ ∴ $a=-6$ ······ ❶

$a=-6$을 $5x^2+ax+1=0$에 대입하면

$5x^2-6x+1=0$에서 $(5x-1)(x-1)=0$

∴ $x=\dfrac{1}{5}$ 또는 $x=1$ ······ ❷

채점 기준	배점
❶ a의 값 구하기	2점
❷ 이차방정식 $5x^2+ax+1=0$의 해 구하기	2점

20 답 -3　　　　　　　　　　　　　　　유형 **04**

$x=a$를 $x^2-2x-1=0$에 대입하면

$a^2-2a-1=0$ ∴ $a^2-2a=1$ ······ ❶

$x=b$를 $3x^2-2x-4=0$에 대입하면

$3b^2-2b-4=0$ ∴ $3b^2-2b=4$ ······ ❷

∴ $a^2-3b^2-2a+2b=a^2-2a-(3b^2-2b)$

$=1-4=-3$ ······ ❸

채점 기준	배점
❶ a^2-2a의 값 구하기	2점
❷ $3b^2-2b$의 값 구하기	2점
❸ $a^2-3b^2-2a+2b$의 값 구하기	2점

21 답 2　　　　　　　　　　　　　　　　유형 **05**

$5x^2+7x-6=0$에서 $(5x-3)(x+2)=0$

∴ $x=\dfrac{3}{5}$ 또는 $x=-2$ ······ ❶

$3x^2-4x-20=0$에서 $(3x-10)(x+2)=0$

∴ $x=\dfrac{10}{3}$ 또는 $x=-2$ ······ ❷

따라서 공통이 아닌 두 근은 $x=\dfrac{3}{5}$, $x=\dfrac{10}{3}$이므로 그 곱은

$\dfrac{3}{5}\times\dfrac{10}{3}=2$ ······ ❸

채점 기준	배점
❶ 이차방정식 $5x^2+7x-6=0$의 해 구하기	3점
❷ 이차방정식 $3x^2-4x-20=0$의 해 구하기	3점
❸ 공통이 아닌 두 근의 곱 구하기	1점

22 답 $x=-\dfrac{3}{2}$ 또는 $x=\dfrac{5}{2}$ 유형 **05** + 유형 **09**

$x^2-4x+m=0$이 중근을 가지므로

$m=\left(\dfrac{-4}{2}\right)^2$ $\therefore m=4$ ...... ❶

$m=4$를 $mx^2-mx-15=0$에 대입하면

$4x^2-4x-15=0$에서 $(2x+3)(2x-5)=0$

$\therefore x=-\dfrac{3}{2}$ 또는 $x=\dfrac{5}{2}$ ...... ❷

채점 기준	배점
❶ m의 값 구하기	3점
❷ 이차방정식 $mx^2-mx-15=0$의 해 구하기	3점

23 답 (1) $a=1$, $b=5$, $c=-1$, $d=5$ 유형 **05** + 유형 **11**

(2) $x=-5$ 또는 $x=5$

(1) $(2x-3)(x+4)=x-4$에서

$2x^2+5x-12=x-4$, $2x^2+4x-8=0$

$x^2+2x-4=0$, $x^2+2x=4$

$x^2+2x+1=4+1$, $(x+1)^2=5$

$x+1=\pm\sqrt{5}$ $\therefore x=-1\pm\sqrt{5}$

$\therefore a=1$, $b=5$, $c=-1$, $d=5$ ...... ❶

(2) $a=1$, $b=5$, $c=-1$, $d=5$를 $(ax+b)(cx+d)=0$에 대입

하면 $(x+5)(-x+5)=0$, $(x+5)(x-5)=0$

$\therefore x=-5$ 또는 $x=5$ ...... ❷

채점 기준	배점
❶ a, b, c, d의 값 각각 구하기	4점
❷ $(ax+b)(cx+d)=0$의 해 구하기	3점

교과서 속 특이 문제

●26쪽

01 답 2, 8

$x^2-(a+4)x+4a=0$에서 $(x-a)(x-4)=0$

$\therefore x=a$ 또는 $x=4$

두 근의 비가 $1:2$이므로

(i) $a<4$인 경우

$a:4=1:2$에서 $2a=4$ $\therefore a=2$

(ii) $a>4$인 경우

$4:a=1:2$에서 $a=8$

따라서 a의 값은 2, 8이다.

02 답 7

$x=3$을 $x^2+(a-2)x-4a+1=0$에 대입하면

$3^2+(a-2)\times 3-4a+1=0$, $4-a=0$ $\therefore a=4$

$a=4$를 $x^2+(a-2)x-4a+1=0$에 대입하면

$x^2+2x-15=0$에서 $(x-3)(x+5)=0$

$\therefore x=3$ 또는 $x=-5$

따라서 다른 한 근은 $x=-5$이므로

$x=-5$를 $x^2-2bx+b+8=0$에 대입하면

$(-5)^2-2b\times(-5)+b+8=0$, $11b=-33$ $\therefore b=-3$

$\therefore a-b=4-(-3)=7$

03 답 3

$ax-2y+1=0$에서 $y=\dfrac{1}{2}ax+\dfrac{1}{2}$

이 직선이 점 $(a+2, 2a+2)$를 지나므로

$2a+2=\dfrac{1}{2}a(a+2)+\dfrac{1}{2}$, $4a+4=a^2+2a+1$

$a^2-2a-3=0$, $(a+1)(a-3)=0$

$\therefore a=-1$ 또는 $a=3$

이 직선이 제4사분면을 지나지 않으려면 $\dfrac{1}{2}a\geq 0$이어야 하므로

$a\geq 0$이어야 한다.

$\therefore a=3$

04 답 $a=-8$, $b=15$

두 근 중 큰 수를 B, 작은 수를 A라 하면

조건 ㉮에서 $B=2A-1$

조건 ㉯에서 $AB=15$이므로

$A(2A-1)=15$, $2A^2-A-15=0$

$(2A+5)(A-3)=0$ $\therefore A=-\dfrac{5}{2}$ 또는 $A=3$

이때 A, B는 모두 자연수이므로 $A=3$

$\therefore B=2A-1=2\times 3-1=5$

따라서 $x^2+ax+b=0$의 두 근이 $x=3$ 또는 $x=5$이므로

$x=3$을 $x^2+ax+b=0$에 대입하면

$9+3a+b=0$, $3a+b=-9$ ...... ㉠

$x=5$를 $x^2+ax+b=0$에 대입하면

$25+5a+b=0$, $5a+b=-25$ ...... ㉡

㉠, ㉡을 연립하여 풀면 $a=-8$, $b=15$

05 답 3개

$x^2+ax+b=0$이 중근을 가지려면

$b=\left(\dfrac{a}{2}\right)^2$에서 $b=\dfrac{a^2}{4}$, $a^2=4b$

$\therefore a=\pm 2\sqrt{b}$

이때 a가 자연수이므로 $a=2\sqrt{b}$이고, $\sqrt{b}$는 자연수이어야 한다.

a, b는 한 자리의 자연수이므로 가능한 b의 값은 1, 4, 9이고 이

때 a의 값은 2, 4, 6이다.

따라서 순서쌍 (a, b)는 $(2, 1)$, $(4, 4)$, $(6, 9)$의 3개이다.

06 답 3

$x^2-8x+16-3k=0$에서 $x^2-8x+16=3k$

$(x-4)^2=3k$, $x-4=\pm\sqrt{3k}$

$\therefore x=4\pm\sqrt{3k}$

따라서 주어진 이차방정식의 근은 $x=4+\sqrt{3k}$ 또는

$x=4-\sqrt{3k}$이므로 두 근이 모두 자연수가 되려면 $\sqrt{3k}$가 자연

수이고, $4-\sqrt{3k}>0$이어야 한다.

즉, $0<4-\sqrt{3k}<4$이므로 가능한 $4-\sqrt{3k}$의 값은 1, 2, 3이다.

(i) $4-\sqrt{3k}=1$일 때, $\sqrt{3k}=3$이므로 $3k=9$ $\therefore k=3$

(ii) $4-\sqrt{3k}=2$일 때, $\sqrt{3k}=2$이므로 $3k=4$ $\therefore k=\dfrac{4}{3}$

(iii) $4-\sqrt{3k}=3$일 때, $\sqrt{3k}=1$이므로 $3k=1$ $\therefore k=\dfrac{1}{3}$

따라서 자연수 k의 값은 3이다.

2 이차방정식의 근의 공식과 활용   Ⅲ. 이차방정식

28쪽

개념 check

1 답 (1) $x=\dfrac{-3\pm\sqrt{5}}{2}$ (2) $x=\dfrac{7\pm\sqrt{33}}{4}$

    (3) $x=1\pm\sqrt{2}$ (4) $x=\dfrac{-1\pm\sqrt{19}}{9}$

(1) $x^2+3x+1=0$에서 근의 공식을 이용하면

$$x=\frac{-3\pm\sqrt{3^2-4\times1\times1}}{2\times1}=\frac{-3\pm\sqrt{5}}{2}$$

(2) $2x^2-7x+2=0$에서 근의 공식을 이용하면

$$x=\frac{-(-7)\pm\sqrt{(-7)^2-4\times2\times2}}{2\times2}=\frac{7\pm\sqrt{33}}{4}$$

(3) $x^2-2x-1=0$에서 근의 공식을 이용하면

$$x=\frac{-(-1)\pm\sqrt{(-1)^2-1\times(-1)}}{1}=1\pm\sqrt{2}$$

(4) $9x^2+2x-2=0$에서 근의 공식을 이용하면

$$x=\frac{-1\pm\sqrt{1^2-9\times(-2)}}{9}=\frac{-1\pm\sqrt{19}}{9}$$

2 답 (1) $x=1\pm\sqrt{5}$ (2) $x=-\dfrac{3}{5}$ 또는 $x=1$

    (3) $x=-1$ 또는 $x=9$ (4) $x=4$ 또는 $x=5$

(1) 양변에 분모 4, 2의 최소공배수 4를 곱하면

    $x^2-2x-4=0$

    근의 공식을 이용하면

$$x=\frac{-(-1)\pm\sqrt{(-1)^2-1\times(-4)}}{1}=1\pm\sqrt{5}$$

(2) 양변에 10을 곱하면

    $5x^2-2x-3=0$, $(5x+3)(x-1)=0$

    $\therefore x=-\dfrac{3}{5}$ 또는 $x=1$

(3) $(x+3)(x-3)=8x$에서 $x^2-9=8x$

    $x^2-8x-9=0$, $(x+1)(x-9)=0$

    $\therefore x=-1$ 또는 $x=9$

(4) $x-2=A$라 하면

    $A^2-5A+6=0$, $(A-2)(A-3)=0$

    $\therefore A=2$ 또는 $A=3$

    $A=x-2$이므로 $x-2=2$ 또는 $x-2=3$

    $\therefore x=4$ 또는 $x=5$

3 답 (1) 2 (2) 1 (3) 0

(1) $3^2-4\times1\times2=1>0$이므로 서로 다른 두 근을 갖는다.

    ➡ 근의 개수 : 2

(2) $2^2-4\times1\times1=0$이므로 중근을 갖는다.

    ➡ 근의 개수 : 1

(3) $1^2-4\times1\times2=-7<0$이므로 근이 없다.

    ➡ 근의 개수 : 0

4 답 (1) $x^2-5x-14=0$ (2) $3x^2-30x+75=0$

(1) 두 근이 $x=-2$, $x=7$이고 x^2의 계수가 1인 이차방정식은

    $(x+2)(x-7)=0$

    $\therefore x^2-5x-14=0$

(2) x^2의 계수가 3이고 $x=5$를 중근으로 갖는 이차방정식은

    $3(x-5)^2=0$, $3(x^2-10x+25)=0$

    $\therefore 3x^2-30x+75=0$

5 답 11, 12

연속하는 두 자연수 중 작은 수를 x라 하면 큰 수는 $x+1$이므로

$x(x+1)=132$, $x^2+x-132=0$

$(x+12)(x-11)=0$ $\therefore x=-12$ 또는 $x=11$

이때 x는 자연수이므로 $x=11$

따라서 두 자연수는 11, 12이다.

기출 유형

◎ 29쪽~35쪽

유형 01 이차방정식의 근의 공식   29쪽

(1) 이차방정식 $ax^2+bx+c=0$의 근은

$$x=\frac{-b\pm\sqrt{b^2-4ac}}{2a} \quad (단, b^2-4ac\geq0)$$

(2) 이차방정식 $ax^2+2b'x+c=0$의 근은

$$x=\frac{-b'\pm\sqrt{b'^2-ac}}{a} \quad (단, b'^2-ac\geq0)$$

01 답 ④

$x^2-3x+1=0$에서 근의 공식을 이용하면

$$x=\frac{-(-3)\pm\sqrt{(-3)^2-4\times1\times1}}{2\times1}=\frac{3\pm\sqrt{5}}{2}$$

따라서 $A=3$, $B=5$이므로

$A+B=3+5=8$

02 답 ④

$4x^2+7x+A=0$에서 근의 공식을 이용하면

$$x=\frac{-7\pm\sqrt{7^2-4\times4\times A}}{2\times4}=\frac{-7\pm\sqrt{49-16A}}{8}$$

즉, $49-16A=17$이므로 $16A=32$ $\therefore A=2$

03 답 ③

$4x^2-6x=x^2-2$에서 $3x^2-6x+2=0$

근의 공식을 이용하면

$$x=\frac{-(-3)\pm\sqrt{(-3)^2-3\times2}}{3}=\frac{3\pm\sqrt{3}}{3}$$

두 근 중 작은 근은 $x=\dfrac{3-\sqrt{3}}{3}$이므로 $p=\dfrac{3-\sqrt{3}}{3}$

$\therefore 3p+\sqrt{3}=3\times\dfrac{3-\sqrt{3}}{3}+\sqrt{3}=3-\sqrt{3}+\sqrt{3}=3$

04 답 ①

$x^2+ax+2=0$에서 근의 공식을 이용하면

$$x=\frac{-a\pm\sqrt{a^2-4\times1\times2}}{2\times1}=\frac{-a\pm\sqrt{a^2-8}}{2}$$

즉, $-\dfrac{a}{2}=2$이므로 $a=-4$

$\sqrt{b}=\dfrac{\sqrt{a^2-8}}{2}$에서 $\sqrt{b}=\dfrac{\sqrt{8}}{2}=\dfrac{2\sqrt{2}}{2}=\sqrt{2}$ $\therefore b=2$

$\therefore a-b=-4-2=-6$

05 답 ③

$2x^2-6x-1=0$에서 근의 공식을 이용하면

$$x=\frac{-(-3)\pm\sqrt{(-3)^2-2\times(-1)}}{2}=\frac{3\pm\sqrt{11}}{2}$$

$a<b$이므로 $a=\dfrac{3-\sqrt{11}}{2}$, $b=\dfrac{3+\sqrt{11}}{2}$

$\therefore b-a=\dfrac{3+\sqrt{11}}{2}-\dfrac{3-\sqrt{11}}{2}=\sqrt{11}$

$3<\sqrt{11}<4$이므로 $n=3$

06 답 ③

$x^2-3x+a-5=0$에서 근의 공식을 이용하면

$$x=\frac{-(-3)\pm\sqrt{(-3)^2-4\times1\times(a-5)}}{2\times1}=\frac{3\pm\sqrt{29-4a}}{2}$$

해가 모두 유리수가 되려면 $29-4a$는 0 또는 29보다 작은 제곱수이어야 하므로 $29-4a=0, 1, 4, 9, 16, 25$

$\therefore a=\dfrac{29}{4}, 7, \dfrac{25}{4}, 5, \dfrac{13}{4}, 1$

이때 a는 자연수이므로 a는 1, 5, 7의 3개이다.

유형 02 복잡한 이차방정식의 풀이 29쪽

이차방정식의 계수가 모두 정수가 되도록 $ax^2+bx+c=0$ 꼴로 정리한 후, 인수분해 또는 근의 공식을 이용한다.
(1) 계수가 분수이면 ➜ 양변에 분모의 최소공배수를 곱한다.
(2) 계수가 소수이면 ➜ 양변에 10의 거듭제곱을 곱한다.
(3) 괄호가 있으면 ➜ 괄호를 풀어 정리한다.

07 답 ③

양변에 5를 곱하여 정리하면 $5x^2-x-4=0$

$(5x+4)(x-1)=0$ $\therefore x=-\dfrac{4}{5}$ 또는 $x=1$

따라서 두 근의 합은 $-\dfrac{4}{5}+1=\dfrac{1}{5}$

08 답 36

양변에 10을 곱하면 $4x^2+5x-1=0$

근의 공식을 이용하면

$$x=\frac{-5\pm\sqrt{5^2-4\times4\times(-1)}}{2\times4}=\frac{-5\pm\sqrt{41}}{8}$$

따라서 $A=-5$, $B=41$이므로

$A+B=-5+41=36$

09 답 ③

$3x(x-1)=x(x+2)-3$에서 $3x^2-3x=x^2+2x-3$

$2x^2-5x+3=0, (x-1)(2x-3)=0$

$\therefore x=1$ 또는 $x=\dfrac{3}{2}$

10 답 ⑤

양변에 20을 곱하면 $4(x^2-5)-5(x-1)=2x$

$4x^2-20-5x+5=2x, 4x^2-7x-15=0$

$(4x+5)(x-3)=0$ $\therefore x=-\dfrac{5}{4}$ 또는 $x=3$

따라서 두 근 사이에 있는 정수는 $-1, 0, 1, 2$이므로 그 합은

$-1+0+1+2=2$

11 답 ④

$(x-2)(x+3)=-4x$에서 $x^2+x-6=-4x$

$x^2+5x-6=0, (x+6)(x-1)=0$

$\therefore x=-6$ 또는 $x=1$

이때 $a>b$이므로 $a=1$, $b=-6$

이차방정식 $\dfrac{1}{b}x^2+\dfrac{1}{a}x+1=0$에 $a=1$, $b=-6$을 대입하면

$-\dfrac{1}{6}x^2+x+1=0, x^2-6x-6=0$

$\therefore x=-(-3)\pm\sqrt{(-3)^2-1\times(-6)}=3\pm\sqrt{15}$

유형 03 공통인 부분이 있는 이차방정식의 풀이 30쪽

이차방정식에 공통인 부분이 있으면 한 문자로 치환하여 푼다.
❶ 공통인 부분을 A로 치환한 후 인수분해 또는 근의 공식을 이용하여 A의 값을 구한다.
❷ 치환한 식에 A의 값을 대입하여 x의 값을 구한다.

12 답 ①

$x+2=A$라 하면

$A^2+3A+2=0, (A+1)(A+2)=0$

$\therefore A=-1$ 또는 $A=-2$

$A=x+2$이므로 $x+2=-1$ 또는 $x+2=-2$

$\therefore x=-3$ 또는 $x=-4$

이때 $\alpha>\beta$이므로 $\alpha=-3$, $\beta=-4$

$\therefore 2\alpha+\beta=2\times(-3)+(-4)=-10$

13 답 ③

$x-y=A$라 하면

$A(A+2)=8, A^2+2A=8$

$A^2+2A-8=0, (A+4)(A-2)=0$

$\therefore A=-4$ 또는 $A=2$

$A=x-y$이므로 $x-y=-4$ 또는 $x-y=2$

이때 $x>y$, 즉 $x-y>0$이므로 $x-y=2$

유형 04 이차방정식의 근의 개수 30쪽

이차방정식 $ax^2+bx+c=0$에서
(1) 근을 가질 조건 ➜ $b^2-4ac\geq0$
 ① 서로 다른 두 개의 근을 가질 조건 ➜ $b^2-4ac>0$
 ② 한 개의 근(중근)을 가질 조건 ➜ $b^2-4ac=0$
(2) 근을 갖지 않을 조건 ➜ $b^2-4ac<0$

14 답 ①

이차방정식 $3x^2+2x-k=0$이 서로 다른 두 근을 가지므로

$2^2-4\times3\times(-k)>0$에서

$4+12k>0, 12k>-4$ $\therefore k>-\dfrac{1}{3}$

15 답 ②

① $(-3)^2-4\times1\times0=9>0$ ➜ 근이 2개

② $3^2-4\times1\times7=-19<0$ ➜ 근이 0개

③ $(-1)^2-4\times3\times(-1)=13>0$ ➜ 근이 2개

④ 양변에 6을 곱하여 정리하면 $6x^2+2x-1=0$

$2^2-4\times6\times(-1)=28>0$ → 근이 2개

⑤ 괄호를 풀어 정리하면 $2x^2-8x+5=0$

$(-8)^2-4\times2\times5=24>0$ → 근이 2개

따라서 근의 개수가 나머지 넷과 다른 하나는 ②이다.

16 답 ③

이차방정식 $4x^2-2x+3-k=0$의 근이 존재하지 않으려면

$(-2)^2-4\times4\times(3-k)<0$에서

$4-48+16k<0$, $16k<44$ $\therefore k<\dfrac{11}{4}$

따라서 상수 k의 값 중 가장 큰 정수는 2이다.

17 답 ③

이차방정식 $2x^2+8x+k-5=0$의 근이 존재하려면

$8^2-4\times2\times(k-5)\ge0$에서

$64-8k+40\ge0$, $8k\le104$ $\therefore k\le13$

18 답 $x=\dfrac{1\pm\sqrt5}{2}$

이차방정식 $x^2-(k+2)x+4=0$이 중근을 가지므로

$\{-(k+2)\}^2-4\times1\times4=0$, $k^2+4k-12=0$

$(k+6)(k-2)=0$ $\therefore k=-6$ 또는 $k=2$

이때 $k>0$이므로 $k=2$

$k=2$를 이차방정식 $2x^2-kx-2=0$에 대입하면

$2x^2-2x-2=0$, $x^2-x-1=0$

근의 공식을 이용하면

$$x=\frac{-(-1)\pm\sqrt{(-1)^2-4\times1\times(-1)}}{2}=\frac{1\pm\sqrt5}{2}$$

19 답 ①

이차방정식 $9x^2+ax+1=0$이 중근을 가지므로

$a^2-4\times9\times1=0$에서 $a^2=36$ $\therefore a=\pm6$

이차방정식 $2x^2-6x+3a=0$이 서로 다른 두 근을 가지므로

$(-6)^2-4\times2\times3a>0$에서 $-24a>-36$ $\therefore a<\dfrac32$

따라서 두 조건을 모두 만족시키는 a의 값은 -6

유형 05 이차방정식 구하기 31쪽

(1) 두 근이 $x=\alpha$, $x=\beta$이고 x^2의 계수가 a인 이차방정식

→ $a(x-\alpha)(x-\beta)=0$

(2) x^2의 계수가 a이고 $x=\alpha$를 중근으로 갖는 이차방정식

→ $a(x-\alpha)^2=0$

20 답 ②

두 근이 $\dfrac34$, $\dfrac13$이고 x^2의 계수가 12인 이차방정식은

$12\left(x-\dfrac34\right)\left(x-\dfrac13\right)=0$에서 $12x^2-13x+3=0$

따라서 $a=-13$, $b=3$이므로 $a+b=-13+3=-10$

21 답 ⑤

x^2의 계수가 9이고 $x=-\dfrac23$를 중근으로 갖는 이차방정식은

$9\left(x+\dfrac23\right)^2=0$에서 $9\left(x^2+\dfrac43x+\dfrac49\right)=0$

$9x^2+12x+4=0$

따라서 $a=9$, $b=12$, $c=4$이므로 $a+b-c=9+12-4=17$

22 답 $x=-6$ 또는 $x=5$

지혜는 상수항을 바르게 보았으므로

$(x+2)(x-15)=0$, 즉 $x^2-13x-30=0$에서 상수항은 -30이다. 수민이는 x의 계수를 바르게 보았으므로

$(x+3)(x-2)=0$, 즉 $x^2+x-6=0$에서 x의 계수는 1이다.

따라서 처음 이차방정식은 $x^2+x-30=0$

$(x+6)(x-5)=0$ $\therefore x=-6$ 또는 $x=5$

참고 잘못 보고 푼 이차방정식에서

① x의 계수를 잘못 본 경우 → 상수항을 바르게 봄

② 상수항을 잘못 본 경우 → x의 계수를 바르게 봄

유형 06 공식이 주어진 경우의 활용 32쪽

❶ 주어진 식을 이용하여 이차방정식을 세운다.

❷ 이차방정식을 풀어 해를 구한다.

❸ 주어진 조건을 만족시키는 답을 구한다.

23 답 ③

$\dfrac{n(n+1)}{2}=210$에서 $n^2+n=420$

$n^2+n-420=0$, $(n+21)(n-20)=0$

$\therefore n=-21$ 또는 $n=20$

이때 n은 자연수이므로 $n=20$

따라서 합이 210이 되려면 1부터 20까지 더해야 한다.

24 답 ④

$\dfrac{n(n-3)}{2}=35$에서 $n(n-3)=70$

$n^2-3n-70=0$, $(n+7)(n-10)=0$

$\therefore n=-7$ 또는 $n=10$

이때 n은 자연수이므로 $n=10$

따라서 구하는 다각형은 십각형이다.

25 답 ④

$\dfrac{n(n-1)}{2}=66$에서 $n^2-n=132$

$n^2-n-132=0$, $(n+11)(n-12)=0$

$\therefore n=-11$ 또는 $n=12$

이때 n은 자연수이므로 $n=12$

따라서 동호회에 참석한 회원은 모두 12명이다.

유형 07 던진 물체에 대한 활용 32쪽

(1) 위로 쏘아 올린 물체의 높이가 h m 인 경우는 올라갈 때와 내려올 때의 2번이다.

(2) 물체가 지면에 떨어질 때의 높이는 0 m이다.

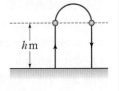

26 답 ②

농구공이 지면에 떨어질 때의 높이는 0 m이므로

$-5t^2+9t+2=0$, $5t^2-9t-2=0$

$(5t+1)(t-2)=0$ ∴ $t=-\dfrac{1}{5}$ 또는 $t=2$

이때 $t>0$이므로 $t=2$

따라서 농구공이 지면에 떨어지는 것은 2초 후이다.

27 답 ①

지면에서 수직으로 쏘아 올린 로켓의 보조 장치가 분리된 것은 높이가 480 m일 때이므로

$100t-5t^2=480$, $5t^2-100t+480=0$

$t^2-20t+96=0$, $(t-8)(t-12)=0$

∴ $t=8$ 또는 $t=12$

따라서 로켓의 보조 장치가 분리된 것은 로켓을 쏘아 올리고 나서 8초 후이다.

28 답 ②

$20+30t-5t^2=45$에서 $5t^2-30t+25=0$

$t^2-6t+5=0$, $(t-1)(t-5)=0$

∴ $t=1$ 또는 $t=5$

따라서 높이가 45 m인 지점을 통과하는 것은 1초 후 올라갈 때와 5초 후 다시 내려올 때이므로 물체의 높이가 45 m 이상을 유지하는 것은 4초 동안이다.

유형 08 수에 대한 활용 33쪽

❶ 구하는 수를 x로 놓는다.

❷ 문제의 뜻에 맞는 이차방정식을 세운다.

❸ 이차방정식을 풀어 해를 구한다.

❹ 문제의 뜻에 맞는 답을 구한다.

참고 · 연속하는 두 자연수 → x, $x+1$

· 연속하는 두 짝수 → x, $x+2$ (x는 짝수)

또는 $2x$, $2x+2$ (x는 자연수)

· 연속하는 두 홀수 → x, $x+2$ (x는 홀수)

또는 $2x-1$, $2x+1$ (x는 자연수)

29 답 7, 11

두 자연수 중 작은 수를 x라 하면 큰 수는 $x+4$이므로

$x^2+(x+4)^2=170$, $2x^2+8x-154=0$

$x^2+4x-77=0$, $(x+11)(x-7)=0$

∴ $x=-11$ 또는 $x=7$

이때 x는 자연수이므로 $x=7$

따라서 두 자연수는 7, 11이다.

30 답 ④

연속하는 세 자연수를 $x-1$, x, $x+1$이라 하면

$(x+1)^2=x^2+(x-1)^2-12$

$x^2+2x+1=2x^2-2x-11$, $x^2-4x-12=0$

$(x+2)(x-6)=0$ ∴ $x=-2$ 또는 $x=6$

이때 x는 자연수이므로 $x=6$

따라서 가장 큰 수는 7이다.

오답 피하기

구하는 세 자연수는 5, 6, 7이므로 가장 큰 수는 7이다. 답을 x의 값인 6이라 하지 않도록 주의한다.

31 답 130

연속하는 두 홀수를 x, $x+2$라 하면

$(x+2)^2=10x+11$

$x^2+4x+4=10x+11$, $x^2-6x-7=0$

$(x+1)(x-7)=0$ ∴ $x=-1$ 또는 $x=7$

이때 x는 홀수이므로 $x=7$

따라서 두 홀수 7, 9의 제곱의 합은

$7^2+9^2=49+81=130$

32 답 ③

어떤 자연수를 x라 하면

$x(x+6)=216$, $x^2+6x-216=0$

$(x+18)(x-12)=0$ ∴ $x=-18$ 또는 $x=12$

이때 x는 자연수이므로 $x=12$

따라서 처음에 구하려고 했던 두 수의 곱은

$12\times(12-5)=12\times7=84$

33 답 35

십의 자리의 숫자를 x라 하면 일의 자리의 숫자는 $8-x$이므로

$x(8-x)=10x+(8-x)-20$

$8x-x^2=9x-12$, $x^2+x-12=0$

$(x+4)(x-3)=0$ ∴ $x=-4$ 또는 $x=3$

이때 x는 자연수이므로 $x=3$

즉, 십의 자리의 숫자는 3이고, 일의 자리의 숫자는 $8-3=5$이므로 두 자리의 자연수는 35이다.

유형 09 실생활에서의 활용 33쪽

❶ 구하려는 것을 x로 놓는다.

❷ 문제의 뜻에 맞는 이차방정식을 세운다.

❸ 이차방정식을 풀어 해를 구한다.

❹ 문제의 뜻에 맞는 것만을 답으로 택한다.

34 답 ④

은희의 나이를 x살이라 하면 동생의 나이는 $(x-3)$살이므로

$x^2=2(x-3)^2-18$, $x^2=2x^2-12x+18-18$

$x^2-12x=0$, $x(x-12)=0$ ∴ $x=0$ 또는 $x=12$

이때 $x>3$이므로 $x=12$

따라서 은희의 나이는 12살이다.

35 답 5월 10일

가족 여행의 날짜를 x일, $(x+1)$일이라 하면

$x(x+1)=110$, $x^2+x-110=0$

$(x+11)(x-10)=0$ ∴ $x=-11$ 또는 $x=10$

이때 x는 자연수이므로 $x=10$

따라서 여행의 출발일은 5월 10일이다.

36 답 ⑤

학생 수를 x라 하면 한 학생이 받은 공책의 수는 $x-3$이므로

$x(x-3)=108$, $x^2-3x-108=0$

$(x+9)(x-12)=0$ ∴ $x=-9$ 또는 $x=12$

이때 x는 자연수이므로 $x=12$

따라서 학생은 모두 12명이다.

37 답 100

$(2000+x)(4200-2x)=2000\times4200$에서

$8400000-4000x+4200x-2x^2=8400000$

$2x^2-200x=0$, $x^2-100x=0$, $x(x-100)=0$

$\therefore x=0$ 또는 $x=100$

이때 $x>0$이므로 $x=100$

38 답 ③

$(1000+x)\left(600-\dfrac{1}{2}x\right)=1000\times600$에서

$600000-500x+600x-\dfrac{1}{2}x^2=600000$

$-\dfrac{1}{2}x^2+100x=0$, $x^2-200x=0$, $x(x-200)=0$

$\therefore x=0$ 또는 $x=200$

이때 $x>0$이므로 $x=200$

유형 **⑩** 도형에서의 활용 – 도형의 넓이   34쪽

(1) (삼각형의 넓이)$=\dfrac{1}{2}\times$(밑변의 길이)$\times$(높이)

(2) (직사각형의 넓이)$=$(가로의 길이)$\times$(세로의 길이)

(3) (원의 넓이)$=\pi\times$(반지름의 길이)^2

---

39 답 10 m

처음 정사각형 모양의 땅의 한 변의 길이를 x m라 하면

$(x+3)(x-2)=104$, $x^2+x-6=104$

$x^2+x-110=0$, $(x+11)(x-10)=0$

$\therefore x=-11$ 또는 $x=10$

이때 $x>0$이므로 $x=10$

따라서 처음 땅의 한 변의 길이는 10 m이다.

40 답 3 m

늘어난 가로의 길이와 세로의 길이를 x m라 하면

$(5+x)(4+x)=56$, $20+9x+x^2=56$

$x^2+9x-36=0$, $(x+12)(x-3)=0$

$\therefore x=-12$ 또는 $x=3$

이때 $x>0$이므로 $x=3$

따라서 늘어난 가로의 길이와 세로의 길이는 3 m이다.

41 답 ①

큰 정사각형의 한 변의 길이를 x cm라 하면 작은 정사각형의 한 변의 길이는 $(12-x)$ cm이므로

$x^2+(12-x)^2=74$, $2x^2-24x+70=0$

$x^2-12x+35=0$, $(x-5)(x-7)=0$ $\therefore x=5$ 또는 $x=7$

이때 $6<x<12$이므로 $x=7$

따라서 큰 정사각형의 한 변의 길이는 7 cm이다.

42 답 ③

처음 원 모양의 연못의 반지름의 길이를 x m라 하면

$\pi(x+5)^2=4\pi x^2$, $(x+5)^2=4x^2$, $x^2+10x+25=4x^2$

$3x^2-10x-25=0$, $(3x+5)(x-5)=0$

$\therefore x=-\dfrac{5}{3}$ 또는 $x=5$

이때 $x>0$이므로 $x=5$

따라서 처음 원 모양의 연못의 반지름의 길이는 5 m이므로

넓이는 $\pi\times5^2=25\pi\,(\text{m}^2)$

43 답 2초 후

$\triangle$PBQ의 넓이가 48 cm^{2}가 되는 데 걸리는 시간을 x초라 하면

$\dfrac{1}{2}\times(16-4x)\times6x=48$

$48x-12x^2=48$, $12x^2-48x+48=0$

$x^2-4x+4=0$, $(x-2)^2=0$ $\therefore x=2$

따라서 출발한 지 2초 후에 $\triangle$PBQ의 넓이가 48 cm^{2}가 된다.

44 답 10 cm

$\triangle$ADF$\backsim\triangle$ABC (AA 닮음)이고

$\overline{\text{AF}}:\overline{\text{DF}}=\overline{\text{AC}}:\overline{\text{BC}}=12:16=3:4$

$\overline{\text{EC}}=x$ cm라 하면 $\overline{\text{DF}}=x$ cm, $\overline{\text{AF}}=\dfrac{3}{4}x$ cm

즉, $\overline{\text{FC}}=\left(12-\dfrac{3}{4}x\right)$ cm

사각형 DECF의 넓이가 45 cm^{2}이므로

$x\left(12-\dfrac{3}{4}x\right)=45$에서 $12x-\dfrac{3}{4}x^2=45$

$3x^2-48x+180=0$, $x^2-16x+60=0$

$(x-6)(x-10)=0$ $\therefore x=6$ 또는 $x=10$

이때 $\overline{\text{EC}}>8$ cm이므로 $x=10$

따라서 $\overline{\text{EC}}$의 길이는 10 cm이다.

유형 **⑪** 도형에서의 활용 – 상자 만들기   35쪽

❶ 구하는 길이를 x로 놓는다.

❷ (직육면체의 부피)

$=$(밑면의 가로의 길이)$\times$(밑면의 세로의 길이)$\times$(높이)

임을 이용하여 이차방정식을 세운다.

❸ 이차방정식을 풀어 x의 값을 구한다.

❹ 문제의 뜻에 맞는 것만을 답으로 택한다.

---

45 답 2

상자의 밑면의 한 변의 길이는 $(12-2x)$ cm

$(12-2x)^2=64$에서 $4x^2-48x+80=0$

$x^2-12x+20=0$, $(x-2)(x-10)=0$

$\therefore x=2$ 또는 $x=10$

이때 $x>0$, $12-2x>0$이므로 $0<x<6$

$\therefore x=2$

46 답 ⑤

처음 정사각형의 한 변의 길이를 x cm라 하면

상자의 밑면의 한 변의 길이는 $(x-4)$ cm이므로

$2(x-4)^2=72$에서 $(x-4)^2=36$

$x^2-8x-20=0$, $(x+2)(x-10)=0$

$\therefore x=-2$ 또는 $x=10$

이때 $x>4$이므로 $x=10$

따라서 처음 정사각형의 한 변의 길이는 10 cm이므로 그 넓이는 100 cm²이다.

유형 12 도형에서의 활용 – 길의 넓이   35쪽

다음 직사각형에서 색칠한 부분의 넓이는 모두 같음을 이용하여 넓이에 대한 이차방정식을 세운다.

47 답 ④

길의 폭을 x m라 하면 길을 제외한 잔디밭의 넓이는 가로의 길이가 $(20-x)$ m, 세로의 길이가 $(15-x)$ m인 직사각형의 넓이와 같으므로

$(20-x)(15-x)=150,\ 300-35x+x^2=150$

$x^2-35x+150=0,\ (x-5)(x-30)=0$

$\therefore\ x=5$ 또는 $x=30$

이때 $x>0,\ 15-x>0$이므로 $0<x<15$ $\therefore\ x=5$

따라서 길의 폭은 5 m이다.

48 답 2 m

길의 폭을 x m라 하면 꽃밭의 넓이는 가로의 길이가 $(15-x)$ m, 세로의 길이가 $(10-x)$ m인 직사각형의 넓이와 같으므로

$(15-x)(10-x)=104,\ 150-25x+x^2=104$

$x^2-25x+46=0,\ (x-2)(x-23)=0$

$\therefore\ x=2$ 또는 $x=23$

이때 $x>0,\ 10-x>0$이므로 $0<x<10$ $\therefore\ x=2$

따라서 길의 폭은 2 m이다.

서술형

■36쪽~37쪽

01 답 (1) $x^2+2x-9=0$ (2) 9

(1) **채점 기준 1** 이차방정식을 $ax^2+bx+c=0$ 꼴로 나타내기 … 2점

양변에 3과 2의 최소공배수 6을 곱하여 정리하면

$4x(x-1)=3(x-1)^2+6,\ 4x^2-4x=3(x^2-2x+1)+6$

$4x^2-4x=3x^2-6x+3+6$ $\therefore\ x^2+2x-9=0$

(2) **채점 기준 2** $A+B$의 값 구하기 … 2점

근의 공식을 이용하면

$$x=\frac{-1\pm\sqrt{1^2-1\times(-9)}}{1}=-1\pm\sqrt{10}$$

따라서 $A=-1,\ B=10$이므로

$A+B=-1+10=9$

01-1 답 (1) $x^2-6x-4=0$ (2) 16

(1) **채점 기준 1** 이차방정식을 $ax^2+bx+c=0$ 꼴로 나타내기 … 2점

양변에 6을 곱하면

$3(x^2+2)=2(x-1)(2x-1)$

$3x^2+6=2(2x^2-3x+1)$

$3x^2+6=4x^2-6x+2$

$\therefore\ x^2-6x-4=0$

(2) **채점 기준 2** $A+B$의 값 구하기 … 2점

근의 공식을 이용하면

$$x=\frac{-(-3)\pm\sqrt{(-3)^2-1\times(-4)}}{1}=3\pm\sqrt{13}$$

따라서 $A=3,\ B=13$이므로

$A+B=3+13=16$

02 답 16

채점 기준 1 미지수 정하고 이차방정식 세우기 … 2점

연속하는 두 홀수를 x를 사용하여 나타내면 $x,\ x+2$

두 홀수의 제곱의 합이 130이므로 이차방정식을 세우면

$x^2+(x+2)^2=130$

채점 기준 2 이차방정식의 해 구하기 … 2점

이차방정식을 정리하여 $ax^2+bx+c=0$ 꼴로 나타내면

$2x^2+4x-126=0,\ x^2+2x-63=0$

이차방정식의 해를 구하면

$(x+9)(x-7)=0$ $\therefore\ x=-9$ 또는 $x=7$

채점 기준 3 연속하는 두 홀수의 합 구하기 … 2점

이때 x는 홀수이므로 $x=7$

따라서 연속하는 두 홀수는 7, 9이므로

두 홀수의 합은 $7+9=16$

02-1 답 80

채점 기준 1 미지수 정하고 이차방정식 세우기 … 2점

연속하는 두 짝수를 x를 사용하여 나타내면 $x,\ x+2$

두 짝수의 제곱의 합이 164이므로 이차방정식을 세우면

$x^2+(x+2)^2=164$

채점 기준 2 이차방정식의 해 구하기 … 2점

이차방정식을 정리하여 $ax^2+bx+c=0$ 꼴로 나타내면

$2x^2+4x-160=0,\ x^2+2x-80=0$

이차방정식의 해를 구하면

$(x+10)(x-8)=0$ $\therefore\ x=-10$ 또는 $x=8$

채점 기준 3 연속하는 두 짝수의 곱 구하기 … 2점

이때 x는 짝수이므로 $x=8$

따라서 연속하는 두 짝수는 8, 10이므로

두 짝수의 곱은 $8\times10=80$

03 답 $x=\dfrac{-5\pm\sqrt{37}}{6}$

근의 공식을 이용하면

$$x=\frac{-5\pm\sqrt{5^2-4\times3\times(-1)}}{2\times3}=\frac{-5\pm\sqrt{37}}{6} \quad\cdots\cdots❶$$

채점 기준	배점
❶ 근의 공식을 이용하여 이차방정식의 해 구하기	4점

04 답 -5

이차방정식 $3ax^2+30x+25=0$이 중근을 가지므로

$30^2-4\times3a\times25=0,\ 900-300a=0$ $\therefore\ a=3$ $\cdots\cdots❶$

$a=3$을 $3ax^2+30x+25=0$에 대입하면 $9x^2+30x+25=0$

$(3x+5)^2=0$에서 $x=-\dfrac{5}{3}$ $\therefore\ b=-\dfrac{5}{3}$ $\cdots\cdots❷$

$$\therefore ab=3\times\left(-\frac{5}{3}\right)=-5 \quad\cdots\cdots\textbf{❸}$$

채점 기준	배점
❶ a의 값 구하기	1점
❷ b의 값 구하기	2점
❸ ab의 값 구하기	1점

05 답 (1) $a=2$, $b=-5$ (2) $x=-1\pm\sqrt{6}$

(1) 조건 ㈎에서 $\frac{1}{3}x^2-\frac{1}{6}x-1=0$의 양변에 6을 곱하면

$2x^2-x-6=0$, $(2x+3)(x-2)=0$

$\therefore x=-\frac{3}{2}$ 또는 $x=2$

이때 두 근 중 큰 근은 $x=2$이므로 $a=2$ $\quad\cdots\cdots\textbf{❶}$

조건 ㈏에서 $0.5x^2+2.3x-1=0$의 양변에 10을 곱하면

$5x^2+23x-10=0$, $(x+5)(5x-2)=0$

$\therefore x=-5$ 또는 $x=\frac{2}{5}$

이때 두 근 중 작은 근은 $x=-5$이므로 $b=-5$ $\quad\cdots\cdots\textbf{❷}$

(2) $a=2$, $b=-5$를 $x^2+ax+b=0$에 대입하면

$x^2+2x-5=0$

근의 공식을 이용하면

$$x=\frac{-1\pm\sqrt{1^2-1\times(-5)}}{1}=-1\pm\sqrt{6} \quad\cdots\cdots\textbf{❸}$$

채점 기준	배점
❶ a의 값 구하기	2점
❷ b의 값 구하기	2점
❸ 이차방정식 $x^2+ax+b=0$의 해 구하기	3점

06 답 $x=-3$ 또는 $x=5$

지유는 상수항을 바르게 보았으므로

$(x+1)(x-15)=0$, 즉 $x^2-14x-15=0$에서 상수항은 -15

이다. $\quad\therefore b=-15$

유찬이는 x의 계수를 바르게 보았으므로

$(x+2)(x-4)=0$, 즉 $x^2-2x-8=0$에서 x의 계수는 -2이다.

$\therefore a=-2$ $\quad\cdots\cdots\textbf{❶}$

따라서 처음 이차방정식은 $x^2-2x-15=0$이므로

$(x+3)(x-5)=0$

$\therefore x=-3$ 또는 $x=5$ $\quad\cdots\cdots\textbf{❷}$

채점 기준	배점
❶ a, b의 값 각각 구하기	4점
❷ 처음 이차방정식의 해 구하기	2점

07 답 47

십의 자리의 숫자를 x라 하면 일의 자리의 숫자는 $11-x$이므로

$x(11-x)=10x+(11-x)-19$ $\quad\cdots\cdots\textbf{❶}$

$11x-x^2=9x-8$, $x^2-2x-8=0$

$(x+2)(x-4)=0$

$\therefore x=-2$ 또는 $x=4$ $\quad\cdots\cdots\textbf{❷}$

이때 x는 자연수이므로 $x=4$

즉, 십의 자리의 숫자는 4이고 일의 자리의 숫자는 $11-4=7$이

므로 두 자리의 자연수는 47이다. $\quad\cdots\cdots\textbf{❸}$

채점 기준	배점
❶ 이차방정식 세우기	3점
❷ 이차방정식의 해 구하기	3점
❸ 두 자리의 자연수 구하기	1점

08 답 10 m

땅의 가로인 $\overline{AB}$의 길이를 x m라 하면

세로의 길이는 $\frac{20-x}{2}$ m이므로

$x\times\frac{20-x}{2}=50$ $\quad\cdots\cdots\textbf{❶}$

$20x-x^2=100$, $x^2-20x+100=0$

$(x-10)^2=0$ $\quad\therefore x=10$ $\quad\cdots\cdots\textbf{❷}$

따라서 $\overline{AB}$의 길이는 10 m이다. $\quad\cdots\cdots\textbf{❸}$

채점 기준	배점
❶ 이차방정식 세우기	3점
❷ 이차방정식의 해 구하기	3점
❸ 땅의 가로인 $\overline{AB}$의 길이 구하기	1점

실전 중단원 학교 시험 ❶회

38쪽~41쪽

01 ②	02 ④	03 ③	04 ④	05 ④
06 ③	07 ②	08 ④	09 ③	10 ⑤
11 ①	12 ④	13 ③	14 ④	15 ⑤
16 ④	17 ⑤	18 ②	19 1	20 $\frac{1}{2}$
21 2	22 12	23 18 cm		

01 답 ② 유형 ❶

$x^2+3x-1=0$에서 근의 공식을 이용하면

$$x=\frac{-3\pm\sqrt{3^2-4\times1\times(-1)}}{2\times1}=\frac{-3\pm\sqrt{13}}{2}$$

따라서 $A=-3$, $B=13$이므로

$A+B=-3+13=10$

02 답 ④ 유형 ❶

$x^2-6x+4=0$에서 근의 공식을 이용하면

$$x=\frac{-(-3)\pm\sqrt{(-3)^2-1\times4}}{1}=3\pm\sqrt{5}$$

03 답 ③ 유형 ❶

$3x^2-5x+a=0$에서 근의 공식을 이용하면

$$x=\frac{-(-5)\pm\sqrt{(-5)^2-4\times3\times a}}{2\times3}=\frac{5\pm\sqrt{25-12a}}{6}$$

즉, $25-12a=13$이므로

$12a=12$ $\quad\therefore a=1$

04 답 ④　유형 01

$x^2-10x-3=0$에서 근의 공식을 이용하면

$x=\dfrac{-(-5)\pm\sqrt{(-5)^2-1\times(-3)}}{1}=5\pm2\sqrt{7}$

$\alpha<\beta$이므로 $\alpha=5-2\sqrt{7}$, $\beta=5+2\sqrt{7}$

$\alpha-5=-2\sqrt{7}$, $\beta-5=2\sqrt{7}$이고 $2\sqrt{7}=\sqrt{28}$, $5<\sqrt{28}<6$이므로

$\alpha-5<n<\beta-5$를 만족시키는 정수 n은 -5, -4, -3, -2, -1, 0, 1, 2, 3, 4, 5의 11개이다.

05 답 ④　유형 02

양변에 6을 곱하면

$2x^2-3x-5=0$, $(x+1)(2x-5)=0$

$\therefore x=-1$ 또는 $x=\dfrac{5}{2}$

06 답 ③　유형 03

$x+y=A$라 하면

$3A^2-10A-8=0$, $(3A+2)(A-4)=0$

$\therefore A=-\dfrac{2}{3}$ 또는 $A=4$

$A=x+y$이므로 $x+y=-\dfrac{2}{3}$ 또는 $x+y=4$

이때 x, y가 자연수이므로 $x+y>0$

$\therefore x+y=4$

따라서 $x+y=4$를 만족시키는 자연수 x, y의 순서쌍 (x, y)는

$(1, 3)$, $(2, 2)$, $(3, 1)$의 3개이다.

07 답 ②　유형 04

이차방정식 $(k-2)x^2-4x-1=0$이 중근을 가지므로

$(-4)^2-4\times(k-2)\times(-1)=0$

$16+4k-8=0$, $8+4k=0$　$\therefore k=-2$

$k=-2$를 $(k+4)x^2-9x+9=0$에 대입하면

$2x^2-9x+9=0$, $(2x-3)(x-3)=0$　$\therefore x=\dfrac{3}{2}$ 또는 $x=3$

따라서 두 근의 곱은 $\dfrac{3}{2}\times3=\dfrac{9}{2}$

08 답 ④　유형 04

① $3^2-4\times1\times(-10)=49>0$ ➡ 근이 2개

② $(-3)^2-4\times1\times2=1>0$ ➡ 근이 2개

③ $(-4)^2-4\times2\times1=8>0$ ➡ 근이 2개

④ $(-1)^2-4\times2\times1=-7<0$ ➡ 근이 0개

⑤ $1^2-4\times3\times(-1)=13>0$ ➡ 근이 2개

따라서 근의 개수가 나머지 넷과 다른 하나는 ④이다.

09 답 ③　유형 04

이차방정식 $x^2+4x+a-3=0$의 해가 없으므로

$4^2-4\times1\times(a-3)<0$에서

$16-4a+12<0$, $-4a<-28$　$\therefore a>7$

10 답 ⑤　유형 05

x^2의 계수가 4이고 $x=-3$을 중근으로 갖는 이차방정식은

$4(x+3)^2=0$에서 $4(x^2+6x+9)=0$

$\therefore 4x^2+24x+36=0$

따라서 $a=4$, $b=24$, $c=36$이므로

$a+b+c=4+24+36=64$

11 답 ①　유형 05

해가 $x=-\dfrac{1}{3}$ 또는 $x=5$이고 x^2의 계수가 3인 이차방정식은

$3\left(x+\dfrac{1}{3}\right)(x-5)=0$에서 $(3x+1)(x-5)=0$

$\therefore 3x^2-14x-5=0$

따라서 $a=-14$, $b=-5$이므로

$a+b=-14+(-5)=-19$

12 답 ④　유형 06

$\dfrac{n(n+1)}{2}=36$에서 $n^2+n-72=0$

$(n+9)(n-8)=0$　$\therefore n=-9$ 또는 $n=8$

이때 n은 자연수이므로 $n=8$

따라서 바둑돌의 개수가 36인 삼각형은 8번째 삼각형이다.

13 답 ③　유형 07

물체가 지면에 떨어질 때의 높이는 0 m이므로

$70+25t-5t^2=0$, $5t^2-25t-70=0$

$t^2-5t-14=0$, $(t+2)(t-7)=0$　$\therefore t=-2$ 또는 $t=7$

이때 $t>0$이므로 $t=7$

따라서 물체가 지면에 떨어지는 것은 7초 후이다.

14 답 ④　유형 08

연속하는 두 자연수를 x, $x+1$이라 하면

$x^2+(x+1)^2=85$, $2x^2+2x-84=0$

$x^2+x-42=0$, $(x+7)(x-6)=0$

$\therefore x=-7$ 또는 $x=6$

이때 x는 자연수이므로 $x=6$

따라서 두 자연수는 6, 7이므로

두 자연수의 곱은 $6\times7=42$

15 답 ⑤　유형 09

꽈배기 한 개당 올린 금액을 x원이라 하면

꽈배기 한 개의 가격은 $(500+x)$원, 팔린 개수는 $\left(400-\dfrac{1}{2}x\right)$

가격을 올리기 전과 후의 총판매금액이 같으므로

$500\times400=(500+x)\left(400-\dfrac{1}{2}x\right)$

$200000=200000+150x-\dfrac{1}{2}x^2$

$x^2-300x=0$, $x(x-300)=0$　$\therefore x=0$ 또는 $x=300$

이때 $x>0$이므로 $x=300$

따라서 꽈배기 한 개당 300원을 올렸다.

16 답 ④　유형 10

큰 정사각형의 한 변의 길이를 x cm라 하면 작은 정사각형의 한 변의 길이는 $(10-x)$ cm이므로

$x^2+(10-x)^2=58$, $2x^2-20x+42=0$

$x^2-10x+21=0$, $(x-3)(x-7)=0$

$\therefore x=3$ 또는 $x=7$

이때 $5<x<10$이므로 $x=7$

따라서 큰 정사각형의 한 변의 길이는 7 cm, 작은 정사각형의 한 변의 길이는 3 cm이므로 두 정사각형의 각 변의 길이의 차는

$7-3=4\text{(cm)}$

17 답 ⑤   유형 **10**

$\triangle \mathrm{APQ} \backsim \triangle \mathrm{ABC}$ (AA 닮음)이고

$\overline{\mathrm{PQ}} : \overline{\mathrm{AQ}} = \overline{\mathrm{BC}} : \overline{\mathrm{AC}} = 6 : 15 = 2 : 5$

$\overline{\mathrm{PQ}} = x$라 하면 $\overline{\mathrm{AQ}} = \dfrac{5}{2}x$이므로

$\overline{\mathrm{PR}} = \overline{\mathrm{QC}} = 15 - \dfrac{5}{2}x$

$\triangle \mathrm{PRQ} = \dfrac{2}{9}\triangle \mathrm{ABC} = \dfrac{2}{9} \times \left(\dfrac{1}{2} \times 6 \times 15\right) = 10$이고

$\triangle \mathrm{PRQ} = \dfrac{1}{2} \times \overline{\mathrm{PQ}} \times \overline{\mathrm{PR}}$이므로

$\dfrac{1}{2} \times x\left(15 - \dfrac{5}{2}x\right) = 10$에서 $15x - \dfrac{5}{2}x^2 = 20$

$5x^2 - 30x + 40 = 0$, $x^2 - 6x + 8 = 0$

$(x-2)(x-4) = 0$ $\therefore x = 2$ 또는 $x = 4$

이때 $\overline{\mathrm{PR}} < \overline{\mathrm{AQ}}$이므로

$15 - \dfrac{5}{2}x < \dfrac{5}{2}x$에서 $5x > 15$ $\therefore x > 3$

$\therefore x = 4$

따라서 $\overline{\mathrm{PQ}}$의 길이는 4이다.

18 답 ②   유형 **12**

산책로의 폭을 x m라 하면 산책로를 제외한 꽃밭의 넓이는 가로의 길이가 $(15-x)$ m, 세로의 길이가 $(12-x)$ m인 직사각형의 넓이와 같으므로

$(15-x)(12-x) = 130$, $180 - 27x + x^2 = 130$

$x^2 - 27x + 50 = 0$, $(x-2)(x-25) = 0$

$\therefore x = 2$ 또는 $x = 25$

이때 $x > 0$, $12 - x > 0$이므로 $0 < x < 12$ $\therefore x = 2$

따라서 산책로의 폭은 2 m이다.

19 답 1   유형 **01**

$3x^2 - 2x - 3 = 0$에서 근의 공식을 이용하면

$x = \dfrac{-(-1) \pm \sqrt{(-1)^2 - 3 \times (-3)}}{3} = \dfrac{1 \pm \sqrt{10}}{3}$

두 근 중 큰 근은 $x = \dfrac{1 + \sqrt{10}}{3}$이므로 $\alpha = \dfrac{1 + \sqrt{10}}{3}$ ……❶

$\therefore 3\alpha - \sqrt{10} = 3 \times \dfrac{1 + \sqrt{10}}{3} - \sqrt{10}$

$= 1 + \sqrt{10} - \sqrt{10} = 1$ ……❷

채점 기준	배점
❶ α의 값 구하기	2점
❷ $3\alpha - \sqrt{10}$의 값 구하기	2점

20 답 $\dfrac{1}{2}$ 유형 **02**

양변에 6을 곱하면 $2x^2 + 3x + 6A = 0$

근의 공식을 이용하면

$x = \dfrac{-3 \pm \sqrt{3^2 - 4 \times 2 \times 6A}}{2 \times 2} = \dfrac{-3 \pm \sqrt{9 - 48A}}{4}$ ……❶

따라서 $B = -3$이고 $9 - 48A = 17$이므로

$48A = -8$ $\therefore A = -\dfrac{1}{6}$ ……❷

$\therefore AB = \left(-\dfrac{1}{6}\right) \times (-3) = \dfrac{1}{2}$ ……❸

채점 기준	배점
❶ 이차방정식의 해를 A를 사용하여 나타내기	2점
❷ A, B의 값 각각 구하기	2점
❸ AB의 값 구하기	2점

21 답 2   유형 **04**

이차방정식 $x^2 + 2ax + a + 2 = 0$이 중근을 가지므로

$(2a)^2 - 4 \times 1 \times (a+2) = 0$에서

$4a^2 - 4a - 8 = 0$, $a^2 - a - 2 = 0$, $(a+1)(a-2) = 0$

$\therefore a = -1$ 또는 $a = 2$ …… ㉠ ……❶

이차방정식 $4x^2 - 3x + 1 - 2a = 0$이 서로 다른 두 근을 가지므로

$(-3)^2 - 4 \times 4 \times (1 - 2a) > 0$에서 $9 - 16 + 32a > 0$, $32a > 7$

$\therefore a > \dfrac{7}{32}$ …… ㉡ ……❷

따라서 ㉠, ㉡을 모두 만족시키는 a의 값은 2 ……❸

채점 기준	배점
❶ 중근을 갖는 a의 값 구하기	3점
❷ 서로 다른 두 근을 갖는 a의 값의 범위 구하기	3점
❸ 두 조건을 모두 만족시키는 a의 값 구하기	1점

22 답 12   유형 **09**

배치한 가로줄의 수를 x라 하면 세로줄의 수는 $(20-x)$이므로

$x(20-x) = 96$ ……❶

$x^2 - 20x + 96 = 0$, $(x-8)(x-12) = 0$

$\therefore x = 8$ 또는 $x = 12$ ……❷

이때 $x > 20 - x$이므로 $2x > 20$ $\therefore x > 10$

$\therefore x = 12$

따라서 배치한 가로줄의 수는 12이다. ……❸

채점 기준	배점
❶ 이차방정식 세우기	2점
❷ 이차방정식의 해 구하기	3점
❸ 배치한 가로줄의 수 구하기	1점

23 답 18 cm   유형 **11**

처음 직사각형 모양의 종이의 가로의 길이를 x cm라 하면

세로의 길이는 $(x-3)$ cm이므로

상자의 밑면의 가로의 길이는 $(x-8)$ cm,

세로의 길이는 $(x-11)$ cm

$4(x-8)(x-11) = 280$ ……❶

$(x-8)(x-11) = 70$, $x^2 - 19x + 18 = 0$

$(x-1)(x-18) = 0$ $\therefore x = 1$ 또는 $x = 18$ ……❷

이때 $x > 11$이므로 $x = 18$

따라서 처음 직사각형 모양의 종이의 가로의 길이는 18 cm이다. ……❸

채점 기준	배점
❶ 이차방정식 세우기	3점
❷ 이차방정식의 해 구하기	3점
❸ 처음 직사각형 모양의 종이의 가로의 길이 구하기	1점

42쪽~45쪽

01 ④	02 ③	03 ②	04 ①	05 ④
06 ⑤	07 ⑤	08 ③	09 ⑤	10 ③
11 ①	12 ④	13 ②	14 ①	15 ②
16 ③	17 ③	18 ③	19 $-\dfrac{1}{2}$	20 -5
21 (1) $x=3$ 또는 $x=6$ (2) 9		22 9		23 8 cm

01 답 ④ 유형 01

$x^2-5x+3=0$에서 근의 공식을 이용하면

$$x=\frac{-(-5)\pm\sqrt{(-5)^2-4\times1\times3}}{2\times1}=\frac{5\pm\sqrt{13}}{2}$$

따라서 $A=5$, $B=13$이므로

$B-A=13-5=8$

02 답 ③ 유형 01

$2x^2+8x+1=0$에서 근의 공식을 이용하면

$$x=\frac{-4\pm\sqrt{4^2-2\times1}}{2}=\frac{-4\pm\sqrt{14}}{2}$$

03 답 ② 유형 01

$2x^2+3x+a=0$에서 근의 공식을 이용하면

$$x=\frac{-3\pm\sqrt{3^2-4\times2\times a}}{2\times2}=\frac{-3\pm\sqrt{9-8a}}{4}$$

즉, $9-8a=41$이므로

$-8a=32$ $\therefore a=-4$

04 답 ① 유형 01

$x^2-8x-5=0$에서 근의 공식을 이용하면

$$x=\frac{-(-4)\pm\sqrt{(-4)^2-1\times(-5)}}{1}=4\pm\sqrt{21}$$

따라서 두 근의 합은

$(4-\sqrt{21})+(4+\sqrt{21})=8$

05 답 ④ 유형 01

$x^2-12x+6=0$에서 근의 공식을 이용하면

$$x=\frac{-(-6)\pm\sqrt{(-6)^2-1\times6}}{1}=6\pm\sqrt{30}$$

두 근 중 큰 근은 $x=6+\sqrt{30}$이므로 $k=6+\sqrt{30}$

$5<\sqrt{30}<6$이므로 $11<6+\sqrt{30}<12$

$\therefore n=11$

06 답 ⑤ 유형 01

$x^2+2ax+b=0$에서 근의 공식을 이용하면

$x=-a\pm\sqrt{a^2-b}$

$-a=3$에서 $a=-3$

$a^2-b=8$에서 $(-3)^2-b=8$, $9-b=8$ $\therefore b=1$

$\therefore a+b=-3+1=-2$

07 답 ⑤ 유형 01

$2x^2+5x+a-1=0$에서 근의 공식을 이용하면

$$x=\frac{-5\pm\sqrt{5^2-4\times2\times(a-1)}}{2\times2}=\frac{-5\pm\sqrt{33-8a}}{4}$$

해가 모두 유리수가 되려면 $33-8a$는 0 또는 33보다 작은 제곱수이어야 하므로

$33-8a=0, 1, 4, 9, 16, 25$

$\therefore a=\dfrac{33}{8}, 4, \dfrac{29}{8}, 3, \dfrac{17}{8}, 1$

이때 a는 자연수이므로 $a=1, 3, 4$

따라서 모든 자연수 a의 값의 합은

$1+3+4=8$

08 답 ③ 유형 02

양변에 10을 곱하면

$3x^2-20x+12=0$, $(3x-2)(x-6)=0$

$\therefore x=\dfrac{2}{3}$ 또는 $x=6$

09 답 ⑤ 유형 03

$x+3=A$라 하면

$A^2+2A-4=0$

근의 공식을 이용하면

$$A=\frac{-1\pm\sqrt{1^2-1\times(-4)}}{1}=-1\pm\sqrt{5}$$

$A=x+3$이므로 $x+3=-1\pm\sqrt{5}$

$\therefore x=-4\pm\sqrt{5}$

따라서 두 근의 곱은

$(-4+\sqrt{5})(-4-\sqrt{5})=16-5=11$

10 답 ③ 유형 04

① $4^2-4\times1\times4=0$ ➡ 근이 1개

② $(-1)^2-4\times1\times(-2)=9>0$ ➡ 근이 2개

③ $(-3)^2-4\times2\times2=-7<0$ ➡ 근이 0개

④ $(-1)^2-4\times2\times(-4)=33>0$ ➡ 근이 2개

⑤ $(-6)^2-4\times5\times1=16>0$ ➡ 근이 2개

따라서 해가 없는 것은 ③이다.

11 답 ① 유형 04

이차방정식 $3x^2-6x+a-1=0$이 서로 다른 두 근을 가지려면

$(-6)^2-4\times3\times(a-1)>0$에서

$36-12a+12>0$, $-12a>-48$

$\therefore a<4$

12 답 ④ 유형 05

해가 $x=1$ 또는 $x=2$이고 x^2의 계수가 1인 이차방정식은

$(x-1)(x-2)=0$, $x^2-3x+2=0$

$\therefore a=-3$, $b=2$

$a=-3$, $b=2$를 $bx^2+ax+1=0$에 대입하면

$2x^2-3x+1=0$, $(2x-1)(x-1)=0$

$\therefore x=\dfrac{1}{2}$ 또는 $x=1$

13 답 ② 유형 07

$30t-5t^2=45$에서 $5t^2-30t+45=0$

$t^2-6t+9=0$, $(t-3)^2=0$

$\therefore t=3$

따라서 공의 높이가 45 m가 되는 것은 공을 던진 지 3초 후이다.

14 답 ①　　　　　　　　　　　　　　　　　　유형 09

시현이의 나이를 x살이라 하면 동생의 나이는 $(x-4)$살이므로

$x^2=2(x-4)^2+16$

$x^2=2x^2-16x+32+16$

$x^2-16x+48=0$, $(x-4)(x-12)=0$

$\therefore x=4$ 또는 $x=12$

이때 $x>4$이므로 $x=12$

따라서 시현이의 나이는 12살이다.

15 답 ②　　　　　　　　　　　　　　　　　　유형 10

□ABCD∽□DEFC이므로

$\overline{BC}:\overline{AB}=\overline{EF}:\overline{DE}$에서 $x:1=1:(x-1)$

$x(x-1)=1$, $x^2-x-1=0$

근의 공식을 이용하면

$x=\dfrac{-(-1)\pm\sqrt{(-1)^2-4\times1\times(-1)}}{2\times1}=\dfrac{1\pm\sqrt{5}}{2}$

이때 $x>0$이므로 $x=\dfrac{1+\sqrt{5}}{2}$

16 답 ③　　　　　　　　　　　　　　　　　　유형 11

접어 올린 종이의 높이를 x cm라 하면

(색칠한 부분의 가로의 길이)$=80-2x$ (cm)

(색칠한 부분의 세로의 길이)$=x$ (cm)

$x(80-2x)=800$에서 $-2x^2+80x=800$

$x^2-40x+400=0$

$(x-20)^2=0$

$\therefore x=20$

따라서 접어 올린 종이의 높이는 20 cm이다.

17 답 ③　　　　　　　　　　　　　　　　　　유형 10

처음 원의 넓이는 πx^2 cm^2, 반지름의 길이를 4 cm 늘인 원의 넓이는 $\pi(x+4)^2$ cm^{2}이므로

$\pi(x+4)^2=5\pi x^2$, $(x+4)^2=5x^2$

$4x^2-8x-16=0$, $x^2-2x-4=0$

근의 공식을 이용하면

$x=\dfrac{-(-1)\pm\sqrt{(-1)^2-1\times(-4)}}{1}=1\pm\sqrt{5}$

이때 $x>0$이므로 $x=1+\sqrt{5}$

18 답 ③　　　　　　　　　　　　　　　　　　유형 10

□ABCD$=14\times10=140$ (cm^2)이므로

x초 후에 오각형 APQCD의 넓이가 104 cm^{2}가 된다고 하면

$\overline{PB}=(10-x)$ cm, $\overline{BQ}=3x$ cm이고, 그때의 삼각형 PBQ의 넓이는 $140-104=36$ (cm^2)

$\dfrac{1}{2}\times(10-x)\times3x=36$

$3x(10-x)=72$

$3x^2-30x+72=0$, $x^2-10x+24=0$

$(x-4)(x-6)=0$

$\therefore x=4$ 또는 $x=6$

이때 $0<x\leq\dfrac{14}{3}$이므로 $x=4$

따라서 4초 후에 오각형 APQCD의 넓이가 104 cm^{2}가 된다.

19 답 $-\dfrac{1}{2}$　　　　　　　　　　　　　　　　유형 02

양변에 20을 곱하면 $4x^2-5x+20A=0$

근의 공식을 이용하면

$x=\dfrac{-(-5)\pm\sqrt{(-5)^2-4\times4\times20A}}{2\times4}=\dfrac{5\pm\sqrt{25-320A}}{8}$

　　　　　　　　　　　　　　　　　　　　　　❶

따라서 $B=5$이고 $25-320A=57$이므로

$320A=-32$　　$\therefore A=-\dfrac{1}{10}$

$\therefore AB=\left(-\dfrac{1}{10}\right)\times5=-\dfrac{1}{2}$　　　❷

채점 기준	배점
❶ 이차방정식의 해를 A를 사용하여 나타내기	2점
❷ AB의 값 구하기	2점

20 답 -5　　　　　　　　　　　　　　　　　　유형 04

$x^2-(a+3)x+1=0$이 중근을 가지므로

$\{-(a+3)\}^2-4\times1\times1=0$에서

$a^2+6a+5=0$

$(a+1)(a+5)=0$

$\therefore a=-1$ 또는 $a=-5$　　　　　　　❶

$x^2+(a-1)x-a=0$이 서로 다른 두 근을 가지므로

$(a-1)^2-4\times1\times(-a)>0$에서

$a^2-2a+1+4a>0$, $(a+1)^2>0$　　　❷

따라서 두 조건을 모두 만족시키는 a의 값은 -5　　❸

채점 기준	배점
❶ 중근을 갖는 a의 값 구하기	2점
❷ 서로 다른 두 근을 갖는 a의 값의 범위 구하기	2점
❸ 두 조건을 모두 만족시키는 a의 값 구하기	2점

21 답 (1) $x=3$ 또는 $x=6$ (2) 9　　　　　유형 05

(1) 큰 근을 2α, 작은 근을 α라 하면

$2\alpha-\alpha=3$　　$\therefore \alpha=3$

즉, 이차방정식 $x^2+ax+b=0$의 두 근은

$x=3$ 또는 $x=6$이다.　　　　　　　　❶

(2) 두 근이 $x=3$, $x=6$이고 x^2의 계수가 1인 이차방정식은

$(x-3)(x-6)=0$

$\therefore x^2-9x+18=0$

따라서 $a=-9$, $b=18$이므로

$a+b=-9+18=9$　　　　　　　　　　❷

채점 기준	배점
❶ 주어진 이차방정식의 두 근 구하기	3점
❷ $a+b$의 값 구하기	4점

22 답 9　　　　　　　　　　　　　　　　　　유형 08

어떤 자연수를 x라 하면

$2x=x^2-63$　　　　　　　　　　　　❶

$x^2-2x-63=0$, $(x+7)(x-9)=0$

$\therefore x=-7$ 또는 $x=9$　　　　　　　❷

이때 x는 자연수이므로 $x=9$

따라서 어떤 자연수는 9이다. ······ ❸

채점 기준	배점
❶ 이차방정식 세우기	2점
❷ 이차방정식의 해 구하기	3점
❸ 어떤 자연수 구하기	1점

23 답 8 cm   유형 ⑩

가장 작은 반원의 반지름의 길이를 x cm라 하면 중간 크기의 반원의 반지름의 길이는 $(18-x)$ cm이므로

$$\frac{1}{2}\pi\{18^2-x^2-(18-x)^2\}=80\pi$$ ······ ❶

$$\frac{1}{2}\pi(-2x^2+36x)=80\pi$$

$$x^2-18x+80=0, \ (x-8)(x-10)=0$$

$$\therefore x=8 \ 또는 \ x=10$$ ······ ❷

이때 $0<x<9$이므로 $x=8$

따라서 가장 작은 반원의 반지름의 길이는 8 cm이다. ······ ❸

채점 기준	배점
❶ 이차방정식 세우기	3점
❷ 이차방정식의 해 구하기	3점
❸ 가장 작은 반원의 반지름의 길이 구하기	1점

교과서 속 특이 문제

◉ 46쪽

01 답 7월 26일

민재의 생일을 7월 x일이라 하면
예지의 생일은 7월 $(x+14)$일이다.
두 사람이 태어난 날의 수의 곱이 312이므로
$$x(x+14)=312, \ x^2+14x-312=0$$
$$(x+26)(x-12)=0 \quad \therefore x=-26 \ 또는 \ x=12$$
이때 $x>0$이므로 $x=12$
따라서 민재의 생일은 7월 12일이고, 예지의 생일은 7월 26일이다.

02 답 $(-1+\sqrt{5})$ cm

작은 정삼각형의 한 변의 길이를 x cm라 하면
작은 정삼각형의 둘레의 길이는 $3x$ cm
큰 정삼각형의 둘레의 길이는 $(12-3x)$ cm
큰 정삼각형의 한 변의 길이는 $(4-x)$ cm
두 정삼각형은 닮은 도형이고 닮음비가 $x:(4-x)$이므로 넓이의 비는 $x^2:(4-x)^2$이다.
이때 큰 정삼각형의 넓이가 작은 정삼각형의 넓이의 5배이므로
$$x^2:(4-x)^2=1:5에서 \ 5x^2=(4-x)^2$$
$$4x^2+8x-16=0, \ x^2+2x-4=0$$
근의 공식을 이용하면
$$x=\frac{-1\pm\sqrt{1^2-1\times(-4)}}{1}=-1\pm\sqrt{5}$$
이때 $0<x<2$이므로 $x=-1+\sqrt{5}$
따라서 작은 정삼각형의 한 변의 길이는 $(-1+\sqrt{5})$ cm이다.

03 답 2

작은 반원의 반지름의 길이를 r라 하면
큰 반원의 반지름의 길이는 $3r$
큰 반원의 넓이는 $\frac{1}{2}\times\pi\times(3r)^2=\frac{9\pi r^2}{2}$
작은 반원의 넓이는 $\frac{1}{2}\times\pi\times r^2=\frac{\pi r^2}{2}$
색칠한 부분의 넓이는 큰 반원의 넓이에서 작은 반원 3개의 넓이를 뺀 것과 같으므로
$$\frac{9\pi r^2}{2}-\frac{\pi r^2}{2}\times3=12\pi, \ 3\pi r^2=12\pi$$
$$r^2=4 \quad \therefore r=\pm2$$
이때 $r>0$이므로 $r=2$
따라서 작은 반원의 반지름의 길이는 2이다.

04 답 21 cm²

카드의 짧은 변의 길이를 x cm, 긴 변의 길이를 y cm라 하면 $(x>y)$
직사각형 모양의 판의 가로의 길이는 $5x$ cm 또는 $(2y+1)$ cm이고, 세로의 길이는 $(x+y)$ cm이다.
$5x=2y+1$에서 $y=\frac{5}{2}x-\frac{1}{2}$이므로 직사각형 모양의 판의 세로의 길이는
$$x+y=x+\left(\frac{5}{2}x-\frac{1}{2}\right)=\frac{7}{2}x-\frac{1}{2}(cm)$$
직사각형 모양의 판의 넓이가 150 cm²이므로
$$5x\left(\frac{7}{2}x-\frac{1}{2}\right)=150에서 \ \frac{35}{2}x^2-\frac{5}{2}x=150$$
$$35x^2-5x-300=0, \ 7x^2-x-60=0$$
$$(7x+20)(x-3)=0$$
$$\therefore x=-\frac{20}{7} \ 또는 \ x=3$$
이때 $x>0$이므로 $x=3$
$$y=\frac{5}{2}x-\frac{1}{2}=\frac{5}{2}\times3-\frac{1}{2}=7$$
따라서 카드 한 장의 넓이는
$$3\times7=21(cm^2)$$

05 답 7단계

가로줄에 놓인 바둑돌의 개수는 1, 3, 5, …로 단계가 늘어날수록 2씩 늘어나므로 x단계의 가로줄에 놓인 바둑돌의 개수는 $2x-1$이다.
또, 세로줄에 놓인 바둑돌의 개수는 2, 3, 4, …로 단계가 늘어날수록 1씩 늘어나므로 x단계의 세로줄에 놓인 바둑돌의 개수는 $x+1$이다.
따라서 x단계의 직사각형의 바둑돌의 개수는
$$(2x-1)(x+1)=2x^2+x-1$$
$2x^2+x-1=104$에서
$$2x^2+x-105=0$$
$$(2x+15)(x-7)=0$$
$$\therefore x=-\frac{15}{2} \ 또는 \ x=7$$
이때 x는 자연수이므로 $x=7$
따라서 바둑돌의 개수가 104가 되는 단계는 7단계이다.

1 이차함수와 그 그래프

IV. 이차함수

48쪽~49쪽

개념 check ✏

1 답 (1) × (2) ○ (3) ×

(2) $y=x(x-1)=x^2-x$ ➡ 이차함수

(3) $y=(2x-1)^2-4x^2$
$=4x^2-4x+1-4x^2$
$=-4x+1$ ➡ 일차함수

2 답 (1) 1 (2) 1 (3) $-\dfrac{1}{4}$

(1) $f(1)=1^2+1-1=1$

(2) $f(-2)=(-2)^2+(-2)-1=1$

(3) $f\left(\dfrac{1}{2}\right)=\left(\dfrac{1}{2}\right)^2+\dfrac{1}{2}-1=-\dfrac{1}{4}$

3 답 (1) 위로 (2) 좁아진다 (3) x축

4 답 (2), (1), (4), (3)

$y=ax^2$에서 a의 절댓값이 작은 것부터 차례대로 나열하면

$\left|\dfrac{3}{5}\right|<|-1|<|2|<|-4|$이므로 (2), (1), (4), (3)이다.

5 답 (1) $y=-5x^2-2$ (2) $y=\dfrac{1}{3}x^2+5$

6 답 (1) $y=-2(x-4)^2$ (2) $y=\dfrac{1}{3}(x+1)^2$

7 답 (1) $(0, 1)$, $x=0$

(2) $(3, 0)$, $x=3$

(3) $(-2, 5)$, $x=-2$

8 답 (1) $a>0$, $p>0$, $q<0$ (2) $a<0$, $p<0$, $q>0$

(1) 이차함수의 그래프가 아래로 볼록하므로 $a>0$

꼭짓점이 제4사분면 위에 있으므로 $p>0$, $q<0$

(2) 이차함수의 그래프가 위로 볼록하므로 $a<0$

꼭짓점이 제2사분면 위에 있으므로 $p<0$, $q>0$

기출 유형

◑50쪽~55쪽

유형 01 이차함수의 뜻

50쪽

함수 $y=f(x)$에서 y가 x에 대한 이차식
$y=ax^2+bx+c$ (a, b, c는 상수, $a\neq0$)로 나타내어지는 함수를 이차함수라 한다.

01 답 ④

① $y=2x$ ➡ 일차함수

② x^2+x-1 ➡ 이차식

③ $y=\dfrac{2}{x^2}$ ➡ 이차함수가 아니다.

④ $y=(x-1)(x+1)=x^2-1$ ➡ 이차함수

⑤ $y=-2x^2-2x(2-x)=-4x$ ➡ 일차함수

따라서 이차함수인 것은 ④이다.

02 답 ③

ㄱ. $y=60x$ ➡ 일차함수

ㄴ. $y=x(6-x)=-x^2+6x$ ➡ 이차함수

ㄷ. $y=500x$ ➡ 일차함수

ㄹ. $y=x^2$ ➡ 이차함수

ㅁ. $y=\dfrac{1}{2}\times(2x+x)\times10=15x$ ➡ 일차함수

따라서 이차함수인 것은 ㄴ, ㄹ이다.

03 답 ③, ⑤

① $y=4x$ ➡ 일차함수

② $y=x^3$ ➡ 이차함수가 아니다.

③ $y=6x^2$ ➡ 이차함수

④ $y=\dfrac{10}{x}$ ➡ 이차함수가 아니다.

⑤ $y=x(x+3)=x^2+3x$ ➡ 이차함수

따라서 이차함수인 것은 ③, ⑤이다.

유형 02 이차함수가 되기 위한 조건

50쪽

주어진 함수를 $y=ax^2+bx+c$ (a, b, c는 상수) 꼴로 정리한 후, $a\neq0$인 조건을 구한다.

04 답 ①

$y=ax^2-x(x-2)$
$=ax^2-x^2+2x$
$=(a-1)x^2+2x$

이차함수가 되려면 $a-1\neq0$이므로 $a\neq1$

05 답 ③

$y=2a^2x^2-x(ax-3)+2$
$=2a^2x^2-ax^2+3x+2$
$=(2a^2-a)x^2+3x+2$

이차함수가 되려면 $2a^2-a\neq0$이므로

$a(2a-1)\neq0$ ∴ $a\neq0$이고 $a\neq\dfrac{1}{2}$

유형 03 이차함수의 함숫값

50쪽

함수 $y=f(x)$에 대하여 함숫값 $f(a)$

➡ x 대신 a를 대입했을 때의 $f(x)$의 값

06 답 ⑤

$f(1)=a\times1^2+1-1=a$이므로 $a=2$

즉, $f(x)=2x^2+x-1$

∴ $f(2)=2\times2^2+2-1=9$

07 답 ④

$f(a)=3\times a^2-2\times a+a=3a^2-a$이므로

$3a^2-a=4$에서 $3a^2-a-4=0$

$(a+1)(3a-4)=0$

∴ $a=-1$ 또는 $a=\dfrac{4}{3}$

이때 $a<0$이므로 $a=-1$

유형 04 이차함수 $y=ax^2$의 그래프의 성질   51쪽

(1) 원점 $O(0, 0)$을 꼭짓점으로 하는 포물선이다.
(2) 축의 방정식은 $x=0$ (y축)이다.
(3) $a>0$이면 아래로 볼록하고, $a<0$이면 위로 볼록하다.
(4) a의 절댓값이 클수록 그래프의 폭이 좁아진다.
(5) 이차함수 $y=-ax^2$의 그래프와 x축에 대하여 대칭이다.

08 답 ④

① y축에 대하여 대칭이다.
② 꼭짓점의 좌표는 $(0, 0)$이다.
③ $y=-\dfrac{1}{2}x^2$의 그래프보다 폭이 좁다.
⑤ 제 1 사분면과 제 2 사분면을 지난다.
따라서 옳은 것은 ④이다.

09 답 ④

④ ㄷ은 $x>0$일 때, x의 값이 증가하면 y의 값도 증가한다.

10 답 ①, ③

② $a>0$이면 아래로 볼록하고, $a<0$이면 위로 볼록하다.
④ $a>0$이면 $x<0$일 때, x의 값이 증가하면 y의 값은 감소하고 $a<0$이면 $x<0$일 때, x의 값이 증가하면 y의 값도 증가한다.
⑤ $a>0$이면 $x>0$일 때, x의 값이 증가하면 y의 값도 증가하고 $a<0$이면 $x>0$일 때, x의 값이 증가하면 y의 값은 감소한다.
따라서 옳은 것은 ①, ③이다.

유형 05 이차함수 $y=ax^2$의 그래프의 폭   51쪽

이차함수 $y=ax^2$의 그래프에서 a의 절댓값은 그래프의 폭을 결정한다.
a의 절댓값이 클수록
→ 그래프의 폭이 좁아진다.
→ 그래프가 y축에 가까워진다.

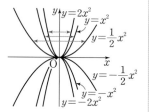

11 답 ①

$y=ax^2$의 그래프가 $y=\dfrac{1}{2}x^2$과 $y=3x^2$의 그래프 사이에 있으므로 $\dfrac{1}{2}<a<3$

따라서 a의 값으로 옳지 않은 것은 ①이다.

12 답 $-2<a<0$

$y=ax^2$의 그래프가 위로 볼록하므로 $a<0$
그래프가 x축과 $y=-2x^2$의 그래프 사이에 있으므로
$-2<a<0$

13 답 ③

$y=ax^2$의 그래프가 아래로 볼록하므로 $a>0$
$y=-\dfrac{1}{3}x^2$의 그래프보다 폭이 좁고 $y=6x^2$의 그래프보다 폭이 넓으므로 $\left|-\dfrac{1}{3}\right|<|a|<|6|$, 즉 $\dfrac{1}{3}<a<6$이므로 조건을 만족시키는 정수 a는 1, 2, 3, 4, 5의 5개이다.

유형 06 이차함수 $y=ax^2$의 그래프가 지나는 점   52쪽

이차함수 $y=ax^2$의 그래프가 점 (x_1, y_1)을 지난다.
→ $y=ax^2$에 $x=x_1$, $y=y_1$을 대입하면 등식이 성립한다.

14 답 -20

$y=ax^2$의 그래프가 점 $(2, -8)$을 지나므로
$-8=a\times 2^2$, $4a=-8$ ∴ $a=-2$
즉, 이차함수의 식은 $y=-2x^2$
이 그래프가 점 $(-3, b)$를 지나므로
$b=-2\times(-3)^2=-18$
∴ $a+b=(-2)+(-18)=-20$

15 답 ⑤

$y=-\dfrac{1}{4}x^2$의 그래프와 x축에 대하여 대칭인 그래프의 식은

$y=\dfrac{1}{4}x^2$이고 이 그래프가 점 $(a-2, 4)$를 지나므로

$4=\dfrac{1}{4}(a-2)^2$, $(a-2)^2=16$, $a^2-4a-12=0$

$(a+2)(a-6)=0$ ∴ $a=-2$ 또는 $a=6$
이때 $a>0$이므로 $a=6$

유형 07 이차함수 $y=ax^2$의 식 구하기   52쪽

❶ 구하는 이차함수의 식을 $y=ax^2$ $(a\neq 0)$으로 놓는다.
❷ 그래프가 지나는 점의 좌표를 $y=ax^2$에 대입하여 a의 값을 구한다.
❸ ❶의 식에 a의 값을 대입하여 이차함수의 식을 구한다.

16 답 -24

구하는 이차함수의 식을 $y=ax^2$이라 하면
이 그래프가 점 $(3, -6)$을 지나므로
$-6=a\times 3^2$, $9a=-6$ ∴ $a=-\dfrac{2}{3}$

즉, $f(x)=-\dfrac{2}{3}x^2$이므로

$f(6)=-\dfrac{2}{3}\times 6^2=-24$

17 답 ④

구하는 이차함수의 식을 $y=ax^2$이라 하면
이 그래프가 점 $(-3, 18)$을 지나므로
$18=a\times(-3)^2$, $9a=18$ ∴ $a=2$
즉, 이차함수의 식은 $y=2x^2$
④ $6\neq 2\times 2^2=8$
따라서 포물선 위의 점이 아닌 것은 ④이다.

유형 08 이차함수 $y=ax^2$의 그래프의 활용   52쪽

x좌표 또는 y좌표가 주어진 이차함수 $y=ax^2$의 그래프 위의 한 점을 $y=ax^2$에 대입하여 y좌표 또는 x좌표를 구한 후, 미지수 또는 넓이를 구한다.

18 답 ①

$y=x^2$의 그래프와 직선 $y=4$가 만나는 점의 좌표는

$4=x^2$에서 $x=-2$ 또는 $x=2$ ∴ B$(-2, 4)$, C$(2, 4)$

∴ $\overline{BC}=2-(-2)=4$

이때 $\overline{AB}=\overline{BC}=\overline{CD}$이므로

(점 A의 x좌표)$=-2-4=-6$

(점 D의 x좌표)$=2+4=6$

∴ A$(-6, 4)$, D$(6, 4)$

즉, $y=ax^2$의 그래프가 점 $(6, 4)$를 지나므로

$4=a\times 6^2$, $36a=4$ ∴ $a=\dfrac{1}{9}$

다른 풀이

$y=ax^2$에 점 D$(6, 4)$의 좌표 대신 점 A$(-6, 4)$의 좌표를 대입하여도 a의 값을 구할 수 있다.

19 답 8

$y=-\dfrac{1}{2}x^2$의 그래프 위의 두 점 B, C의 y좌표가 -2이므로

$-2=-\dfrac{1}{2}x^2$에서 $x^2=4$ ∴ $x=-2$ 또는 $x=2$

즉, B$(-2, -2)$, C$(2, -2)$이므로

$\overline{BC}=2-(-2)=4$

따라서 $\overline{CD}=2$이므로 □ABCD$=2\times 4=8$

20 답 $\dfrac{3}{4}$

점 B의 x좌표를 p라 하면

B(p, ap^2), A$(-p, ap^2)$

$\overline{AB}:\overline{AC}=2:3$이고 □ACDB의 둘레의 길이가 40이므로

$\overline{AB}=20\times\dfrac{2}{5}=8$, $\overline{AC}=20\times\dfrac{3}{5}=12$

이때 $\overline{AB}=p-(-p)=2p$이므로

$2p=8$ ∴ $p=4$

따라서 $\overline{AC}=ap^2=12$에서 $16a=12$

∴ $a=\dfrac{3}{4}$

유형 **09** 이차함수 $y=ax^2+q$의 그래프   53쪽

이차함수 $y=ax^2+q$의 그래프는 이차함수 $y=ax^2$의 그래프를 y축의 방향으로 q만큼 평행이동한 것이다.

(1) 꼭짓점의 좌표 : $(0, q)$

(2) 축의 방정식 : $x=0$ (y축)

21 답 ②

$y=-\dfrac{1}{4}x^2$의 그래프를 y축의 방향으로 a만큼 평행이동한 그래프의 식은

$y=-\dfrac{1}{4}x^2+a$

이 그래프가 점 $(2, -3)$을 지나므로

$-3=-\dfrac{1}{4}\times 2^2+a$, $-3=-1+a$ ∴ $a=-2$

22 답 ③

① $y=-4x^2$의 그래프를 y축의 방향으로 -2만큼 평행이동한 그래프의 식은 $y=-4x^2-2$이다.

② 축의 방정식은 $x=0$이다.

④ 위로 볼록한 포물선이다.

⑤ $y=4x^2$의 그래프와 폭이 같다.

따라서 옳은 것은 ③이다.

오답 피하기

② 이차함수 $y=ax^2$의 그래프를 y축의 방향으로 평행이동한 그래프에서 축의 방정식은 변하지 않는다.

23 답 ②

꼭짓점의 좌표가 $(0, 8)$이므로 주어진 그래프가 나타내는 이차함수의 식은 $y=ax^2+8$

이 그래프가 점 $(2, 0)$을 지나므로

$0=4a+8$, $4a=-8$ ∴ $a=-2$

따라서 $y=-2x^2+8$의 그래프를 y축의 방향으로 -4만큼 평행이동한 그래프의 식은

$y=-2x^2+8-4=-2x^2+4$

유형 **10** 이차함수 $y=a(x-p)^2$의 그래프   53쪽

이차함수 $y=a(x-p)^2$의 그래프는 이차함수 $y=ax^2$의 그래프를 x축의 방향으로 p만큼 평행이동한 것이다.

(1) 꼭짓점의 좌표 : $(p, 0)$

(2) 축의 방정식 : $x=p$

24 답 ③

ㄱ. $y=-x^2$의 그래프를 x축의 방향으로 -2만큼 평행이동한 것이다.

ㄷ. $y=-2x^2$의 그래프보다 폭이 넓다.

ㄹ. $x=0$일 때 $y=-4$이므로 y의 값은 음수이다.

따라서 옳은 것은 ㄴ, ㅁ이다.

25 답 16

꼭짓점의 좌표가 $(-1, 0)$이므로 주어진 그래프가 나타내는 이차함수의 식은 $y=a(x+1)^2$

이 그래프가 점 $(0, 4)$를 지나므로 $4=a\times 1^2$ ∴ $a=4$

즉, 그래프가 나타내는 이차함수의 식은 $y=4(x+1)^2$

이 그래프가 점 $(-3, k)$를 지나므로

$k=4\times(-2)^2=16$

26 답 $y=-\dfrac{1}{2}(x-2)^2$

꼭짓점이 x축 위에 있으므로 꼭짓점의 좌표를 $(p, 0)$이라 하면 구하는 이차함수의 식은

$y=a(x-p)^2$

x의 값이 증가할 때, y의 값도 증가하는 x의 값의 범위가 $x<2$이므로 그래프는 위로 볼록하고 축의 방정식은 $x=2$이다.

∴ $a<0$, $p=2$

즉, $y=a(x-2)^2$의 그래프가 점 $(0, -2)$를 지나므로

$-2=4a$ ∴ $a=-\dfrac{1}{2}$

따라서 구하는 이차함수의 식은

$$y=-\frac{1}{2}(x-2)^2$$

유형 1 **이차함수 $y=a(x-p)^2+q$의 그래프** 54쪽

이차함수 $y=a(x-p)^2+q$의 그래프는 이차함수 $y=ax^2$의 그래프를 x축의 방향으로 p만큼, y축의 방향으로 q만큼 평행이동한 것이다.

(1) 꼭짓점의 좌표 : (p, q)

(2) 축의 방정식 : $x=p$

27 탑 6

$y=3x^2$의 그래프를 x축의 방향으로 -2만큼, y축의 방향으로 3만큼 평행이동한 그래프의 식은

$$y=3(x+2)^2+3$$

이 그래프가 점 $(-1, k)$를 지나므로

$$k=3\times 1^2+3=6$$

28 탑 ⑤

⑤ $x<2$이면 x의 값이 증가할 때 y의 값은 감소한다.

29 탑 ③

$y=(x-2)^2-4$의 그래프의 꼭짓점의 좌표는 $(2, -4)$이고 $x=0$일 때, $y=0$이므로 원점을 지난다.
따라서 그래프는 오른쪽 그림과 같으므로 그래프가 지나지 않는 사분면은 제3사분면이다.

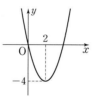

30 탑 ⑤

$y=-\frac{1}{2}(x-p)^2+2p$의 그래프의 꼭짓점의 좌표는 $(p, 2p)$

꼭짓점이 직선 $y=-x+9$ 위에 있으므로

$$2p=-p+9, 3p=9 \qquad \therefore p=3$$

유형 2 **이차함수 $y=a(x-p)^2+q$의 그래프의 평행이동** 54쪽

이차함수 $y=a(x-p)^2+q$의 그래프를 x축의 방향으로 m만큼, y축의 방향으로 n만큼 평행이동한 그래프의 식은

➡ $y=a(x-m-p)^2+q+n$

31 탑 ⑤

$y=a(x+1)^2-5$의 그래프를 x축의 방향으로 -5만큼, y축의 방향으로 3만큼 평행이동한 그래프의 식은

$$y=a(x+5+1)^2-5+3$$

즉, $y=a(x+6)^2-2$

이 그래프가 $y=5(x+b)^2+c$의 그래프와 일치하므로

$$a=5, b=6, c=-2$$
$$\therefore a+b+c=5+6+(-2)=9$$

32 탑 ②

$y=(x+1)^2-7$의 그래프를 x축의 방향으로 k만큼, y축의 방향으로 $k+3$만큼 평행이동한 그래프의 식은

$$y=(x-k+1)^2-7+k+3$$

즉, $y=(x-k+1)^2+k-4$

이 그래프가 점 $(-1, 8)$을 지나므로

$$8=(-1-k+1)^2+k-4$$
$$k^2+k-12=0, (k+4)(k-3)=0$$
$$\therefore k=-4 \text{ 또는 } k=3$$

이때 $k<0$이므로 $k=-4$

유형 3 **이차함수 $y=a(x-p)^2+q$의 식 구하기** 54쪽

❶ 이차함수의 그래프의 꼭짓점의 좌표가 (p, q)이면 이차함수의 식을 $y=a(x-p)^2+q$로 놓는다.

❷ 그래프가 지나는 다른 한 점의 좌표를 대입하여 a의 값을 구한다.

33 탑 ④

$y=a(x-p)^2+q$의 그래프의 꼭짓점의 좌표가 $(-2, -6)$이므로 $p=-2, q=-6$

$y=a(x+2)^2-6$의 그래프가 점 $(0, -1)$을 지나므로

$$-1=4a-6, 4a=5 \qquad \therefore a=\frac{5}{4}$$

$$\therefore apq=\frac{5}{4}\times(-2)\times(-6)=15$$

34 탑 1

$y=-(x-p)^2+q$의 그래프의 축이 직선 $x=-2$이므로 $p=-2$

$y=-(x+2)^2+q$의 그래프가 점 $(-3, 2)$를 지나므로

$$2=-(-3+2)^2+q, 2=-1+q \qquad \therefore q=3$$
$$\therefore p+q=(-2)+3=1$$

유형 4 **이차함수 $y=a(x-p)^2+q$의 그래프에서 a, p, q의 부호** 55쪽

(1) a의 부호 : 그래프의 모양에 따라 결정된다.
　① 아래로 볼록한 그래프 ➡ $a>0$
　② 위로 볼록한 그래프 ➡ $a<0$

(2) p, q의 부호 : 꼭짓점의 위치에 따라 결정된다.
　① 꼭짓점이 제1사분면에 있는 경우 ➡ $p>0, q>0$
　② 꼭짓점이 제2사분면에 있는 경우 ➡ $p<0, q>0$
　③ 꼭짓점이 제3사분면에 있는 경우 ➡ $p<0, q<0$
　④ 꼭짓점이 제4사분면에 있는 경우 ➡ $p>0, q<0$

35 탑 ②

그래프가 아래로 볼록하므로 $a>0$
꼭짓점 $(p, -q)$가 제3사분면에 있으므로 $p<0, -q<0$
$$\therefore p<0, q>0$$

오답 피하기

$y=a(x-p)^2-q$의 그래프의 꼭짓점의 좌표는 $(p, -q)$이므로 $p<0, -q<0$임에 주의한다.

36 탑 ⑤

그래프가 위로 볼록하므로 $a<0$

꼭짓점 (p, q)가 제1사분면에 있으므로 $p>0$, $q>0$

⑤ $y=a(x-p)^2+q$에서 $x=0$이면 $y=ap^2+q$

주어진 그래프에서 $x=0$일 때 y의 값은 음수이므로

$ap^2+q<0$

37 답 제3사분면, 제4사분면

$y=a(x-p)^2+q$의 그래프에서

그래프가 위로 볼록하므로 $a<0$

꼭짓점 (p, q)가 제2사분면에 있으므로 $p<0$, $q>0$

$y=p(x-q)^2+a$의 그래프에서

$p<0$이므로 그래프는 위로 볼록하고

$q>0$, $a<0$이므로 꼭짓점 (q, a)는

제4사분면에 있다.

따라서 $y=p(x-q)^2+a$의 그래프는 오른쪽 그림과 같으므로 제3사분면과 제4사분면을 지난다.

유형 12 **이차함수 $y=a(x-p)^2+q$의 그래프의 활용** 55쪽

이차함수의 그래프에서 꼭짓점의 좌표, 그래프와 좌표축이 만나는 점의 좌표 또는 주어진 조건을 만족시키는 그래프 위의 점의 좌표를 구한 후, 이를 이용하여 넓이를 구한다.

38 답 ②

$y=-\dfrac{1}{2}x^2$의 그래프를 y축의 방향으로 2만큼 평행이동한 그래프의 식은 $y=-\dfrac{1}{2}x^2+2$

꼭짓점의 좌표는 $(0, 2)$이므로 $A(0, 2)$

$y=0$을 대입하면 $-\dfrac{1}{2}x^2+2=0$이므로

$\dfrac{1}{2}x^2=2$, $x^2=4$ $\therefore x=-2$ 또는 $x=2$

$\therefore B(-2, 0)$, $C(2, 0)$

따라서 $\overline{BC}=2-(-2)=4$이고 $\overline{AO}=2$이므로

$\triangle ABC=\dfrac{1}{2}\times4\times2=4$

39 답 32

$y=\dfrac{1}{2}(x-4)^2-8$의 그래프는 $y=\dfrac{1}{2}x^2$의 그래프를 평행이동하여 포갤 수 있으므로 그래프의 모양이 서로 같다.

즉, 오른쪽 그림에서 빗금친 ㉠과 ㉡의 넓이는 서로 같다.

이때 $y=\dfrac{1}{2}(x-4)^2-8$의 그래프의 꼭짓점의 좌표는 $(4, -8)$,

축의 방정식은 $x=4$이므로 색칠한 부분의 넓이는 직사각형 OABC의 넓이와 같다.

$\therefore$ (색칠한 부분의 넓이)$=4\times8=32$

서술형 ◻56쪽~57쪽

01 답 -12

채점 기준 1 이차함수의 그래프의 식 구하기 … 2점

$y=ax^2$의 그래프가 점 $(2, -3)$을 지나므로 $y=ax^2$에 대입하면

$-3=4a$ $\therefore a=-\dfrac{3}{4}$

따라서 구하는 이차함수의 식은 $y=-\dfrac{3}{4}x^2$ ……㉠

채점 기준 2 k의 값 구하기 … 2점

이 그래프가 점 $(-4, k)$를 지나므로 ㉠에 대입하면

$k=-\dfrac{3}{4}\times(-4)^2$ $\therefore k=-12$

01-1 답 9

채점 기준 1 이차함수의 그래프의 식 구하기 … 2점

평행이동한 그래프의 꼭짓점의 좌표가 $(2, 0)$이므로 이 그래프를 나타내는 이차함수의 식은 $y=a(x-2)^2$

이 그래프가 점 $(0, 4)$를 지나므로 $y=a(x-2)^2$에 대입하면

$4=4a$ $\therefore a=1$

따라서 구하는 이차함수의 식은 $y=(x-2)^2$ ……㉠

채점 기준 2 k의 값 구하기 … 2점

이 그래프가 점 $(-1, k)$를 지나므로 ㉠에 대입하면

$k=(-1-2)^2$ $\therefore k=9$

02 답 4

채점 기준 1 평행이동한 이차함수의 그래프의 식 구하기 … 3점

$y=-\dfrac{1}{3}x^2$의 그래프를 x축의 방향으로 2만큼, y축의 방향으로 7만큼 평행이동한 그래프의 식은

$y=-\dfrac{1}{3}(x-2)^2+7$ ……㉠

채점 기준 2 m의 값 구하기 … 3점

이 그래프가 점 $(-1, m)$을 지나므로 ㉠에 대입하면

$m=-\dfrac{1}{3}(-1-2)^2+7$ $\therefore m=4$

02-1 답 12

채점 기준 1 평행이동한 이차함수의 그래프의 식 구하기 … 3점

$y=\dfrac{2}{5}x^2$의 그래프를 x축의 방향으로 -3만큼, y축의 방향으로 2만큼 평행이동한 그래프의 식은

$y=\dfrac{2}{5}(x+3)^2+2$ ……㉠

채점 기준 2 m의 값 구하기 … 3점

이 그래프가 점 $(2, m)$을 지나므로 ㉠에 대입하면

$m=\dfrac{2}{5}(2+3)^2+2$ $\therefore m=12$

02-2 답 -6

채점 기준 1 p, q의 값 각각 구하기 … 4점

$y=-3(x-p)^2+2$의 그래프를 x축의 방향으로 1만큼, y축의 방향으로 q만큼 평행이동한 그래프의 식은

$y=-3(x-1-p)^2+2+q$

이 그래프와 $y=-3(x+1)^2-2$의 그래프가 일치하므로

$-1-p=1$에서 $p=-2$

$2+q=-2$에서 $q=-4$

채점 기준 **2** $p+q$의 값 구하기 ⋯ 2점

$\therefore p+q=(-2)+(-4)=-6$

03 답 -1

$y=\dfrac{1}{3}x^2$의 그래프가 점 $(-3, a)$를 지나므로

$a=\dfrac{1}{3}\times(-3)^2$ $\therefore a=3$ ⋯⋯**①**

$y=\dfrac{1}{3}x^2$의 그래프와 x축에 대하여 대칭인 그래프의 식은

$y=-\dfrac{1}{3}x^2$이므로 $b=-\dfrac{1}{3}$ ⋯⋯**②**

$\therefore ab=3\times\left(-\dfrac{1}{3}\right)=-1$ ⋯⋯**③**

채점 기준	배점
① a의 값 구하기	1점
② b의 값 구하기	2점
③ ab의 값 구하기	1점

04 답 -4

$y=-x^2$의 그래프를 y축의 방향으로 m만큼 평행이동했다고 하면 그래프의 식은 $y=-x^2+m$

이 그래프가 점 $(2, -1)$을 지나므로

$-1=-2^2+m$ $\therefore m=3$

따라서 구하는 이차함수의 식은 $y=-x^2+3$ ⋯⋯**①**

즉, $f(x)=-x^2+3$이므로

$f(-1)=-(-1)^2+3=2$

$f(3)=-3^2+3=-6$ ⋯⋯**②**

$\therefore f(-1)+f(3)=2+(-6)=-4$ ⋯⋯**③**

채점 기준	배점
① 이차함수의 식 구하기	3점
② $f(-1)$, $f(3)$의 값 각각 구하기	2점
③ $f(-1)+f(3)$의 값 구하기	1점

05 답 $y=2x^2+1$

$y=a(x-p)^2$의 그래프의 축의 방정식이 $x=-3$이므로

$p=-3$ ⋯⋯**①**

즉, $y=a(x+3)^2$의 그래프가 점 $(-5, 8)$을 지나므로

$8=a(-5+3)^2$, $4a=8$ $\therefore a=2$ ⋯⋯**②**

따라서 구하는 이차함수의 식은 $y=2(x+3)^2$

이 그래프를 x축의 방향으로 3만큼, y축의 방향으로 1만큼 평행이동한 그래프의 식은

$y=2(x-3+3)^2+1=2x^2+1$ ⋯⋯**③**

채점 기준	배점
① p의 값 구하기	1점
② a의 값 구하기	2점
③ 평행이동한 그래프의 식 구하기	3점

06 답 (1) $(2, 3)$ (2) $a\leq-\dfrac{3}{4}$

(1) 조건 ㈎에서 $y=a(x-p)^2+q$의 그래프의 축의 방정식이 $x=2$이므로 $p=2$

조건 ㈏에서 꼭짓점 (p, q), 즉 $(2, q)$가 직선 $y=x+1$ 위에 있으므로

$q=2+1$ $\therefore q=3$

따라서 꼭짓점의 좌표는 $(2, 3)$이다. ⋯⋯**①**

(2) 이차함수 $y=a(x-2)^2+3$의 그래프가 제2사분면을 지나지 않으려면 그래프는 오른쪽 그림과 같아야 한다.

즉, 위로 볼록하므로 $a<0$이고 y축과 만나는 점의 y좌표가 0보다 작거나 같아야 하므로

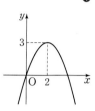

$4a+3\leq0$ $\therefore a\leq-\dfrac{3}{4}$ ⋯⋯**②**

채점 기준	배점
① 이차함수의 그래프의 꼭짓점의 좌표 구하기	3점
② 이차함수의 그래프가 제2사분면을 지나지 않도록 하는 상수 a의 값의 범위 구하기	4점

07 답 (1) $A(-1, -3)$ (2) $C(4, 16a)$ (3) $\dfrac{5}{4}$

(1) 점 A는 점 B와 y축에 대하여 대칭이므로

$A(-1, -3)$ ⋯⋯**①**

(2) $\overline{AB}=1-(-1)=2$

$\overline{CD}=4\overline{AB}$이므로 $\overline{CD}=4\times2=8$

점 C와 점 D는 y축에 대하여 대칭이므로 점 C의 x좌표는

$\dfrac{1}{2}\times8=4$

점 C는 $y=ax^2$의 그래프 위의 점이므로

$y=a\times4^2=16a$ $\therefore C(4, 16a)$ ⋯⋯**②**

(3) $\square ABCD=\dfrac{1}{2}\times(2+8)\times(16a+3)=115$

$16a+3=23$, $16a=20$ $\therefore a=\dfrac{5}{4}$ ⋯⋯**③**

채점 기준	배점
① 점 A의 좌표 구하기	2점
② 점 C의 좌표를 a를 사용하여 나타내기	2점
③ $\square ABCD=115$일 때, a의 값 구하기	3점

실전 중단원 학교 시험 ①회

58쪽~61쪽

01 ③	02 ⑤	03 ②	04 ⑤	05 ④
06 ④	07 ⑤	08 ④	09 ②	10 ①
11 ③	12 ①	13 ④	14 ②	15 ④
16 ④	17 ④	18 ①	19 27	20 8
21 -4	22 2	23 2		

01 답 ③ 유형 01

③ $y=2x^2-(1+x+2x^2)=-x-1$ → 일차함수

02 답 ⑤ 유형 01

① $y=3x$ → 일차함수

② $y=x(x+1)(x+2)=x^3+3x^2+2x$ → 이차함수가 아니다.

③ $y=2x$ → 일차함수

④ $y=2\pi x$ → 일차함수

⑤ $y=x\times 2x=2x^2$ → 이차함수

03 답 ② 유형 02

$y=a^2x^2+3x-x(4x+2)$

$\quad=(a^2-4)x^2+x$

이차함수가 되려면 $a^2-4\neq 0$이므로

$(a-2)(a+2)\neq 0$

$\therefore a\neq 2$이고 $a\neq -2$

04 답 ⑤ 유형 03

$f(-2)=4a-4+1=4a-3$이므로

$4a-3=9$ $\quad\therefore a=3$

즉, $f(x)=3x^2+2x+1$이므로

$f(-1)=3\times(-1)^2+2\times(-1)+1=3-2+1=2$

05 답 ④ 유형 04

조건 ㈎에서 $y=ax^2$, 조건 ㈏에서 $a>0$

조건 ㈐에서 $a<\dfrac{1}{2}$이므로 조건을 모두 만족시키는 이차함수의

그래프의 식은 ④이다.

06 답 ④ 유형 05

$y=ax^2$의 그래프의 폭은 $y=3x^2$의 그래프보다 넓고, $y=\dfrac{1}{2}x^2$의

그래프보다 좁으므로 a의 값의 범위는 $\dfrac{1}{2}<a<3$

따라서 a의 값이 될 수 있는 것은 ④이다.

07 답 ⑤ 유형 06

$y=\dfrac{1}{2}x^2$의 그래프가 점 $(a, 2a)$를 지나므로

$2a=\dfrac{1}{2}a^2$, $a^2-4a=0$, $a(a-4)=0$

$\therefore a=0$ 또는 $a=4$

이때 $a\neq 0$이므로 $a=4$

08 답 ④ 유형 08

점 A의 x좌표를 k라 하면 $\mathrm{A}\left(k, \dfrac{1}{2}k^2\right)$

점 B는 점 A와 y축에 대하여 대칭이므로 $\mathrm{B}\left(-k, \dfrac{1}{2}k^2\right)$

□ABCD가 정사각형이므로 $\mathrm{C}(-k, -k^2)$, $\mathrm{D}(k, -k^2)$

$\overline{\mathrm{AB}}=k-(-k)=2k$, $\overline{\mathrm{AD}}=\dfrac{1}{2}k^2-(-k^2)=\dfrac{3}{2}k^2$

이고 $\overline{\mathrm{AB}}=\overline{\mathrm{AD}}$이므로 $2k=\dfrac{3}{2}k^2$

$3k^2-4k=0$, $k(3k-4)=0$ $\quad\therefore k=0$ 또는 $k=\dfrac{4}{3}$

이때 $k>0$이므로 $k=\dfrac{4}{3}$

09 답 ② 유형 09

$y=ax^2$의 그래프를 y축의 방향으로 b만큼 평행이동한 그래프의 식은 $y=ax^2+b$

꼭짓점의 좌표가 $(0, 2)$이므로 $b=2$

$y=ax^2+2$의 그래프가 점 $(4, 4)$를 지나므로

$4=16a+2$, $16a=2$ $\quad\therefore a=\dfrac{1}{8}$

$\therefore ab=\dfrac{1}{8}\times 2=\dfrac{1}{4}$

10 답 ① 유형 09

$y=ax^2+2$의 그래프를 y축의 방향으로 -4만큼 평행이동한 그래프의 식은 $y=ax^2+2-4$

즉, $y=ax^2-2$

이 그래프가 점 $(3, 1)$을 지나므로

$1=9a-2$, $9a=3$ $\quad\therefore a=\dfrac{1}{3}$

따라서 구하는 이차함수의 식은 $y=\dfrac{1}{3}x^2-2$

이 그래프가 점 $(-6, b)$를 지나므로

$b=\dfrac{1}{3}\times(-6)^2-2=12-2=10$

$\therefore 3a-b=3\times\dfrac{1}{3}-10=-9$

11 답 ③ 유형 09

③ 축의 방정식은 $x=0$이다.

12 답 ① 유형 10

꼭짓점의 좌표는 $(1, 0)$이므로 $a=1$, $b=0$

축의 방정식은 $x=1$이므로 $c=1$

$y=-x^2$의 그래프를 x축의 방향으로 1만큼 평행이동한 그래프이므로 $d=-1$

$\therefore a+b+c+d=1+0+1+(-1)=1$

13 답 ④ 유형 11

④ $y=2(x-3)^2-1$의 그래프는 $y=2x^2$의 그래프를 x축의 방향으로 3만큼, y축의 방향으로 -1만큼 평행이동하여 완전히 포갤 수 있다.

참고 이차함수의 그래프를 평행이동하여 완전히 포개어지려면 x^2의 계수가 같아야 한다.

14 답 ② 유형 11

꼭짓점의 좌표는 $(-2p, p)$이고, 꼭짓점이 직선 $y=2x-15$ 위에 있으므로

$p=2\times(-2p)-15$, $5p=-15$

$\therefore p=-3$

15 답 ④ 유형 13

주어진 이차함수의 그래프에서 꼭짓점의 좌표가 $(2, 8)$이므로

$p=2$, $q=8$

즉, $y=a(x-2)^2+8$의 그래프가 점 $(0, 1)$을 지나므로

$1=4a+8$, $4a=-7$ $\quad\therefore a=-\dfrac{7}{4}$

$\therefore a-p+q=\left(-\dfrac{7}{4}\right)-2+8=\dfrac{17}{4}$

16 답 ④   유형 ⑨ + 유형 ⑭

$y=(k+2)x^2+k+1$의 그래프가 제1, 2사분면만을 지나려면 그래프는 오른쪽 그림과 같아야 한다.

그래프가 아래로 볼록해야 하므로

$k+2>0$ ∴ $k>-2$ ……㉠

y축과 만나는 점의 y좌표가 0보다 커야 하므로

$k+1>0$ ∴ $k>-1$ ……㉡

㉠, ㉡에서 $k>-1$

17 답 ④   유형 ⑭

그래프가 위로 볼록하므로 $a<0$

꼭짓점이 제2사분면에 있으므로 $p<0, q>0$

18 답 ①   유형 ⑮

이차함수 $y=x^2$의 그래프를 x축의 방향으로 2만큼, y축의 방향으로 -9만큼 평행이동한 그래프의 식은 $y=(x-2)^2-9$이고, 그래프는 오른쪽 그림과 같다.

$y=(x-2)^2-9$에

$x=0$을 대입하면 $y=(0-2)^2-9=-5$

∴ $A(0, -5)$

$y=0$을 대입하면 $0=(x-2)^2-9$이므로

$x^2-4x-5=0$, $(x+1)(x-5)=0$

∴ $x=-1$ 또는 $x=5$

∴ $B(-1, 0)$, $C(5, 0)$

따라서 $\overline{BC}=5-(-1)=6$, $\overline{OA}=5$이므로

$\triangle ABC=\dfrac{1}{2}\times6\times5=15$

19 답 27   유형 ⑦

구하는 이차함수의 식을 $y=ax^2$이라 하면

이 그래프가 점 $(-2, -12)$를 지나므로

$-12=4a$ ∴ $a=-3$

따라서 구하는 이차함수의 식은 $y=-3x^2$ ……❶

$y=-3x^2$의 그래프와 x축에 대하여 대칭인 그래프의 식은

$y=3x^2$ ……❷

이 그래프가 점 $(3, k)$를 지나므로

$k=3\times3^2=27$ ……❸

채점 기준	배점
❶ 이차함수의 식 구하기	2점
❷ x축에 대하여 대칭인 그래프의 식 구하기	1점
❸ k의 값 구하기	1점

20 답 8   유형 ⑩

꼭짓점의 좌표가 $(2, 0)$이므로 주어진 이차함수의 그래프의 식은

$y=\dfrac{1}{3}(x-2)^2$ ……❶

이 그래프가 점 $(a, 12)$를 지나므로

$12=\dfrac{1}{3}(a-2)^2$에서 $(a-2)^2-36=0$

$a^2-4a-32=0$, $(a+4)(a-8)=0$

∴ $a=-4$ 또는 $a=8$

이때 점 $(a, 12)$가 제1사분면 위의 점이므로 $a>0$

∴ $a=8$ ……❷

채점 기준	배점
❶ 주어진 그래프의 식 구하기	2점
❷ a의 값 구하기	4점

21 답 -4 유형 ⑨ + 유형 ⑩

$y=ax^2+b$의 그래프의 꼭짓점의 좌표는 $(0, b)$이므로

$y=-\dfrac{1}{2}(x-4)^2$에 $x=0$, $y=b$를 대입하면

$b=-\dfrac{1}{2}(0-4)^2=-8$ ……❶

$y=-\dfrac{1}{2}(x-4)^2$의 그래프의 꼭짓점의 좌표는 $(4, 0)$이므로

$y=ax^2-8$에 $x=4$, $y=0$을 대입하면

$0=16a-8$ ∴ $a=\dfrac{1}{2}$ ……❷

∴ $ab=\dfrac{1}{2}\times(-8)=-4$ ……❸

채점 기준	배점
❶ b의 값 구하기	2점
❷ a의 값 구하기	3점
❸ ab의 값 구하기	1점

22 답 2   유형 ⑫

$y=-(x-2)^2-1$의 그래프를 x축의 방향으로 -3만큼, y축의 방향으로 5만큼 평행이동한 그래프의 식은

$y=-(x+3-2)^2-1+5$

즉, $y=-(x+1)^2+4$ ……❶

꼭짓점의 좌표는 $(-1, 4)$이고 축의 방정식은 $x=-1$이므로

$p=-1$, $q=4$, $m=-1$ ……❷

∴ $p+q+m=(-1)+4+(-1)=2$ ……❸

채점 기준	배점
❶ 평행이동한 그래프의 식 구하기	2점
❷ p, q, m의 값 각각 구하기	3점
❸ $p+q+m$의 값 구하기	2점

23 답 2   유형 ⑮

$y=-2(x+1)^2+2$의 그래프의 꼭짓점의 좌표가 $(-1, 2)$이므로 $A(-1, 2)$ ……❶

$y=0$을 대입하면 $0=-2(x+1)^2+2$이므로

$x^2+2x=0$, $x(x+2)=0$

∴ $x=0$ 또는 $x=-2$

∴ $B(-2, 0)$, $C(0, 0)$ ……❷

따라서 $\overline{BC}=0-(-2)=2$이므로

$\triangle ABC=\dfrac{1}{2}\times2\times2=2$ ……❸

채점 기준	배점
❶ 점 A의 좌표 구하기	1점
❷ 두 점 B, C의 좌표 각각 구하기	4점
❸ △ABC의 넓이 구하기	2점

학교 시험 2회
62쪽~65쪽

01 ②	02 ⑤	03 ③, ④	04 ①, ⑤	05 ①
06 ①	07 ④	08 ②	09 ②	10 ③
11 ④	12 ③	13 ③	14 ①	15 ⑤
16 ⑤	17 ④	18 ④	19 3	20 -8
21 4	22 (1) $a=3$, $p=1$, $q=-4$ (2) -1		23 4	

01 답 ② 〔유형 01〕

① $y=-2x^3+1$ ➡ 이차함수가 아니다.

② $y=2x(3-x)=-2x^2+6x$ ➡ 이차함수

③ $y=x^2-(x-1)^2=2x-1$ ➡ 일차함수

④ $y=3x^2-2x-3(x^2+1)=-2x-3$ ➡ 일차함수

⑤ $y=\dfrac{4}{x^2}$ ➡ 이차함수가 아니다.

따라서 이차함수인 것은 ②이다.

02 답 ⑤ 〔유형 01〕

① $y=x^2$ ➡ 이차함수

② $y=(2x-1)(2x+1)=4x^2-1$ ➡ 이차함수

③ $y=4x^2$ ➡ 이차함수

④ $y=\dfrac{1}{2}x(x+3)=\dfrac{1}{2}x^2+\dfrac{3}{2}x$ ➡ 이차함수

⑤ $y=\dfrac{1}{2}\times(x+3x)\times5=10x$ ➡ 일차함수

따라서 이차함수가 아닌 것은 ⑤이다.

03 답 ③, ④ 〔유형 02〕

$y=a(a-5)x^2+3x+6x(x+1)$
$\quad=(a^2-5a+6)x^2+9x$

이차함수가 되려면 $a^2-5a+6\neq0$이므로

$(a-2)(a-3)\neq0$

$\therefore a\neq2$이고 $a\neq3$

04 답 ①, ⑤ 〔유형 04〕

x축에 대하여 서로 대칭인 것은 ㄱ과 ㄹ, ㄷ과 ㅁ이다.

05 답 ① 〔유형 05〕

위로 볼록한 그래프는 ①, ②, ③이고, x^2의 계수의 절댓값이 클수록 폭이 좁으므로 폭이 가장 좁은 것은 ①이다.

06 답 ① 〔유형 06〕

$y=ax^2$의 그래프가 점 $(2, -12)$를 지나므로

$-12=a\times2^2$, $4a=-12$ $\quad\therefore a=-3$

$y=-3x^2$의 그래프가 점 $(-3, b)$를 지나므로

$b=-3\times(-3)^2$ $\quad\therefore b=-27$

$\therefore a+b=(-3)+(-27)=-30$

07 답 ④ 〔유형 04〕 + 〔유형 07〕

이차함수의 식을 $y=ax^2$이라 하면

이 그래프가 점 $(2, 3)$을 지나므로

$3=a\times2^2$, $4a=3$ $\quad\therefore a=\dfrac{3}{4}$

즉, 이차함수의 식은 $y=\dfrac{3}{4}x^2$이고 이 그래프와 x축에 대하여 대칭인 포물선의 식은 $y=-\dfrac{3}{4}x^2$

④ $-6\neq-\dfrac{3}{4}\times2^2=-3$

따라서 주어진 포물선이 지나는 점이 아닌 것은 ④이다.

08 답 ② 〔유형 09〕

ㄴ. 꼭짓점의 좌표는 $(0, 3)$이다.

ㄹ. $y=x^2$의 그래프를 y축의 방향으로 3만큼 평행이동한 것이다.

따라서 옳은 것은 ㄱ, ㄷ이다.

09 답 ② 〔유형 09〕

$y=\dfrac{1}{4}x^2$의 그래프를 y축의 방향으로 p만큼 평행이동한 그래프의 식은 $y=\dfrac{1}{4}x^2+p$

이 그래프가 점 $(2, -3)$을 지나므로

$-3=\dfrac{1}{4}\times2^2+p$, $-3=1+p$

$\therefore p=-4$

10 답 ③ 〔유형 10〕

꼭짓점의 좌표가 $(-1, 0)$이므로 주어진 이차함수의 그래프의 식은 $y=a(x+1)^2$

이 그래프가 점 $(0, -3)$을 지나므로

$-3=a\times1^2$ $\quad\therefore a=-3$

즉, $y=-3(x+1)^2$의 그래프가 점 $(-3, m)$을 지나므로

$m=-3\times(-3+1)^2$

$\therefore m=-12$

11 답 ④ 〔유형 10〕

• 꼭짓점의 좌표는 $\boxed{(2, 0)}$이다.

• 축의 방정식은 $\boxed{x=2}$이다.

• 이차함수 $y=\dfrac{2}{3}x^2$의 그래프를 $\boxed{x}$축의 방향으로 $\boxed{2}$만큼 평행이동한 것이다.

• 제1사분면, 제$\boxed{2}$사분면을 지난다.

따라서 알맞지 않은 것은 ④이다.

12 답 ③ 〔유형 11〕

$y=\dfrac{3}{4}x^2$의 그래프를 x축의 방향으로 3만큼, y축의 방향으로 -1만큼 평행이동한 그래프를 나타내는 이차함수의 식은

$y=\dfrac{3}{4}(x-3)^2-1$

13 답 ③　　　　　　　　　　　유형 04 + 유형 11

① $y=(x+1)^2-1$의 그래프의 꼭짓점의 좌표는 $(-1, -1)$이다.

② $y=2x^2$의 그래프는 아래로 볼록한 포물선이다.

③ $y=(x-1)^2-2$의 그래프의 꼭짓점의 좌표는 $(1, -2)$이고 $x=0$을 대입하면 $y=(-1)^2-2=-1$이므로 그래프는 오른쪽 그림과 같다.

따라서 모든 사분면을 지난다.

④ $y=-\dfrac{1}{2}(x+2)^2+1$의 그래프에서 $x<-2$이면 x의 값이 증가할 때, y의 값도 증가한다.

⑤ $y=-2x^2$의 그래프와 $y=2x^2$의 그래프는 x축에 대하여 대칭이다.

따라서 옳은 것은 ③이다.

14 답 ①　　　　　　　　　　　유형 11

$y=-4(x+1)^2+3$의 그래프의 꼭짓점의 좌표는 $(-1, 3)$이고 $x=0$을 대입하면 $y=-4+3=-1$이므로 그래프는 오른쪽 그림과 같다.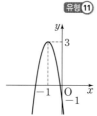

따라서 제1사분면을 지나지 않는다.

15 답 ⑤　　　　　　　　　　　유형 13

축의 방정식이 $x=-3$이므로 $p=3$

즉, $y=a(x+3)^2+4$의 그래프가 점 $(-4, 6)$을 지나므로

$6=a(-4+3)^2+4$, $6=a+4$　∴ $a=2$

∴ $a+p=2+3=5$

16 답 ⑤　　　　　　　　　　　유형 14

그래프가 아래로 볼록하므로 $a>0$

꼭짓점이 제4사분면에 있으므로 $p>0$, $q<0$

⑤ 그래프가 y축과 만나는 점의 y좌표가 음수이므로

$y=a(x-p)^2+q$에 $x=0$을 대입하면 y의 값은 음수이다.

∴ $y=ap^2+q<0$

17 답 ④　　　　　　　　　　유형 12 + 유형 15

$y=-3(x+6)^2+7$의 그래프를 x축의 방향으로 3만큼, y축의 방향으로 5만큼 평행이동한 그래프의 식은

$y=-3(x-3+6)^2+7+5$
　$=-3(x+3)^2+12$

$y=0$을 대입하면

$0=-3(x+3)^2+12$이므로

$x^2+6x+5=0$, $(x+5)(x+1)=0$

∴ $x=-5$ 또는 $x=-1$

∴ A$(-5, 0)$, B$(-1, 0)$

$x=0$을 대입하면

$y=-3\times(0+3)^2+12=-15$

∴ C$(0, -15)$

따라서 $\overline{AB}=-1-(-5)=4$이므로

$\triangle ABC=\dfrac{1}{2}\times4\times15=30$

18 답 ④　　　　　　　　　　　유형 15

$y=(x+2)^2-4$의 그래프는 $y=(x+2)^2$의 그래프를 평행이동하여 포갤 수 있으므로 그래프의 모양이 서로 같다.

두 그래프의 꼭짓점의 좌표는 각각 $(-2, 0)$, $(-2, -4)$이고 오른쪽 그림에서 빗금친 ㉠과 ㉡의 넓이는 서로 같으므로 색칠한 부분의 넓이는 직사각형 ABCO의 넓이와 같다.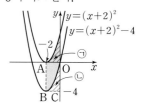

∴ (색칠한 부분의 넓이)$=2\times4=8$

19 답 3　　　　　　　　　　　유형 09

$y=a^2x^2-4$의 그래프가 점 $(-1, 5)$를 지나므로

$5=a^2\times(-1)^2-4$

$a^2-4=5$, $a^2=9$　∴ $a=\pm3$ ……❶

$y=ax^2$의 그래프의 모양이 아래로 볼록하므로 $a>0$이다.

∴ $a=3$ ……❷

채점 기준	배점
❶ 그래프가 지나는 점의 좌표를 이용하여 a의 값 모두 구하기	2점
❷ $y=ax^2$의 그래프의 모양을 이용하여 a의 값 구하기	2점

20 답 -8　　　　　　　　　　유형 10

$y=\dfrac{1}{5}x^2$의 그래프를 x축의 방향으로 평행이동한 그래프의 꼭짓점의 좌표가 $(-3, 0)$이므로 평행이동한 그래프의 식은

$y=\dfrac{1}{5}(x+3)^2$ ……❶

이 그래프가 점 $(a, 5)$를 지나므로

$5=\dfrac{1}{5}(a+3)^2$에서 $a^2+6a-16=0$

$(a+8)(a-2)=0$　∴ $a=-8$ 또는 $a=2$

이때 점 $(a, 5)$가 제2사분면 위의 점이므로 $a<0$

∴ $a=-8$ ……❷

채점 기준	배점
❶ 평행이동한 그래프의 식 구하기	2점
❷ a의 값 구하기	4점

21 답 4　　　　　　　　　　　유형 12

$y=a(x-5)^2-3$의 그래프를 x축의 방향으로 -2만큼, y축의 방향으로 5만큼 평행이동한 그래프의 식은

$y=a(x+2-5)^2-3+5$, 즉 $y=a(x-3)^2+2$ ……❶

이 그래프가 $y=-\dfrac{2}{3}(x+b)^2+c$의 그래프와 일치하므로

$a=-\dfrac{2}{3}$, $b=-3$, $c=2$ ……❷

∴ $abc=\left(-\dfrac{2}{3}\right)\times(-3)\times2=4$ ……❸

채점 기준	배점
❶ 평행이동한 그래프의 식 구하기	3점
❷ a, b, c의 값 각각 구하기	3점
❸ abc의 값 구하기	1점

22 답 (1) $a=3$, $p=1$, $q=-4$ (2) -1 유형 ⑬

(1) 이차함수 $y=3x^2$의 그래프와 모양과 폭이 같고 꼭짓점의 좌표가 $(-1, -4)$인 이차함수의 식은

$y=3(x+1)^2-4$

$\therefore a=3$, $p=1$, $q=-4$ ······❶

(2) 이차함수 $y=3(x+1)^2-4$의 그래프가 점 $(-2, k)$를 지나므로

$k=3\times(-2+1)^2-4$ $\therefore k=-1$ ······❷

채점 기준	배점
❶ a, p, q의 값 각각 구하기	3점
❷ k의 값 구하기	3점

23 답 4   유형 ⑮

$y=-3(x-p)^2+5p-2$의 그래프의 꼭짓점의 좌표는 $(p, 5p-2)$이므로 $A(p, 5p-2)$ ······❶

$\triangle OHA$의 넓이가 36이고 $\overline{OH}=p$, $\overline{AH}=5p-2$이므로

$\dfrac{1}{2}\times p\times(5p-2)=36$ ······❷

$5p^2-2p-72=0$

$(5p+18)(p-4)=0$

$\therefore p=-\dfrac{18}{5}$ 또는 $p=4$

이때 점 A가 제1사분면 위의 점이므로 $p>0$

$\therefore p=4$ ······❸

채점 기준	배점
❶ 점 A의 좌표 구하기	2점
❷ $\triangle OHA$의 넓이에 대한 이차방정식 세우기	3점
❸ p의 값 구하기	2점

교과서 속 특이 문제

●66쪽

01 답 $y=\dfrac{1}{200}x^2$, 20, 8, 50

제동 거리가 속력의 제곱에 비례하므로 $y=ax^2$이라 하면

속력이 $30\,km/h$일 때 제동 거리가 $4.5\,m$이므로

$x=30$, $y=4.5$를 대입하면

$4.5=a\times30^2$, $900a=4.5$

$\therefore a=\dfrac{4.5}{900}=\dfrac{1}{200}$

따라서 이차함수의 식은 $y=\dfrac{1}{200}x^2$

제동 거리가 $2\,m$일 때의 속력은

$2=\dfrac{1}{200}x^2$에서 $x^2=400$

$\therefore x=-20$ 또는 $x=20$

이때 $x>0$이므로 $x=20$

속력이 $40\,km/h$일 때의 제동 거리는

$y=\dfrac{1}{200}\times40^2$에서 $y=8$

제동 거리가 $12.5\,m$일 때의 속력은

$12.5=\dfrac{1}{200}x^2$에서 $x^2=2500$

$\therefore x=-50$ 또는 $x=50$

이때 $x>0$이므로 $x=50$

02 답 $\dfrac{2}{9}$

점 A의 x좌표를 a라 하면 점 C의 x좌표는 $2a$이다.

$\therefore A(a, 2a^2)$, $C(2a, 8a^2)$

$\overline{AB}=2a-a=a$

$\overline{BC}=8a^2-2a^2=6a^2$

이므로 $\overline{BC}=2\overline{AB}$에서 $6a^2=2a$

$3a^2-a=0$, $a(3a-1)=0$

$\therefore a=0$ 또는 $a=\dfrac{1}{3}$

이때 $a=0$이면 점 A와 점 C가 같으므로 $a=\dfrac{1}{3}$

따라서 직사각형 ABCD의 가로의 길이는 $\dfrac{1}{3}$, 세로의 길이는 $\dfrac{2}{3}$

이므로 그 넓이는

$\dfrac{1}{3}\times\dfrac{2}{3}=\dfrac{2}{9}$

03 답 $16\,m$

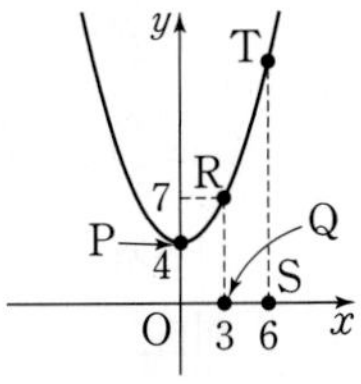

오른쪽 그림과 같이 지점 O가 원점, 지면이 x축, 선분 OP가 y축 위에 있도록 좌표평면 위에 나타내면

$P(0, 4)$, $Q(3, 0)$, $R(3, 7)$, $S(6, 0)$

이다.

꼭짓점의 좌표가 $P(0, 4)$이므로 이차함수의 식은 $y=ax^2+4$

이 이차함수의 그래프가 점 $R(3, 7)$을 지나므로

$7=a\times3^2+4$, $9a=3$ $\therefore a=\dfrac{1}{3}$

즉, 구하는 이차함수의 식은 $y=\dfrac{1}{3}x^2+4$

이때 점 T의 x좌표는 6이므로

$y=\dfrac{1}{3}\times6^2+4=16$

따라서 지점 S에서 지점 T까지의 높이는 $16\,m$이다.

04 답 $(2, 8)$

$y=-3(x-p)^2+q$의 그래프의 꼭짓점의 좌표는 (p, q)

이 점이 직선 $y=4x$ 위에 있으므로

$q=4p$ ······㉠

주어진 이차함수의 그래프가 점 $(4, -4)$를 지나므로

$-4=-3(4-p)^2+q$ ······㉡

㉠, ㉡을 연립하여 풀면

$3p^2-28p+44=0$, $(p-2)(3p-22)=0$

$\therefore p=2$ 또는 $p=\dfrac{22}{3}$

이때 $p<4$이므로 $p=2$, $q=4\times2=8$

따라서 꼭짓점의 좌표는 $(2, 8)$이다.

2 이차함수의 활용

IV. 이차함수

68쪽~69쪽

개념 check

1 답 1, 2, 1, 2, −1, 2

2 답 (1) $(1, 1)$, $x=1$
(2) $(2, 15)$, $x=2$
(3) $(-2, -3)$, $x=-2$

(1) $y=x^2-2x+2$
$=(x^2-2x+1-1)+2$
$=(x^2-2x+1)+1$
$=(x-1)^2+1$
따라서 꼭짓점의 좌표는 $(1, 1)$, 축의 방정식은 $x=1$이다.
(2) $y=-3x^2+12x+3$
$=-3(x^2-4x+4-4)+3$
$=-3(x^2-4x+4)+15$
$=-3(x-2)^2+15$
따라서 꼭짓점의 좌표는 $(2, 15)$, 축의 방정식은 $x=2$이다.
(3) $y=\dfrac{1}{2}x^2+2x-1$
$=\dfrac{1}{2}(x^2+4x+4-4)-1$
$=\dfrac{1}{2}(x^2+4x+4)-3$
$=\dfrac{1}{2}(x+2)^2-3$
따라서 꼭짓점의 좌표는 $(-2, -3)$, 축의 방정식은 $x=-2$
이다.

3 답 풀이 참조
$y=x^2-2x-3$
$=(x^2-2x+1-1)-3$
$=(x^2-2x+1)-4$
$=(x-1)^2-4$
즉, 꼭짓점의 좌표는 $(1, -4)$이고, y축과의 교점의 좌표는 $(0, -3)$이다. 또, x^2의 계수가 양수이므로 그래프는 아래로 볼록한 포물선 모양이다. 따라서 그래프는 오른쪽 그림과 같다.

4 답 (1) x축과의 교점 : $(-2, 0)$, $(1, 0)$, y축과의 교점 : $(0, 2)$
(2) x축과의 교점 : $\left(-\dfrac{3}{2}, 0\right)$, $(2, 0)$, y축과의 교점 : $(0, -6)$
(3) x축과의 교점 : $(-3, 0)$, $(-1, 0)$, y축과의 교점 : $\left(0, \dfrac{3}{2}\right)$

(1) $y=0$을 대입하면 $-x^2-x+2=0$이므로
$x^2+x-2=0$, $(x+2)(x-1)=0$
$\therefore x=-2$ 또는 $x=1$
따라서 x축과의 교점의 좌표는 $(-2, 0)$, $(1, 0)$이다.
$x=0$을 대입하면 $y=2$이므로 y축과의 교점의 좌표는 $(0, 2)$
이다.

(2) $y=0$을 대입하면 $2x^2-x-6=0$이므로
$(2x+3)(x-2)=0$ $\therefore x=-\dfrac{3}{2}$ 또는 $x=2$
따라서 x축과의 교점의 좌표는 $\left(-\dfrac{3}{2}, 0\right)$, $(2, 0)$이다.
$x=0$을 대입하면 $y=-6$이므로 y축과의 교점의 좌표는 $(0, -6)$이다.

(3) $y=0$을 대입하면 $\dfrac{1}{2}x^2+2x+\dfrac{3}{2}=0$이므로
$x^2+4x+3=0$, $(x+3)(x+1)=0$
$\therefore x=-3$ 또는 $x=-1$
따라서 x축과의 교점의 좌표는 $(-3, 0)$, $(-1, 0)$이다.
$x=0$을 대입하면 $y=\dfrac{3}{2}$이므로 y축과의 교점의 좌표는
$\left(0, \dfrac{3}{2}\right)$이다.

5 답 (1) $>$, $<$, $>$ (2) $<$, $<$, $<$
(1) 그래프가 아래로 볼록하므로 $a>0$
축이 y축의 오른쪽에 있으므로
$ab<0$ $\therefore b<0$
y축과의 교점이 x축의 위쪽에 있으므로 $c>0$
(2) 그래프가 위로 볼록하므로 $a<0$
축이 y축의 왼쪽에 있으므로
$ab>0$ $\therefore b<0$
y축과의 교점이 x축의 아래쪽에 있으므로 $c<0$

6 답 (1) $y=2(x-1)^2+3$ (2) $y=(x-2)^2+1$
(1) 이차함수의 식을 $y=a(x-1)^2+3$이라 하자.
$x=2$, $y=5$를 대입하면
$5=a+3$ $\therefore a=2$
따라서 구하는 이차함수의 식은 $y=2(x-1)^2+3$
(2) 이차함수의 식을 $y=a(x-2)^2+q$라 하자.
$x=1$, $y=2$를 대입하면 $2=a+q$ ……㉠
$x=4$, $y=5$를 대입하면 $5=4a+q$ ……㉡
㉠, ㉡을 연립하여 풀면 $a=1$, $q=1$
따라서 구하는 이차함수의 식은 $y=(x-2)^2+1$

7 답 (1) $y=4x^2-x-1$ (2) $y=\dfrac{1}{3}x^2+\dfrac{2}{3}x-\dfrac{8}{3}$
(1) 이차함수의 식을 $y=ax^2+bx+c$라 하자.
$x=1$, $y=2$를 대입하면 $2=a+b+c$ ……㉠
$x=-1$, $y=4$를 대입하면 $4=a-b+c$ ……㉡
$x=0$, $y=-1$을 대입하면 $-1=c$ ……㉢
㉠, ㉡, ㉢을 연립하여 풀면 $a=4$, $b=-1$, $c=-1$
따라서 구하는 이차함수의 식은 $y=4x^2-x-1$
(2) 이차함수의 식을 $y=a(x-2)(x+4)$라 하자.
$x=-1$, $y=-3$을 대입하면
$-3=-9a$ $\therefore a=\dfrac{1}{3}$
따라서 $y=\dfrac{1}{3}(x-2)(x+4)=\dfrac{1}{3}x^2+\dfrac{2}{3}x-\dfrac{8}{3}$이므로
구하는 이차함수의 식은 $y=\dfrac{1}{3}x^2+\dfrac{2}{3}x-\dfrac{8}{3}$

기출 유형

◎70쪽~75쪽

유형 01 이차함수 $y=ax^2+bx+c$의 그래프의 꼭짓점의 좌표와 축의 방정식 70쪽

이차함수의 식 $y=ax^2+bx+c$를 $y=a(x-p)^2+q$ 꼴로 변형하여 꼭짓점의 좌표와 축의 방정식을 구한다.

(1) 꼭짓점의 좌표 : (p, q)

(2) 축의 방정식 : $x=p$

01 답 ①

$y=\dfrac{1}{2}x^2+x$

$=\dfrac{1}{2}(x^2+2x+1-1)$

$=\dfrac{1}{2}(x+1)^2-\dfrac{1}{2}$

따라서 $a=\dfrac{1}{2}$, $p=-1$, $q=-\dfrac{1}{2}$이므로

$a+p+q=\dfrac{1}{2}+(-1)+\left(-\dfrac{1}{2}\right)=-1$

02 답 ④

$y=-2x^2+4ax-5$

$=-2(x^2-2ax+a^2-a^2)-5$

$=-2(x-a)^2+2a^2-5$

꼭짓점의 좌표는 $(a, 2a^2-5)$이므로

$a=3$, $b=2\times3^2-5=13$

$\therefore a+b=3+13=16$

03 답 ①

$y=3x^2+6x+5$

$=3(x^2+2x+1-1)+5$

$=3(x+1)^2+2$

이므로 이 그래프는 이차함수 $y=3x^2$의 그래프를 x축의 방향으로 -1만큼, y축의 방향으로 2만큼 평행이동한 것이다.

따라서 $p=-1$, $q=-2$이므로

$p+q=(-1)+(-2)=-3$

[오답 피하기]

$q=2$로 구하지 않도록 주의한다.

04 답 ②

$y=\dfrac{1}{2}x^2-ax+3$

$=\dfrac{1}{2}(x^2-2ax+a^2-a^2)+3$

$=\dfrac{1}{2}(x-a)^2-\dfrac{a^2}{2}+3$

이므로 꼭짓점의 좌표는 $\left(a, -\dfrac{a^2}{2}+3\right)$

$y=-x^2+6x+b$

$=-(x^2-6x+9-9)+b$

$=-(x-3)^2+9+b$

이므로 꼭짓점의 좌표는 $(3, 9+b)$

두 그래프의 꼭짓점이 일치하므로 $a=3$

$-\dfrac{3^2}{2}+3=9+b$에서 $b=-\dfrac{21}{2}$

$\therefore \dfrac{a}{b}=3\div\left(-\dfrac{21}{2}\right)=-\dfrac{2}{7}$

05 답 ⑤

$y=x^2+2x+2m-1$

$=(x^2+2x+1-1)+2m-1$

$=(x+1)^2+2m-2$

이므로 꼭짓점의 좌표는 $(-1, 2m-2)$

꼭짓점이 직선 $y=-2x+4$ 위에 있으므로

$2m-2=-2\times(-1)+4$, $2m=8$ $\therefore m=4$

06 답 ④

$y=-x^2-4ax+5$

$=-(x^2+4ax+4a^2-4a^2)+5$

$=-(x+2a)^2+4a^2+5$

축의 방정식은 $x=-2a$이므로

$-2a=-6$ $\therefore a=3$

유형 02 이차함수 $y=ax^2+bx+c$의 그래프 그리기 71쪽

❶ $y=a(x-p)^2+q$ 꼴로 변형한다.

→ 꼭짓점의 좌표 (p, q)를 찾는다.

→ 축의 방정식 $x=p$를 찾는다.

❷ y축과의 교점의 좌표를 구한다.

→ $x=0$을 대입하여 y축과의 교점의 좌표 $(0, c)$를 찾는다.

❸ a의 부호를 파악하여 그래프의 모양을 결정한다.

→ 포물선을 그린다.

07 답 ①

$y=-x^2-4x-3$

$=-(x^2+4x+4-4)-3$

$=-(x+2)^2+1$

꼭짓점의 좌표는 $(-2, 1)$이고 $x=0$을 대입하면 $y=-3$이므로 점 $(0, -3)$을 지난다. 또, x^2의 계수가 음수이므로 위로 볼록한 그래프이다.

따라서 이차함수 $y=-x^2-4x-3$의 그래프는 ①이다.

08 답 ⑤

⑤ $y=x^2-2x+3$

$=(x^2-2x+1-1)+3$

$=(x-1)^2+2$

꼭짓점의 좌표는 $(1, 2)$이고 $x=0$을 대입하면 $y=3$이므로 점 $(0, 3)$을 지난다. 또, x^2의 계수가 양수이므로 아래로 볼록하다.

따라서 그래프는 오른쪽 그림과 같으므로 x축과 만나지 않는다.

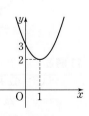

09 답 ②

각각의 그래프를 그려 보면 다음과 같다.

ㄱ. 꼭짓점의 좌표가 $(0, -1)$이고 아래로 볼록한 그래프이다. 따라서 그래프는 오른쪽 그림과 같다.

ㄴ. $y=-x^2+4x-5=-(x-2)^2-1$
이므로 꼭짓점의 좌표가 $(2, -1)$이고 $x=0$을 대입하면 $y=-5$이므로 점 $(0, -5)$를 지난다. 위로 볼록한 포물선이므로 그래프는 오른쪽 그림과 같다.

ㄷ. $y=-5x^2-5x+1=-5\left(x+\dfrac{1}{2}\right)^2+\dfrac{9}{4}$
이므로 꼭짓점의 좌표가 $\left(-\dfrac{1}{2}, \dfrac{9}{4}\right)$이고 $x=0$을 대입하면 $y=1$이므로 점 $(0, 1)$을 지난다. 위로 볼록한 포물선이므로 그래프는 오른쪽 그림과 같다.

ㄹ. $y=9x^2+6x+1=9\left(x+\dfrac{1}{3}\right)^2$
이므로 꼭짓점의 좌표가 $\left(-\dfrac{1}{3}, 0\right)$이고 $x=0$을 대입하면 $y=1$이므로 점 $(0, 1)$을 지난다. 아래로 볼록한 포물선이므로 그래프는 오른쪽 그림과 같다.

따라서 그래프가 모든 사분면을 지나는 것은 ㄱ, ㄷ이다.

10 답 ③

$y=3x^2-12x+11$
　$=3(x^2-4x+4-4)+11$
　$=3(x-2)^2-1$
이므로 꼭짓점의 좌표는 $(2, -1)$이고 $x=0$을 대입하면 $y=11$이므로 점 $(0, 11)$을 지난다. 또, 아래로 볼록한 포물선이므로 그래프는 오른쪽 그림과 같다.
따라서 제3사분면을 지나지 않는다.

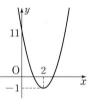

유형 03 이차함수 $y=ax^2+bx+c$의 그래프에서 증가, 감소하는 범위　71쪽

그래프에서 증가, 감소하는 범위는 이차함수의 식을 $y=a(x-p)^2+q$ 꼴로 바꾸었을 때, 축인 직선 $x=p$를 기준으로 나뉜다.

(1) $a>0$인 경우　　　　(2) $a<0$인 경우

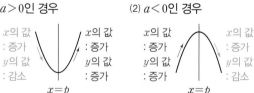

11 답 ⑤

$y=3x^2-6x+7$
　$=3(x^2-2x+1-1)+7$
　$=3(x-1)^2+4$
축의 방정식은 $x=1$이고 그래프는 아래로 볼록하다.
따라서 $x>1$인 범위에서 x의 값이 증가하면 y의 값도 증가한다.

12 답 ②

$y=-\dfrac{1}{2}x^2+ax+2$
　$=-\dfrac{1}{2}(x^2-2ax+a^2-a^2)+2$
　$=-\dfrac{1}{2}(x-a)^2+\dfrac{1}{2}a^2+2$
축의 방정식이 $x=-2$이므로 $a=-2$

유형 04 이차함수 $y=ax^2+bx+c$의 그래프의 평행이동　72쪽

이차함수 $y=ax^2+bx+c$의 그래프를 x축의 방향으로 m만큼, y축의 방향으로 n만큼 평행이동한 그래프의 식은 다음과 같이 구한다.
❶ $y=a(x-p)^2+q$ 꼴로 변형한다.
❷ x 대신 $x-m$, y 대신 $y-n$을 대입한다.
　➡ $y=a(x-m-p)^2+q+n$

13 답 ③

$y=-x^2-2x+3$
　$=-(x^2+2x+1-1)+3$
　$=-(x+1)^2+4$
이 그래프를 x축의 방향으로 1만큼, y축의 방향으로 -2만큼 평행이동한 그래프의 식은
$y=-(x-1+1)^2+4-2=-x^2+2$
따라서 $a=0$, $b=2$이므로 $a+b=0+2=2$

14 답 ②

$y=x^2-4x+1=(x-2)^2-3$
이 그래프를 x축의 방향으로 p만큼, y축의 방향으로 q만큼 평행이동한 그래프의 식은 $y=(x-p-2)^2-3+q$
이때 $y=x^2-6x+7=(x-3)^2-2$이므로
$-p-2=-3$　∴ $p=1$
$-3+q=-2$　∴ $q=1$
∴ $p-q=1-1=0$

15 답 ①

$y=-3x^2+6x-1$
　$=-3(x^2-2x+1-1)-1$
　$=-3(x-1)^2+2$
이 그래프를 x축의 방향으로 -1만큼, y축의 방향으로 -2만큼 평행이동한 그래프의 식은
$y=-3(x+1-1)^2+2-2=-3x^2$
이 그래프가 점 $(a, -3)$을 지나므로
$-3=-3a^2$, $a^2=1$　∴ $a=-1$ 또는 $a=1$
이때 $a>0$이므로 $a=1$

유형 05 이차함수 $y=ax^2+bx+c$의 그래프와 축의 교점　72쪽

이차함수 $y=ax^2+bx+c$의 그래프에서
(1) x축과의 교점 ➡ $y=0$을 대입하여 구한다.
(2) y축과의 교점 ➡ $x=0$을 대입하여 구한다.

16 답 ③

$y=0$을 대입하면 $x^2-5x+6=0$이므로

$(x-2)(x-3)=0$ ∴ $x=2$ 또는 $x=3$

$x=0$을 대입하면 $y=6$

따라서 $p=2$, $q=3$, $r=6$ 또는 $p=3$, $q=2$, $r=6$이므로

$p+q+r=2+3+6=11$

17 답 ⑤

$y=0$을 대입하면 $2x^2-5x-3=0$이므로

$(2x+1)(x-3)=0$ ∴ $x=-\dfrac{1}{2}$ 또는 $x=3$

따라서 x축과의 교점의 좌표는 $\left(-\dfrac{1}{2},\ 0\right)$, $(3,\ 0)$이다.

∴ $\overline{AB}=3-\left(-\dfrac{1}{2}\right)=\dfrac{7}{2}$

18 답 ⑤

$y=x^2+4x+3=(x+2)^2-1$이므로 $B(-2,\ -1)$

$y=0$을 대입하면 $x^2+4x+3=0$이므로

$(x+3)(x+1)=0$ ∴ $x=-3$ 또는 $x=-1$

따라서 $A(-3,\ 0)$, $C(-1,\ 0)$이다.

$x=0$을 대입하면 $y=3$이므로 $D(0,\ 3)$이다.

축의 방정식은 $x=-2$이고 포물선은 축에 대하여 선대칭도형이므로 $E(-4,\ 3)$이다.

따라서 옳지 않은 것은 ⑤이다.

유형 06 이차함수 $y=ax^2+bx+c$의 그래프의 성질   73쪽

(1) 꼭짓점의 좌표, 축의 방정식을 구할 때

  ➜ $y=a(x-p)^2+q$ 꼴로 변형하여 생각한다.

(2) x축과의 교점의 x좌표를 구할 때

  ➜ 이차방정식 $ax^2+bx+c=0$의 해를 구한다.

(3) 지나는 사분면, 증가, 감소하는 범위를 구할 때

  ➜ 그래프의 모양을 생각한다.

19 답 ⑤

$y=2x^2-4x+2$

  $=2(x^2-2x+1-1)+2$

  $=2(x-1)^2$

꼭짓점의 좌표는 $(1,\ 0)$, 그래프가 y축과 만나는 점의 y좌표는 2이고, 아래로 볼록한 포물선이므로 그래프는 오른쪽 그림과 같다.

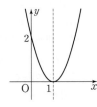

① 원점을 지나지 않는다.

② 아래로 볼록한 포물선이다.

③ 꼭짓점은 x축 위에 있으므로 어느 사분면에도 속하지 않는다.

④ 축의 방정식은 $x=1$이다.

20 답 ⑤

$y=-\dfrac{1}{2}x^2-x+\dfrac{15}{2}$

  $=-\dfrac{1}{2}(x^2+2x+1-1)+\dfrac{15}{2}$

  $=-\dfrac{1}{2}(x+1)^2+8$

꼭짓점의 좌표는 $(-1,\ 8)$, 그래프가 y축과 만나는 점의 y좌표는 $\dfrac{15}{2}$이고, 위로 볼록한 포물선이므로 그래프는 오른쪽 그림과 같다.

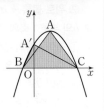

ㄱ. 꼭짓점의 좌표는 $(-1,\ 8)$이다.

ㄴ. 모든 사분면을 지난다.

따라서 옳은 것은 ㄷ, ㄹ, ㅁ이다.

21 답 ③

③ x축과의 교점의 개수는 알 수 없다.

따라서 옳지 않은 것은 ③이다.

유형 07 이차함수 $y=ax^2+bx+c$의 그래프의 활용   73쪽

이차함수 $y=ax^2+bx+c$의 그래프에서

(1) $\triangle ABC=\dfrac{1}{2}\times(\overline{BC}$의 길이$)$

          $\times($점 A의 y좌표$)$

(2) $\triangle A'BC=\dfrac{1}{2}\times(\overline{BC}$의 길이$)$

           $\times($점 A'의 y좌표$)$

참고 $\overline{BC}$의 길이는 이차방정식 $ax^2+bx+c=0$의 두 근의 차이다.

22 답 8

$y=0$을 대입하면 $x^2-2x-3=0$이므로

$(x+1)(x-3)=0$ ∴ $x=-1$ 또는 $x=3$

즉, $A(-1,\ 0)$, $B(3,\ 0)$

$y=x^2-2x-3=(x-1)^2-4$

이므로 꼭짓점의 좌표는 $(1,\ -4)$ ∴ $C(1,\ -4)$

따라서 $\overline{AB}=3-(-1)=4$이므로

$\triangle ABC=\dfrac{1}{2}\times4\times4=8$

23 답 ②

$y=0$을 대입하면 $-x^2+4x+5=0$이므로

$x^2-4x-5=0$, $(x+1)(x-5)=0$

∴ $x=-1$ 또는 $x=5$

즉, $A(-1,\ 0)$, $B(5,\ 0)$

$y=-x^2+4x+5$

  $=-(x^2-4x+4-4)+5$

  $=-(x-2)^2+9$

이므로 꼭짓점의 좌표는 $(2,\ 9)$ ∴ $C(2,\ 9)$

$x=0$을 대입하면 $y=5$ ∴ $D(0,\ 5)$

따라서 $\overline{AB}=5-(-1)=6$이므로

$\triangle ABC=\dfrac{1}{2}\times6\times9=27$, $\triangle ABD=\dfrac{1}{2}\times6\times5=15$

∴ $\triangle ABC:\triangle ABD=27:15=9:5$

24 답 60

이차함수 $y=x^2+ax-12$의 그래프가 점 $(-6,\ 0)$을 지나므로

$0=(-6)^2-6a-12$, $6a=24$ ∴ $a=4$

$y = x^2 + 4x - 12$
$$= (x^2 + 4x + 4 - 4) - 12$$
$$= (x+2)^2 - 16$$

이므로 꼭짓점의 좌표는 $(-2, -16)$ ∴ $B(-2, -16)$

$x = 0$을 대입하면 $y = -12$ ∴ $C(0, -12)$

∴ $\square OABC = \triangle ABO + \triangle OBC$
$$= \frac{1}{2} \times 6 \times 16 + \frac{1}{2} \times 12 \times 2$$
$$= 48 + 12 = 60$$

유형 08 이차함수 $y = ax^2 + bx + c$의 그래프에서 a, b, c의 부호 | 74쪽

(1) a의 부호 : 그래프의 모양으로 결정
   ① 아래로 볼록 → $a > 0$
   ② 위로 볼록 → $a < 0$

(2) b의 부호 : 축의 위치로 결정
   ① 축이 y축의 왼쪽에 위치 → a, b는 같은 부호
   ② 축이 y축과 일치 → $b = 0$
   ③ 축이 y축의 오른쪽에 위치 → a, b는 다른 부호

(3) c의 부호 : y축과의 교점의 위치로 결정
   ① y축과의 교점이 x축의 위쪽에 위치 → $c > 0$
   ② y축과의 교점이 원점에 위치 → $c = 0$
   ③ y축과의 교점이 x축의 아래쪽에 위치 → $c < 0$

25 답 ⑤

이차함수 $y = ax^2 + bx + c$에서 $a < 0$, $b > 0$, $ab < 0$이므로 그래프는 위로 볼록하고 축이 y축의 오른쪽에 있다.

또, $c > 0$에서 y축과의 교점이 x축의 위쪽에 있으므로 이차함수의 그래프로 알맞은 것은 ⑤이다.

26 답 ③

그래프가 아래로 볼록하므로 $a > 0$

축이 y축의 왼쪽에 있으므로 a, $-b$는 서로 같은 부호이다.

$-b > 0$ ∴ $b < 0$

y축과의 교점이 x축의 위쪽에 있으므로 $c > 0$

27 답 ⑤

그래프가 위로 볼록하므로 $a < 0$

축이 y축의 오른쪽에 있으므로 a와 b는 서로 다른 부호이다.

∴ $b > 0$

y축과의 교점이 x축의 위쪽에 있으므로 $c > 0$

① $ab < 0$

② $ac < 0$

③ $bc > 0$

④ $x = 1$일 때, $y = a + b + c > 0$

⑤ $x = -1$일 때, $y = a - b + c < 0$

참고 이차함수 $y = ax^2 + bx + c$에서
   $a + b + c$ → $x = 1$에서의 함숫값
   $a - b + c$ → $x = -1$에서의 함숫값
   $4a + 2b + c$ → $x = 2$에서의 함숫값
   $4a - 2b + c$ → $x = -2$에서의 함숫값

유형 09 이차함수의 식 구하기 – 꼭짓점과 다른 한 점을 알 때 | 74쪽

❶ 꼭짓점의 좌표가 (p, q)이다.
   → $y = a(x-p)^2 + q$로 놓는다.

❷ 점 (x_1, y_1)을 지난다.
   → $x = x_1$, $y = y_1$을 대입하여 상수 a의 값을 구한다.

28 답 ④

꼭짓점의 좌표가 $(-1, 4)$이므로 $y = a(x+1)^2 + 4$

이 이차함수의 그래프가 점 $(1, 0)$을 지나므로

$0 = 4a + 4$ ∴ $a = -1$

즉, 구하는 이차함수의 식은

$y = -(x+1)^2 + 4 = -x^2 - 2x + 3$

따라서 $a = -1$, $b = -2$, $c = 3$이므로

$2a - b + c = 2 \times (-1) - (-2) + 3 = 3$

29 답 $(0, 5)$

꼭짓점의 좌표가 $(2, 9)$이므로 $y = a(x-2)^2 + 9$

이 이차함수의 그래프가 점 $(5, 0)$을 지나므로

$0 = 9a + 9$ ∴ $a = -1$

즉, 구하는 이차함수의 식은 $y = -(x-2)^2 + 9$

$x = 0$을 대입하면 $y = 5$

따라서 y축과 만나는 점의 좌표는 $(0, 5)$이다.

30 답 ⑤

꼭짓점의 좌표가 $(-2, 0)$이므로 $y = a(x+2)^2$

이 이차함수의 그래프가 점 $(0, 2)$를 지나므로

$2 = 4a$ ∴ $a = \frac{1}{2}$

즉, 구하는 이차함수의 식은 $y = \frac{1}{2}(x+2)^2$

이 이차함수의 그래프가 점 $(2, k)$를 지나므로

$k = \frac{1}{2} \times 4^2 = 8$

31 답 5

평행이동한 그래프의 꼭짓점의 좌표가 $(4, 3)$이므로 그래프의 식은 $y = a(x-4)^2 + 3$

이 그래프가 점 $(3, 2)$를 지나므로

$2 = a + 3$ ∴ $a = -1$

즉, 평행이동한 그래프의 식은 $y = -(x-4)^2 + 3$이므로

이차함수 $y = -(x-4)^2 + 3$의 그래프를 x축의 방향으로 -3만큼, y축의 방향으로 2만큼 평행이동한 그래프의 식은

$y = -(x+3-4)^2 + 3 + 2 = -(x-1)^2 + 5$

$y = ax^2 + bx + c$ 꼴로 나타내면 $y = -x^2 + 2x + 4$

따라서 $b = 2$, $c = 4$이므로

$a + b + c = (-1) + 2 + 4 = 5$

참고

$$y = -(x-1)^2 + 5 \xrightarrow[\substack{x축의 \text{ } 방향으로 \text{ } -3만큼, \\ y축의 \text{ } 방향으로 \text{ } 2만큼}]{\substack{x축의 \text{ } 방향으로 \text{ } 3만큼, \\ y축의 \text{ } 방향으로 \text{ } -2만큼}} y = -(x-4)^2 + 3$$

75쪽

유형 10 이차함수의 식 구하기 – 축의 방정식과 서로 다른 두 점을 알 때

❶ 축의 방정식이 $x=p$이다.
→ $y=a(x-p)^2+q$로 놓는다.
❷ 서로 다른 두 점 $(x_1,\ y_1)$, $(x_2,\ y_2)$를 지난다.
→ 두 점의 좌표를 각각 대입하여 상수 a, q의 값을 구한다.

32 답 ⑤

축의 방정식이 $x=4$이므로 $y=a(x-4)^2+q$
이 이차함수의 그래프가
점 $(2,\ 8)$을 지나므로 $8=4a+q$ ······㉠
점 $(7,\ 3)$을 지나므로 $3=9a+q$ ······㉡
㉠, ㉡을 연립하여 풀면 $a=-1$, $q=12$
따라서 구하는 이차함수의 식은
$y=-(x-4)^2+12=-x^2+8x-4$

33 답 ④

축의 방정식이 $x=-2$이므로 $y=a(x+2)^2+q$
이 이차함수의 그래프가
점 $(-6,\ 0)$을 지나므로 $0=16a+q$ ······㉠
점 $(0,\ 6)$을 지나므로 $6=4a+q$ ······㉡
㉠, ㉡을 연립하여 풀면 $a=-\dfrac{1}{2}$, $q=8$
따라서 구하는 이차함수의 식은 $y=-\dfrac{1}{2}(x+2)^2+8$이므로
꼭짓점의 y좌표는 8이다.

34 답 $(0,\ -9)$

$y=3x^2$의 그래프와 모양과 폭이 같고 축의 방정식이 $x=1$이므로
$y=3(x-1)^2+q$
이 이차함수의 그래프가 점 $(2,\ -9)$를 지나므로
$-9=3+q$ ∴ $q=-12$
즉, 구하는 이차함수의 식은 $y=3(x-1)^2-12$이므로
$x=0$을 대입하면 $y=-9$
따라서 y축과 만나는 점의 좌표는 $(0,\ -9)$이다.

유형 11 이차함수의 식 구하기 – 서로 다른 세 점을 알 때

75쪽

❶ $y=ax^2+bx+c$로 놓는다.
❷ 서로 다른 세 점 $(x_1,\ y_1)$, $(x_2,\ y_2)$, $(x_3,\ y_3)$을 지난다.
→ 세 점의 좌표를 각각 대입하여 연립방정식을 세운다.
→ 연립방정식을 풀어 상수 a, b, c의 값을 구한다.

35 답 ①

구하는 포물선을 그래프로 하는 이차함수의 식을
$y=ax^2+bx+c$라 하면 이 그래프가
점 $(3,\ 2)$를 지나므로 $2=9a+3b+c$ ······㉠
점 $(0,\ 5)$를 지나므로 $5=c$ ······㉡
점 $(-1,\ 10)$을 지나므로 $10=a-b+c$ ······㉢
㉠, ㉡, ㉢을 연립하여 풀면 $a=1$, $b=-4$, $c=5$
즉, 구하는 이차함수의 식은
$y=x^2-4x+5=(x-2)^2+1$
따라서 꼭짓점의 좌표는 $(2,\ 1)$이다.

36 답 -12

$y=ax^2+bx+c$의 그래프가
점 $(0,\ -5)$를 지나므로 $-5=c$ ······㉠
점 $(5,\ 0)$을 지나므로 $0=25a+5b+c$ ······㉡
점 $(2,\ 3)$을 지나므로 $3=4a+2b+c$ ······㉢
㉠, ㉡, ㉢을 연립하여 풀면 $a=-1$, $b=6$, $c=-5$
즉, 구하는 이차함수의 식은 $y=-x^2+6x-5$
이 그래프가 점 $(-1,\ k)$를 지나므로
$k=-(-1)^2+6\times(-1)-5=-12$

유형 12 이차함수의 식 구하기 – x축과의 두 교점과 다른 한 점을 알 때

75쪽

❶ x축과 만나는 두 점의 좌표가 $(\alpha,\ 0)$, $(\beta,\ 0)$이다.
→ $y=a(x-\alpha)(x-\beta)$로 놓는다.
❷ 점 $(x_1,\ y_1)$을 지난다.
→ $x=x_1$, $y=y_1$을 대입하여 상수 a의 값을 구한다.

37 답 ③

주어진 그래프가 x축과 두 점 $(-2,\ 0)$, $(1,\ 0)$에서 만나므로
$y=a(x+2)(x-1)$
이 그래프가 점 $(0,\ 4)$를 지나므로
$4=-2a$ ∴ $a=-2$
즉, 구하는 이차함수의 식은
$y=-2(x+2)(x-1)=-2x^2-2x+4$
따라서 x^2의 계수는 -2이다.

38 답 6

이차함수의 그래프가 x좌표가 각각 -1, 2인 점에서 x축과 만나므로
$y=a(x+1)(x-2)$
이 그래프가 점 $(3,\ -12)$를 지나므로
$-12=4a$ ∴ $a=-3$
즉, 구하는 이차함수의 식은
$y=-3(x+1)(x-2)=-3x^2+3x+6$
$x=0$을 대입하면 $y=6$
따라서 y축과 만나는 점의 y좌표는 6이다.

서술형

76쪽~77쪽

01 답 $y=x^2-2x+9$

채점 기준 1 이차함수의 식을 $y=a(x-p)^2+q$ 꼴로 나타내기 ··· 2점
$y=x^2+4x+7$을 $y=a(x-p)^2+q$ 꼴로 나타내면
$y=(x+2)^2+3$

채점 기준 2 평행이동한 그래프의 식을 $y=ax^2+bx+c$ 꼴로 나타내기 ··· 2점

이 이차함수의 그래프를 x축의 방향으로 3만큼, y축의 방향으로 5만큼 평행이동한 그래프의 식은
$y=(x-3+2)^2+3+5=(x-1)^2+8$
$y=ax^2+bx+c$ 꼴로 나타내면 $y=x^2-2x+9$

01-1 답 $y=2x^2-4x$

채점 기준 1 이차함수의 식을 $y=a(x-p)^2+q$ 꼴로 나타내기 … 2점

$y=2x^2-8x+9$를 $y=a(x-p)^2+q$ 꼴로 나타내면

$y=2(x^2-4x+4-4)+9=2(x-2)^2+1$

채점 기준 2 평행이동한 그래프의 식을 $y=ax^2+bx+c$ 꼴로 나타내기 … 2점

이 이차함수의 그래프를 x축의 방향으로 -1만큼, y축의 방향으로 -3만큼 평행이동한 그래프의 식은

$y=2(x+1-2)^2+1-3=2(x-1)^2-2$

$y=ax^2+bx+c$ 꼴로 나타내면 $y=2x^2-4x$

02 답 (1) $m=12$, $n=-10$ (2) $(1, 0)$, $(5, 0)$

(1) **채점 기준 1** 이차함수의 식을 $y=a(x-p)^2+q$ 꼴로 나타내기 … 2점

x^2의 계수가 -2이고, 꼭짓점의 좌표가 $(3, 8)$이므로

$y=a(x-p)^2+q$ 꼴로 나타내면

$y=-2(x-3)^2+8$ ……㉠

채점 기준 2 m, n의 값 각각 구하기 … 2점

㉠을 $y=ax^2+bx+c$ 꼴로 나타내면

$y=-2(x^2-6x+9)+8$, 즉 $y=-2x^2+12x-10$

∴ $m=12$, $n=-10$

(2) **채점 기준 3** 그래프가 x축과 만나는 점의 좌표 구하기 … 2점

주어진 이차함수의 식에 $y=0$을 대입하면

$-2x^2+12x-10=0$, $x^2-6x+5=0$

$(x-1)(x-5)=0$ ∴ $x=1$ 또는 $x=5$

따라서 그래프가 x축과 만나는 점의 좌표는

$(1, 0)$, $(5, 0)$

02-1 답 (1) $m=4$, $n=-6$ (2) $(-3, 0)$, $(1, 0)$

(1) **채점 기준 1** 이차함수의 식을 $y=a(x-p)^2+q$ 꼴로 나타내기 … 2점

x^2의 계수가 2이고, 꼭짓점의 좌표가 $(-1, -8)$이므로

$y=a(x-p)^2+q$ 꼴로 나타내면

$y=2(x+1)^2-8$ ……㉠

채점 기준 2 m, n의 값 각각 구하기 … 2점

㉠을 $y=ax^2+bx+c$ 꼴로 나타내면

$y=2(x^2+2x+1)-8$, 즉 $y=2x^2+4x-6$

∴ $m=4$, $n=-6$

(2) **채점 기준 3** 그래프가 x축과 만나는 점의 좌표 구하기 … 2점

주어진 이차함수의 식에 $y=0$을 대입하면

$2x^2+4x-6=0$에서 $x^2+2x-3=0$

$(x+3)(x-1)=0$

∴ $x=-3$ 또는 $x=1$

따라서 그래프가 x축과 만나는 점의 좌표는

$(-3, 0)$, $(1, 0)$

03 답 $(-3, -12)$

$y=x^2+2px-3$

$=(x^2+2px+p^2-p^2)-3$

$=(x+p)^2-p^2-3$

축의 방정식이 $x=-3$이므로 $-p=-3$ ∴ $p=3$ ……❶

즉, 구하는 이차함수의 그래프의 식은

$y=(x+3)^2-3^2-3=(x+3)^2-12$

따라서 꼭짓점의 좌표는 $(-3, -12)$이다. ……❷

채점 기준	배점
❶ p의 값 구하기	2점
❷ 꼭짓점의 좌표 구하기	2점

04 답 (1) $(-2, -5)$ (2) $x<-2$

(1) $y=2x^2+8x+3$

$=2(x^2+4x+4-4)+3$

$=2(x+2)^2-5$

따라서 꼭짓점의 좌표는 $(-2, -5)$이다. ……❶

(2) 축의 방정식이 $x=-2$이고 아래로 볼록한 포물선이므로 x의 값이 증가할 때, y의 값은 감소하는 x의 값의 범위는

$x<-2$ ……❷

채점 기준	배점
❶ 꼭짓점의 좌표 구하기	2점
❷ x의 값이 증가할 때, y의 값은 감소하는 x의 값의 범위 구하기	2점

05 답 2

이차함수의 그래프가 점 $(1, -3)$을 지나므로

$x=1$, $y=-3$을 $y=4x^2+ax-3$에 대입하면

$-3=4+a-3$ ∴ $a=-4$ ……❶

따라서 주어진 이차함수의 식은 $y=4x^2-4x-3$

$y=0$을 대입하면

$4x^2-4x-3=0$이므로 $(2x+1)(2x-3)=0$

∴ $x=-\dfrac{1}{2}$ 또는 $x=\dfrac{3}{2}$

따라서 A$\left(-\dfrac{1}{2}, 0\right)$, B$\left(\dfrac{3}{2}, 0\right)$이므로 ……❷

$\overline{AB}=\dfrac{3}{2}-\left(-\dfrac{1}{2}\right)=2$ ……❸

채점 기준	배점
❶ a의 값 구하기	2점
❷ 두 점 A, B의 좌표 각각 구하기	2점
❸ $\overline{AB}$의 길이 구하기	2점

06 답 $9:8$

$y=0$을 대입하면

$-\dfrac{1}{2}x^2-x+4=0$이므로 $x^2+2x-8=0$

$(x+4)(x-2)=0$ ∴ $x=-4$ 또는 $x=2$

∴ A$(-4, 0)$, D$(2, 0)$

$x=0$을 대입하면

$y=4$이므로 C$(0, 4)$

$y=-\dfrac{1}{2}x^2-x+4$

$=-\dfrac{1}{2}(x^2+2x+1-1)+4$

$=-\dfrac{1}{2}(x+1)^2+\dfrac{9}{2}$

이므로 B$\left(-1, \dfrac{9}{2}\right)$ ……❶

따라서 $\overline{AD}=2-(-4)=6$이므로

$\triangle ABD=\dfrac{1}{2}\times 6\times\dfrac{9}{2}=\dfrac{27}{2}$,

$\triangle ACD=\dfrac{1}{2}\times 6\times 4=12$ ...... ❷

$\therefore \triangle ABD:\triangle ACD=\dfrac{27}{2}:12=9:8$ ...... ❸

채점 기준	배점
❶ 네 점 A, B, C, D의 좌표 각각 구하기	4점
❷ △ABD, △ACD의 넓이 각각 구하기	2점
❸ △ABD : △ACD를 가장 간단한 자연수의 비로 나타내기	1점

07 답 제4사분면

그래프가 위로 볼록하므로 $a<0$ ...... ❶
축이 y축의 오른쪽에 있으므로 $ab<0$ $\therefore b>0$ ...... ❷
y축과의 교점이 x축의 아래쪽에 있으므로 $c<0$ ...... ❸
즉, 이차함수 $y=-cx^2+bx-a$의 그래프에서 $-c>0$이므로
그래프는 아래로 볼록하고 $-bc>0$이므로 축은 y축의 왼쪽에
있다.

또, $-a>0$이므로 그래프는 y축과 x축의
위쪽에서 만난다.
따라서 이차함수 $y=-cx^2+bx-a$의
그래프는 오른쪽 그림과 같으므로 제4사
분면을 지나지 않는다. ...... ❹

채점 기준	배점
❶ a의 부호 판별하기	1점
❷ b의 부호 판별하기	1점
❸ c의 부호 판별하기	1점
❹ 이차함수 $y=-cx^2+bx-a$의 그래프가 지나지 않는 사분면 구하기	3점

08 답 4

조건 (가)에서 축의 방정식이 $x=4$이므로 $y=a(x-4)^2+q$
조건 (나)에서 이차함수의 그래프가
점 $(2, -2)$를 지나므로 $-2=4a+q$ ...... ㉠
점 $(0, 7)$을 지나므로 $7=16a+q$ ...... ㉡
㉠, ㉡을 연립하여 풀면 $a=\dfrac{3}{4}$, $q=-5$
따라서 구하는 이차함수의 식은

$y=\dfrac{3}{4}(x-4)^2-5$

$=\dfrac{3}{4}(x^2-8x+16)-5$

$=\dfrac{3}{4}x^2-6x+7$ ...... ❶

이므로 $a=\dfrac{3}{4}$, $b=-6$, $c=7$

$\therefore 4a+b+c=4\times\dfrac{3}{4}+(-6)+7=4$ ...... ❷

채점 기준	배점
❶ 이차함수의 식 구하기	4점
❷ $4a+b+c$의 값 구하기	2점

01 ④	02 ③	03 ②	04 ③, ④	05 ①
06 ⑤	07 ④	08 ①	09 ⑤	10 ③
11 ⑤	12 ⑤	13 ②	14 ⑤	15 ②
16 ⑤	17 ⑤	18 ③	19 3	20 (2, 0)
21 (1, -4)	22 30	23 8		

01 답 ④ 유형 01

$y=x^2-6x+2$

$=(x^2-6x+9-9)+2$

$=(x-3)^2-7$

따라서 꼭짓점의 좌표는 $(3, -7)$, 축의 방정식은 $x=3$이다.

02 답 ③ 유형 01

$y=-x^2+2ax-1$

$=-(x^2-2ax+a^2-a^2)-1$

$=-(x-a)^2+a^2-1$

꼭짓점의 좌표가 $(-2, b)$이므로
$a=-2$, $b=(-2)^2-1=3$
$\therefore a+b=(-2)+3=1$

03 답 ② 유형 02

$y=-\dfrac{1}{2}x^2+2x-3$

$=-\dfrac{1}{2}(x^2-4x+4-4)-3$

$=-\dfrac{1}{2}(x-2)^2-1$

꼭짓점의 좌표는 $(2, -1)$이고 $x=0$을 대입하면 $y=-3$이므로
점 $(0, -3)$을 지난다. 또, x^2의 계수가 음수이므로 위로 볼록한
그래프이다.

따라서 이차함수 $y=-\dfrac{1}{2}x^2+2x-3$의 그래프는 ②이다.

04 답 ③, ④ 유형 02

$y=5x^2+10x+7$

$=5(x^2+2x+1-1)+7$

$=5(x+1)^2+2$

이차함수의 그래프는 오른쪽 그림과 같으므
로 그래프가 지나지 않는 사분면은 제3사분
면, 제4사분면이다.

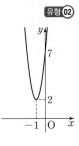

05 답 ① 유형 03

$y=\dfrac{1}{4}x^2+ax+5$

$=\dfrac{1}{4}(x^2+4ax+4a^2-4a^2)+5$

$=\dfrac{1}{4}(x+2a)^2-a^2+5$

이므로 축의 방정식은 $x=-2a$
$-2a=4$ $\therefore a=-2$

06 답 ③ 〔유형 04〕

$y=2x^2-8x-4$
$\quad=2(x^2-4x+4-4)-4$
$\quad=2(x-2)^2-12$

이 그래프를 x축의 방향으로 a만큼, y축의 방향으로 b만큼 평행이동한 그래프의 식은
$y=2(x-a-2)^2-12+b$
이때 $y=2x^2+4x+1=2(x+1)^2-1$이므로
$-a-2=1$ $\quad\therefore a=-3$
$-12+b=-1$ $\quad\therefore b=11$
$\therefore a+b=(-3)+11=8$

07 답 ④ 〔유형 04〕

$y=\dfrac{1}{3}x^2+2x+1$
$\quad=\dfrac{1}{3}(x^2+6x+9-9)+1$
$\quad=\dfrac{1}{3}(x+3)^2-2$

이 그래프를 x축의 방향으로 a만큼, y축의 방향으로 b만큼 평행이동한 그래프의 식은
$y=\dfrac{1}{3}(x-a+3)^2-2+b$
평행이동한 그래프의 꼭짓점의 좌표가 $(0, 0)$이므로
$-a+3=0$ $\quad\therefore a=3$
$-2+b=0$ $\quad\therefore b=2$
$\therefore a-b=3-2=1$

08 답 ① 〔유형 05〕

그래프가 y축과 만나는 점의 y좌표가 2이므로
$x=0$, $y=2$를 $y=x^2-3x+2b$에 대입하면
$2=0^2-3\times0+2b$ $\quad\therefore b=1$
즉, 이차함수의 그래프의 식은 $y=x^2-3x+2$
$y=0$을 대입하면 $x^2-3x+2=0$이므로
$(x-1)(x-2)=0$ $\quad\therefore x=1$ 또는 $x=2$
따라서 그래프가 x축과 만나는 두 점의 좌표는 $(1, 0)$, $(2, 0)$이므로 두 점 사이의 거리는 $2-1=1$

09 답 ⑤ 〔유형 04〕+〔유형 05〕

$y=0$을 대입하면
$-x^2-2x+3=0$이므로 $x^2+2x-3=0$
$(x+3)(x-1)=0$ $\quad\therefore x=-3$ 또는 $x=1$
즉, x축과 만나는 두 점 사이의 거리는 $1-(-3)=4$
$y=-x^2-2x+3$
$\quad=-(x^2+2x)+3$
$\quad=-(x^2+2x+1-1)+3$
$\quad=-(x+1)^2+4$
이 그래프를 y축의 방향으로 k만큼 평행이동한 그래프의 식은
$y=-(x+1)^2+4+k$
이 그래프가 x축과 만나는 두 점 사이의 거리는 $2\times4=8$이고, 축의 방정식이 $x=-1$이므로 그래프는 x축과 두 점 $(-5, 0)$, $(3, 0)$에서 만난다.

즉, $y=-(x+1)^2+4+k$의 그래프가 점 $(3, 0)$을 지나므로
$0=-16+4+k$, $0=-12+k$
$\therefore k=12$

10 답 ③ 〔유형 06〕

$y=\dfrac{1}{2}x^2+4x+1$
$\quad=\dfrac{1}{2}(x^2+8x+16-16)+1$
$\quad=\dfrac{1}{2}(x+4)^2-7$

이므로 이차함수의 그래프는 오른쪽 그림과 같다.
③ 이차함수의 그래프는 제4사분면을 지나지 않는다.

11 답 ⑤ 〔유형 05〕+〔유형 06〕

$y=-3x^2+6x+2$
$\quad=-3(x^2-2x+1-1)+2$
$\quad=-3(x-1)^2+5$
$y=-4x^2-4x-1$
$\quad=-4\left(x^2+x+\dfrac{1}{4}-\dfrac{1}{4}\right)-1$
$\quad=-4\left(x+\dfrac{1}{2}\right)^2$

주어진 이차함수 중 그래프의 폭이 가장 좁은 이차함수는
$y=5(x-2)^2+10$이고 꼭짓점의 좌표는 $(2, 10)$이므로
$p=2$, $q=10$
또, 그래프의 축이 y축과 가장 가까운 이차함수는
$y=-4x^2-4x-1$이므로
$x=0$을 대입하면 $y=-1$ $\quad\therefore c=-1$
$\therefore -p+q+c=(-2)+10+(-1)=7$

12 답 ⑤ 〔유형 07〕

$y=0$을 대입하면
$x^2-3x-10=0$이므로
$(x-5)(x+2)=0$ $\quad\therefore x=5$ 또는 $x=-2$
$\therefore$ A$(5, 0)$, B$(-2, 0)$
$x=0$을 대입하면
$y=-10$ $\quad\therefore$ C$(0, -10)$
따라서 $\overline{\text{AB}}=5-(-2)=7$이므로
$\triangle\text{ABC}=\dfrac{1}{2}\times7\times10=35$

13 답 ② 〔유형 07〕

$x=0$을 대입하면
$y=6$ $\quad\therefore$ A$(0, 6)$
$y=0$을 대입하면
$\dfrac{1}{2}x^2-4x+6=0$이므로 $x^2-8x+12=0$
$(x-2)(x-6)=0$ $\quad\therefore x=2$ 또는 $x=6$
$\therefore$ B$(2, 0)$, C$(6, 0)$
직선 l은 점 A를 지나고 $\triangle$ABC의 넓이를 이등분하므로 $\overline{\text{BC}}$의 중점인 $(4, 0)$을 지난다.

즉, 직선 l은 두 점 $(4, 0)$, $(0, 6)$을 지나므로

$(기울기)=\dfrac{6-0}{0-4}=-\dfrac{3}{2}$

14 답 ⑤   유형 **07**

$x=0$을 대입하면

$y=m$ $\therefore$ A$(0, m)$

점 B의 y좌표는 점 A의 y좌표와 같으므로 $y=m$을 대입하면

$m=-x^2-4x+m$, $x^2+4x=0$

$x(x+4)=0$ $\therefore$ $x=-4$ 또는 $x=0$

$\therefore$ B$(-4, m)$

따라서 $\overline{AB}=4$, $\overline{OA}=m$이고 $\square$OABC$=8$이므로

$4\times m=8$ $\therefore$ $m=2$

15 답 ②   유형 **08**

이차함수 $y=ax^2+bx+c$의 그래프가 위로 볼록하므로 $a<0$

축이 y축의 왼쪽에 있으므로 a, b의 부호는 서로 같다.

$ab>0$ $\therefore$ $b<0$

y축과의 교점이 x축의 위쪽에 있으므로 $c>0$

16 답 ⑤   유형 **09**

꼭짓점의 좌표가 $(1, 2)$이므로

$y=a(x-1)^2+2$

이 이차함수의 그래프가 원점 $(0, 0)$을 지나므로

$0=a+2$ $\therefore$ $a=-2$

즉, 구하는 이차함수의 식은

$y=-2(x-1)^2+2=-2x^2+4x$

따라서 $a=-2$, $b=4$, $c=0$이므로

$a+b+c=(-2)+4+0=2$

17 답 ⑤   유형 **10**

축의 방정식이 $x=-2$이므로 $y=a(x+2)^2+q$

이 이차함수의 그래프가

점 $(-3, 5)$를 지나므로 $5=a+q$ ……㉠

점 $(1, -3)$을 지나므로 $-3=9a+q$ ……㉡

㉠, ㉡을 연립하여 풀면 $a=-1$, $q=6$

따라서 구하는 이차함수의 그래프의 식은 $y=-(x+2)^2+6$이므로 꼭짓점의 좌표는 $(-2, 6)$이고, 꼭짓점의 y좌표는 6이다.

18 답 ③   유형 **11**

$y=ax^2+bx+c$의 그래프가

점 $(0, -2)$를 지나므로 $-2=c$ ……㉠

점 $(1, -2)$를 지나므로 $-2=a+b+c$ ……㉡

점 $(3, 4)$를 지나므로 $4=9a+3b+c$ ……㉢

㉠, ㉡, ㉢을 연립하여 풀면 $a=1$, $b=-1$, $c=-2$

$\therefore$ $abc=1\times(-1)\times(-2)=2$

19 답 3   유형 **04**

$y=-\dfrac{1}{4}x^2-2x+1$

$=-\dfrac{1}{4}(x^2+8x+16-16)+1$

$=-\dfrac{1}{4}(x+4)^2+5$ ……❶

이 그래프를 x축의 방향으로 3만큼, y축의 방향으로 -1만큼 평행이동한 그래프의 식은

$y=-\dfrac{1}{4}(x-3+4)^2+5-1$

$=-\dfrac{1}{4}(x+1)^2+4$ ……❷

이 그래프가 점 $(-3, a)$를 지나므로

$a=-\dfrac{1}{4}(-3+1)^2+4=3$ ……❸

채점 기준	배점
❶ 이차함수의 식을 $y=a(x-p)^2+q$ 꼴로 변형하기	1점
❷ 평행이동한 그래프의 식 구하기	1점
❸ a의 값 구하기	2점

20 답 $(2, 0)$ 유형 **05**

$y=x^2-2ax+4$

$=(x^2-2ax+a^2-a^2)+4$

$=(x-a)^2-a^2+4$

이므로 꼭짓점의 좌표는 $(a, -a^2+4)$이다.

이 그래프가 x축과 한 점에서 만나므로 꼭짓점은 x축 위에 있다.

즉, $-a^2+4=0$, $a^2=4$

$\therefore$ $a=-2$ 또는 $a=2$

이때 축이 제1, 4사분면을 지나므로 $a=2$ ……❶

따라서 꼭짓점의 좌표는 $(2, 0)$ ……❷

채점 기준	배점
❶ a의 값 구하기	4점
❷ 꼭짓점의 좌표 구하기	2점

21 답 $(1, -4)$ 유형 **12**

주어진 그래프가 x축과 두 점 $(-1, 0)$, $(3, 0)$에서 만나므로

$y=a(x+1)(x-3)$

이 그래프가 점 $(0, -3)$을 지나므로

$-3=-3a$ $\therefore$ $a=1$

따라서 구하는 이차함수의 식은

$y=(x+1)(x-3)$ ……❶

$=x^2-2x-3$

$=(x-1)^2-4$

이므로 꼭짓점의 좌표는 $(1, -4)$이다.   ……❷

채점 기준	배점
❶ 이차함수의 그래프의 식 구하기	4점
❷ 꼭짓점의 좌표 구하기	2점

22 답 30   유형 **07** + 유형 **09**

꼭짓점의 좌표가 $(2, 9)$이므로 $y=a(x-2)^2+9$

이 그래프가 점 $(5, 0)$을 지나므로

$0=9a+9$ $\therefore$ $a=-1$

즉, 구하는 이차함수의 식은

$y=-(x-2)^2+9$

$=-x^2+4x+5$ ……❶

$y=0$을 대입하면 $-x^2+4x+5=0$이므로 $x^2-4x-5=0$

$(x+1)(x-5)=0$　　$\therefore x=-1$ 또는 $x=5$

$\therefore \mathrm{B}(-1,\,0)$

$x=0$을 대입하면

$y=5$　$\therefore \mathrm{D}(0,\,5)$　……❷

$\therefore \square \mathrm{ADBC}=\triangle \mathrm{AOC}+\triangle \mathrm{ADO}+\triangle \mathrm{BDO}$

$\qquad =\dfrac{1}{2}\times5\times9+\dfrac{1}{2}\times5\times2+\dfrac{1}{2}\times1\times5$

$\qquad =30$　……❸

채점 기준	배점
❶ 이차함수의 식 구하기	1점
❷ 두 점 B, D의 좌표 각각 구하기	4점
❸ □ADBC의 넓이 구하기	2점

23 답 8　　유형 06 + 유형 09

조건 ㈎에서 이차함수 $y=3x^2$의 그래프를 평행이동하여 포갤 수 있으므로 $a=3$　……❶

조건 ㈏에서 직선 $x=-2$를 축으로 하므로 꼭짓점의 x좌표는 -2이다.

조건 ㈐에서 꼭짓점이 직선 $y=2x-1$ 위에 있으므로

$y=2\times(-2)-1=-5$

즉, 꼭짓점의 좌표는 $(-2,\,-5)$이다.　……❷

따라서 구하는 이차함수의 식은

$y=3(x+2)^2-5=3x^2+12x+7$이므로

$a=3,\,b=12,\,c=7$

$\therefore a+b-c=3+12-7=8$　……❸

채점 기준	배점
❶ a의 값 구하기	2점
❷ 꼭짓점의 좌표 구하기	3점
❸ $a+b-c$의 값 구하기	2점

실전 중단원 학교 시험 2회

82쪽~85쪽

01 ③	02 ④	03 ⑤	04 ③	05 ③
06 ④	07 ④	08 ①	09 ②	10 ④
11 ⑤	12 ④	13 ⑤	14 ②	15 ③
16 ①	17 ⑤	18 ②	19 4	20 6

21 (1) $(3,\,4)$　(2) $y=-\dfrac{4}{9}x^2+\dfrac{8}{3}x$　**22** 5　**23** $(-2,\,4)$

01 답 ③　　유형 01

$y=-2x^2-8x-5$

$\quad =-2(x^2+4x+4-4)-5$

$\quad =-2(x+2)^2+3$

이므로 꼭짓점의 좌표는 $(-2,\,3)$

따라서 $a=-2,\,b=3$이므로

$a+b=(-2)+3=1$

02 답 ④　　유형 01

$y=2x^2-4ax+b$

$\quad =2(x^2-2ax+a^2-a^2)+b$

$\quad =2(x-a)^2-2a^2+b$

꼭짓점의 좌표가 $(2,\,-3)$이므로 $a=2$

$-2\times2^2+b=-3,\ -8+b=-3$　$\therefore b=5$

$\therefore b-a=5-2=3$

03 답 ⑤　　유형 01

$y=-2x^2+4x+1$

$\quad =-2(x^2-2x+1-1)+1$

$\quad =-2(x-1)^2+3$

이므로 이 그래프는 $y=-2x^2$의 그래프를 x축의 방향으로 1만큼, y축의 방향으로 3만큼 평행이동한 것이다.

따라서 $a=1,\,b=3$이므로

$a+b=1+3=4$

04 답 ③　　유형 02

$y=-3x^2+6x-5$

$\quad =-3(x^2-2x+1-1)-5$

$\quad =-3(x-1)^2-2$

꼭짓점의 좌표는 $(1,\,-2)$이고 $x=0$을 대입하면 $y=-5$이므로 점 $(0,\,-5)$를 지난다. 또, x^2의 계수가 음수이므로 위로 볼록한 포물선이다.

따라서 이차함수 $y=-3x^2+6x-5$의 그래프는 ③이다.

05 답 ③　　유형 02

$y=-x^2+4x+k-4$

$\quad =-(x^2-4x+4-4)+k-4$

$\quad =-(x-2)^2+k$

이 이차함수의 그래프가 모든 사분면을 지나기 위해서는 그래프가 오른쪽 그림과 같아야 하므로

$k-4>0$　$\therefore k>4$

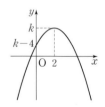

06 답 ④　　유형 03

$y=-x^2+10x-5$

$\quad =-(x^2-10x+25-25)-5$

$\quad =-(x-5)^2+20$

축의 방정식이 $x=5$이고 위로 볼록한 포물선이므로 x의 값이 증가할 때, y의 값은 감소하는 x의 값의 범위는 $x>5$

07 답 ④　　유형 04 + 유형 09

$y=ax^2+2x+5$의 그래프를 x축의 방향으로 p만큼, y축의 방향으로 q만큼 평행이동한 그래프의 꼭짓점의 좌표가 $(1,\,4)$이므로 평행이동한 그래프의 식은

$y=a(x-1)^2+4$

이 그래프가 점 $(2,\,5)$를 지나므로

$5=a+4$　$\therefore a=1$

즉, 처음 이차함수의 식은

$y=x^2+2x+5$

$\quad =(x+1)^2+4$

따라서 $y=(x-p+1)^2+4+q$의 그래프가 $y=(x-1)^2+4$의
그래프와 일치하므로
$p=2$, $q=0$에서
$a+p+q=1+2+0=3$

08 답 ① 유형 04

$y=x^2+2x-1$
  $=(x^2+2x+1-1)-1$
  $=(x+1)^2-2$

이 그래프를 x축의 방향으로 p만큼, y축의 방향으로 $2p$만큼 평
행이동한 그래프의 식은
$y=(x-p+1)^2-2+2p$
이 그래프가 점 $(-1, 1)$을 지나므로
$1=(-p)^2-2+2p$
$p^2+2p-3=0$, $(p+3)(p-1)=0$
$\therefore p=-3$ 또는 $p=1$
따라서 모든 p의 값의 합은
$(-3)+1=-2$

09 답 ② 유형 05

$y=0$을 대입하면
$-3(x+4)(x-1)=0$이므로 $(x+4)(x-1)=0$
$\therefore x=-4$ 또는 $x=1$
$a<b$이므로 $a=-4$, $b=1$
$x=0$을 대입하면
$y=-3\times4\times(-1)=12$ $\therefore c=12$
$\therefore a+b+c=(-4)+1+12=9$

10 답 ④ 유형 06

$y=3x^2-6x+2$
  $=3(x^2-2x+1-1)+2$
  $=3(x-1)^2-1$
ㄷ. 이차함수 $y=-3x^2$의 그래프를 평행이동하여 포갤 수 없다.
따라서 옳은 것은 ㄱ, ㄴ, ㄹ이다.

11 답 ⑤ 유형 07

$y=0$을 대입하면
$-x^2+6x+7=0$이므로 $x^2-6x-7=0$
$(x+1)(x-7)=0$
$\therefore x=-1$ 또는 $x=7$
$\therefore A(-1, 0)$, $B(7, 0)$
$y=-x^2+6x+7$
  $=-(x^2-6x+9-9)+7$
  $=-(x-3)^2+16$
이므로 꼭짓점의 좌표는 $(3, 16)$이다.
$\therefore C(3, 16)$
따라서 $\overline{AB}=7-(-1)=8$이므로
$\triangle ABC=\dfrac{1}{2}\times8\times16=64$

12 답 ④ 유형 08

일차함수 $y=bx-a$의 그래프가
오른쪽 아래로 향하고 있으므로 $b<0$
y축과의 교점이 x축의 아래쪽에 있으므로 $-a<0$ $\therefore a>0$

즉, $a>0$, $b<0$, $ab<0$이므로 그래프는 아래로 볼록하고 축이
y축의 오른쪽에 있다.
또, $-a<0$이므로 y축과의 교점이 x축의 아래쪽에 있다.
따라서 이차함수의 그래프로 알맞은 것은 ④이다.

참고 $y=ax^2+bx-a$
  $=a\left\{x^2+\dfrac{b}{a}x+\left(\dfrac{b}{2a}\right)^2-\left(\dfrac{b}{2a}\right)^2\right\}-a$
  $=a\left(x+\dfrac{b}{2a}\right)^2-\dfrac{b^2}{4a}-a$

와 같이 표준형으로 변형한 후, 꼭짓점과 y축과의 교점의 위치를
파악할 수도 있다.

13 답 ⑤ 유형 08

주어진 이차함수의 그래프가 아래로 볼록하므로 $a>0$
축이 y축의 왼쪽에 있으므로 a, b는 서로 같은 부호이다.
$\therefore b>0$
y축과의 교점이 x축의 아래쪽에 있으므로 $c<0$
① $x=1$일 때, $y=a+b+c>0$
② $bc<0$
③ $x=-3$일 때, $y=9a-3b+c>0$
④ $x=-2$일 때, $y=4a-2b+c<0$
⑤ $x=\dfrac{1}{2}$일 때, $y=\dfrac{1}{4}a+\dfrac{1}{2}b+c>0$이므로
  $a+2b+4c>0$
따라서 옳은 것은 ⑤이다.

14 답 ② 유형 09

꼭짓점의 좌표가 $(-1, 2)$이므로
$y=a(x+1)^2+2$
이 그래프가 점 $(0, 1)$을 지나므로
$1=a+2$
$\therefore a=-1$
즉, 구하는 이차함수의 식은
$y=-(x+1)^2+2=-x^2-2x+1$
따라서 $a=-1$, $b=-2$, $c=1$이므로
$a+b+c=(-1)+(-2)+1=-2$

15 답 ③ 유형 09

주어진 그래프가 점 $(0, 3)$을 지나므로 $b=3$
꼭짓점의 좌표가 $(k, 6)$이므로
$y=-\dfrac{1}{3}(x-k)^2+6=-\dfrac{1}{3}x^2+\dfrac{2}{3}kx-\dfrac{1}{3}k^2+6$
즉, $\dfrac{2}{3}k=a$, $-\dfrac{1}{3}k^2+6=3$
$-\dfrac{1}{3}k^2+6=3$에서 $k^2=9$
$\therefore k=-3$ 또는 $k=3$
$k<0$이므로 $k=-3$
따라서 $a=\dfrac{2}{3}\times(-3)=-2$이므로
$abk=(-2)\times3\times(-3)=18$

16 답 ① 유형 10

축의 방정식이 $x=1$이므로 $y=a(x-1)^2+q$

점 $(-1, 15)$를 지나므로 $15=4a+q$ ······㉠

점 $(0, 3)$을 지나므로 $3=a+q$ ······㉡

㉠, ㉡을 연립하여 풀면 $a=4$, $q=-1$

따라서 구하는 이차함수의 식은

$y=4(x-1)^2-1$
$\quad =4x^2-8x+3$

17 답 ⑤ 유형 11

구하는 이차함수의 식을 $y=ax^2+bx+c$라 하면

이 그래프가

점 $(0, 3)$을 지나므로 $3=c$ ······㉠

점 $(-1, 0)$을 지나므로 $0=a-b+c$ ······㉡

점 $(4, -5)$를 지나므로 $-5=16a+4b+c$ ······㉢

㉠, ㉡, ㉢을 연립하여 풀면 $a=-1$, $b=2$, $c=3$

따라서 구하는 이차함수의 식은

$y=-x^2+2x+3$
$\quad =-(x^2-2x+1-1)+3$
$\quad =-(x-1)^2+4$

이므로 그래프의 꼭짓점의 좌표는 $(1, 4)$이다.

18 답 ② 유형 12

오른쪽 그림과 같이 20 m의 높이에서 떨어뜨릴 때 비행기의 위치를 $(0, 20)$으로 하여 물체의 궤적을 좌표평면 위에 나타내면 그래프는 x축과 두 점 $(-10, 0)$, $(10, 0)$에서 만난다.

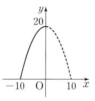

$y=a(x+10)(x-10)$

이 그래프가 점 $(0, 20)$을 지나므로

$20=-100a$ $\quad \therefore a=-\dfrac{1}{5}$

따라서 구하는 이차함수의 식은

$y=-\dfrac{1}{5}(x+10)(x-10)=-\dfrac{1}{5}x^2+20$

80 m의 높이에서 떨어뜨렸을 때, 지평면에서 이동한 거리를 k m$(k>0)$라 하면 포물선의 폭이 같으므로 이차함수의 식은

$y=-\dfrac{1}{5}(x-k)(x+k)=-\dfrac{1}{5}x^2+\dfrac{1}{5}k^2$

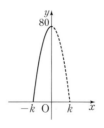

이 그래프가 점 $(0, 80)$을 지나므로

$80=\dfrac{1}{5}k^2$ $\quad \therefore k=-20$ 또는 $k=20$

이때 $k>0$이므로 물체가 지평면에서 이동한 거리는 20 m이다.

19 답 4 유형 04

$y=\dfrac{1}{2}x^2-4x+2$
$\quad =\dfrac{1}{2}(x^2-8x+16-16)+2$
$\quad =\dfrac{1}{2}(x-4)^2-6$ ······❶

이 그래프를 x축의 방향으로 -2만큼, y축의 방향으로 2만큼 평행이동한 그래프의 식은

$y=\dfrac{1}{2}(x+2-4)^2-6+2$
$\quad =\dfrac{1}{2}(x-2)^2-4$ ······❷

이 그래프가 점 $(m, -2)$를 지나므로

$-2=\dfrac{1}{2}(m-2)^2-4$, $m^2-4m=0$

$m(m-4)=0$

$\therefore m=0$ 또는 $m=4$

따라서 모든 m의 값의 합은 $0+4=4$ ······❸

채점 기준	배점
❶ 이차함수의 식을 $y=a(x-p)^2+q$ 꼴로 변형하기	1점
❷ 평행이동한 그래프의 식 구하기	2점
❸ 모든 m의 값의 합 구하기	1점

20 답 6 유형 07

$y=x^2+2x-8$
$\quad =(x^2+2x+1-1)-8$
$\quad =(x+1)^2-9$

꼭짓점의 좌표가 $(-1, -9)$이므로 A$(-1, -9)$

$x=0$을 대입하면

$y=-8$ $\quad \therefore$ B$(0, -8)$

$y=0$을 대입하면

$x^2+2x-8=0$이므로 $(x+4)(x-2)=0$

$\therefore x=-4$ 또는 $x=2$

점 C는 x축의 음의 부분과 만나는 점이므로

C$(-4, 0)$ ······❶

$\therefore \triangle \text{ABC}=\triangle \text{ABO}+\triangle \text{AOC}-\triangle \text{BOC}$

$\quad =\dfrac{1}{2}\times 8\times 1+\dfrac{1}{2}\times 4\times 9-\dfrac{1}{2}\times 4\times 8$
$\quad =4+18-16$
$\quad =6$ ······❷

채점 기준	배점
❶ 세 점 A, B, C의 좌표 각각 구하기	3점
❷ $\triangle \text{ABC}$의 넓이 구하기	4점

21 답 (1) $(3, 4)$ (2) $y=-\dfrac{4}{9}x^2+\dfrac{8}{3}x$ 유형 07 + 유형 09

(1) $\overline{\text{OB}}=6$이고 $\triangle \text{OAB}=12$이므로

$12=\dfrac{1}{2}\times 6\times (\text{점 A의 }y\text{좌표})$

$\therefore (\text{점 A의 }y\text{좌표})=4$ ······❶

$(\text{점 A의 }x\text{좌표})=\dfrac{1}{2}\times 6=3$

이므로 점 A의 좌표는 $(3, 4)$이다. ······❷

(2) 꼭짓점의 좌표가 $(3, 4)$이므로 $y=a(x-3)^2+4$

이 그래프가 원점인 $(0, 0)$을 지나므로

$0=9a+4$ $\quad \therefore a=-\dfrac{4}{9}$ ······❸

따라서 구하는 이차함수의 식은

$$y=-\frac{4}{9}(x-3)^2+4$$

$$=-\frac{4}{9}(x^2-6x+9)+4$$

$$=-\frac{4}{9}x^2+\frac{8}{3}x \qquad \cdots\cdots ❹$$

채점 기준	배점
❶ 점 A의 y좌표 구하기	1점
❷ 점 A의 좌표 구하기	2점
❸ a의 값 구하기	2점
❹ 이차함수의 식을 $y=ax^2+bx+c$ 꼴로 나타내기	2점

22 답 5 〔유형 ⑫〕

이차함수의 그래프가 x축과 두 점 $(1,0)$, $(4,0)$에서 만나므로

$$y=a(x-1)(x-4)$$

이 그래프가 점 $(2,-10)$을 지나므로

$$-10=-2a \qquad \therefore a=5$$

즉, 구하는 이차함수의 식은

$$y=5(x-1)(x-4)=5x^2-25x+20 \qquad \cdots\cdots ❶$$

따라서 $a=5$, $b=-25$, $c=20$이므로 $\qquad \cdots\cdots ❷$

$$2a+b+c=2\times5+(-25)+20=5 \qquad \cdots\cdots ❸$$

채점 기준	배점
❶ 이차함수의 식 구하기	2점
❷ a, b, c의 값 각각 구하기	3점
❸ $2a+b+c$의 값 구하기	1점

23 답 $(-2, 4)$ 〔유형 ⑥ + 유형 ⑫〕

조건 ㈎에서 $y=-\frac{1}{4}x^2$의 그래프를 평행이동하여 포갤 수 있으므로 $a=-\frac{1}{4}$

조건 ㈏에서 y축과 만나는 점의 좌표가 $(0, 3)$이므로

$y=-\frac{1}{4}x^2+bx+c$에 $x=0$, $y=3$을 대입하면 $c=3$

조건 ㈐에서 x축과 만나는 한 점의 x좌표가 2이므로

$y=-\frac{1}{4}x^2+bx+3$에 $x=2$, $y=0$을 대입하면

$$0=-\frac{1}{4}\times2^2+2b+3 \qquad \therefore b=-1 \qquad \cdots\cdots ❶$$

따라서 구하는 이차함수의 식은

$$y=-\frac{1}{4}x^2-x+3$$

$$=-\frac{1}{4}(x^2+4x+4-4)+3$$

$$=-\frac{1}{4}(x+2)^2+4$$

이므로 꼭짓점의 좌표는 $(-2, 4)$이다. $\qquad \cdots\cdots ❷$

채점 기준	배점
❶ a, b, c의 값 각각 구하기	3점
❷ 꼭짓점의 좌표 구하기	3점

교과서 속 특이 문제 ⊙86쪽

01 답 $y=2x^2+12x+13$

$$y=2x^2-4ax-5a-2$$

$$=2(x^2-2ax+a^2-a^2)-5a-2$$

$$=2(x-a)^2-2a^2-5a-2$$

이므로

그래프의 꼭짓점의 좌표는 $(a, -2a^2-5a-2)$

축의 방정식이 $x=-3$이므로 $a=-3$

따라서 구하는 이차함수의 식은

$$y=2x^2-4\times(-3)x-5\times(-3)-2$$

$$=2x^2+12x+13$$

02 답 제3사분면

$y=ax^2+bx+c$에서

그래프가 위로 볼록하므로 $a<0$

그래프의 축이 y축의 오른쪽에 있으므로 a와 b는 서로 다른 부호이다.

$$\therefore b>0$$

y축과의 교점이 x축의 위쪽에 있으므로 $c>0$

$y=\left(x+\frac{c}{b}\right)^2+ab$의 그래프의 꼭짓점의 좌표는 $\left(-\frac{c}{b}, ab\right)$

이때 $-\frac{c}{b}<0$, $ab<0$이므로 꼭짓점은 제3사분면에 있다.

03 답 $\frac{8}{3}$

주어진 그래프가 x축과 두 점 $(2, 0)$, $(6, 0)$에서 만나므로

$$y=a(x-2)(x-6)$$

이 그래프가 점 $(0, 4)$를 지나므로

$$4=a\times(-2)\times(-6)$$

$$\therefore a=\frac{1}{3}$$

따라서 구하는 이차함수의 식은

$$y=\frac{1}{3}(x-2)(x-6)$$

$$=\frac{1}{3}(x^2-8x+12)$$

$$=\frac{1}{3}(x-4)^2-\frac{4}{3}$$

이므로 꼭짓점의 좌표는 $\left(4, -\frac{4}{3}\right)$

이때 $\overline{AB}=6-2=4$이므로

$$\triangle ABC=\frac{1}{2}\times4\times\frac{4}{3}=\frac{8}{3}$$

04 답 3개

그래프가 아래로 볼록하므로 $a>0$

축이 y축의 오른쪽에 있으므로 a, b는 서로 다른 부호이다.

$$\therefore b<0$$

y축과의 교점이 x축의 위쪽에 있으므로 $c>0$

따라서 보기 중 양수는 a, c, ac의 3개이다.

01 답 47

$2x^2+3x-1=9x-3$에서 $2x^2-6x+2=0$

양변을 2로 나누면 $x^2-3x+1=0$

$x=\alpha$를 $x^2-3x+1=0$에 대입하면 $\alpha^2-3\alpha+1=0$

$\alpha\neq0$이므로 양변을 α로 나누면

$\alpha-3+\dfrac{1}{\alpha}=0$ $\therefore \alpha+\dfrac{1}{\alpha}=3$

$\therefore \alpha^2+\dfrac{1}{\alpha^2}=\left(\alpha+\dfrac{1}{\alpha}\right)^2-2=3^2-2=7$

$\alpha^4+\dfrac{1}{\alpha^4}=\left(\alpha^2+\dfrac{1}{\alpha^2}\right)^2-2=7^2-2=47$

02 답 $\dfrac{5}{36}$

$x^2-5x-6=0$에서 $(x+1)(x-6)=0$

$\therefore x=-1$ 또는 $x=6$

(i) 눈의 수의 합이 -1인 경우 : 없다.

(ii) 눈의 수의 합이 6인 경우 : 서로 다른 두 개의 주사위를 던져서 나온 눈의 수를 순서쌍으로 나타내면 $(1, 5)$, $(2, 4)$, $(3, 3)$, $(4, 2)$, $(5, 1)$의 5가지

모든 경우의 수는 $6\times6=36$(가지)이므로

(i), (ii)에서 구하는 확률은 $\dfrac{5}{36}$

03 답 $x=\dfrac{5}{2}$ 또는 $x=\dfrac{10}{3}$

(i) $2\leq x<3$일 때, $[x]=2$이므로 주어진 이차방정식은

$2x^2+3x-20=0$, $(x+4)(2x-5)=0$

$\therefore x=-4$ 또는 $x=\dfrac{5}{2}$

이때 $2\leq x<3$이므로 $x=\dfrac{5}{2}$

(ii) $3\leq x<4$일 때, $[x]=3$이므로 주어진 이차방정식은

$3x^2-4x-20=0$, $(x+2)(3x-10)=0$

$\therefore x=-2$ 또는 $x=\dfrac{10}{3}$

이때 $3\leq x<4$이므로 $x=\dfrac{10}{3}$

(i), (ii)에서 이차방정식의 해는 $x=\dfrac{5}{2}$ 또는 $x=\dfrac{10}{3}$

04 답 49

$\langle x\rangle^2+\langle x\rangle-12=0$에서 $(\langle x\rangle+4)(\langle x\rangle-3)=0$

$\therefore \langle x\rangle=-4$ 또는 $\langle x\rangle=3$

$\langle x\rangle$는 자연수 x의 약수의 개수이므로 $\langle x\rangle>0$ $\therefore \langle x\rangle=3$

$\langle x\rangle=3$이려면 $x=p^2$ (p는 소수) 꼴이어야 하므로 가장 큰 두 자리의 자연수 x는 $7^2=49$

05 답 -4

$x=3$을 $(a+1)x^2-(2a-1)x+a^2-10=0$에 대입하면

$9(a+1)-3(2a-1)+a^2-10=0$

$a^2+3a+2=0$, $(a+2)(a+1)=0$

$\therefore a=-2$ 또는 $a=-1$

이때 $a+1\neq0$이므로 $a\neq-1$ $\therefore a=-2$

즉, 주어진 이차방정식은 $-x^2+5x-6=0$

$x^2-5x+6=0$, $(x-2)(x-3)=0$

$\therefore x=2$ 또는 $x=3$ $\therefore b=2$

$\therefore ab=(-2)\times2=-4$

06 답 -8

$x=a-1$을 $x^2-3ax+a^2+5=0$에 대입하면

$(a-1)^2-3a(a-1)+a^2+5=0$

$-a^2+a+6=0$, $a^2-a-6=0$

$(a+2)(a-3)=0$ $\therefore a=-2$ 또는 $a=3$

이때 a는 자연수이므로 $a=3$

즉, 이차방정식 $x^2-(a-1)x-(a^2+3a-10)=0$에서

$x^2-2x-8=0$이므로 $(x+2)(x-4)=0$

$\therefore x=-2$ 또는 $x=4$

따라서 두 근의 곱은 $(-2)\times4=-8$

07 답 $-\dfrac{5}{3}$

$x^2-(2+a)x+2a=0$에서 $(x-2)(x-a)=0$

$\therefore x=2$ 또는 $x=a$

(i) 공통인 근이 $x=2$일 때,

$x=2$를 $x^2+(2a-1)x+1-3a=0$에 대입하면

$2^2+2(2a-1)+1-3a=0$, $4+4a-2+1-3a=0$

$a+3=0$ $\therefore a=-3$

(ii) 공통인 근이 $x=a$일 때,

$x=a$를 $x^2+(2a-1)x+1-3a=0$에 대입하면

$a^2+(2a-1)a+1-3a=0$, $3a^2-4a+1=0$

$(3a-1)(a-1)=0$ $\therefore a=\dfrac{1}{3}$ 또는 $a=1$

(i), (ii)에서 모든 상수 a의 값의 합은

$-3+\dfrac{1}{3}+1=-\dfrac{5}{3}$

08 답 30

$3x^2+ax+b=0$, 즉 $x^2+\dfrac{a}{3}x+\dfrac{b}{3}=0$이 중근을 가지므로

$\dfrac{b}{3}=\left(\dfrac{a}{6}\right)^2$에서 $a^2=12b$

이때 $12=2^2\times3$이므로 b는 $3\times$ (자연수)^2 꼴이어야 한다.

b가 두 자리의 자연수이므로 가능한 b의 값은 3×2^2, 3×3^2, 3×4^2, 3×5^2이다.

b가 3×5^2일 때, a의 값이 가장 크므로

$a^2=2^2\times3\times3\times5^2=(2\times3\times5)^2$에서 $a=30$

09 답 6

$2(x-1)^2=3k$에서 $(x-1)^2=\dfrac{3}{2}k$ $\therefore x=1\pm\sqrt{\dfrac{3}{2}k}$

이때 서로 다른 두 근이 정수가 되려면

$\dfrac{3}{2}k=1,\ 4,\ 9,\ 16,\ 25,\ \cdots$

$\therefore k=\dfrac{2}{3},\ \dfrac{8}{3},\ 6,\ \dfrac{32}{3},\ \dfrac{50}{3},\ \cdots$

따라서 가장 작은 자연수 k의 값은 6이다.

10 탑 (1) $p \leq \dfrac{27}{4}$ (2) 6

(1) $3x^2 - 9x + p = 0$에서 근의 공식을 이용하면

$$x = \frac{-(-9) \pm \sqrt{(-9)^2 - 4 \times 3 \times p}}{2 \times 3} = \frac{9 \pm \sqrt{81 - 12p}}{6}$$

이차방정식이 해를 가지려면

$81 - 12p \geq 0$ $\therefore p \leq \dfrac{27}{4}$

(2) 이차방정식이 유리수인 해를 가지려면 $81 - 12p$가 0 또는 (자연수)² 꼴이어야 하므로

$81 - 12p = 0, 1, 4, 9, 16, 25, 36, 49, 64, 81, \cdots$

$\therefore p = \dfrac{27}{4}, \dfrac{20}{3}, \dfrac{77}{12}, 6, \dfrac{65}{12}, \dfrac{14}{3}, \dfrac{15}{4}, \dfrac{8}{3}, \dfrac{17}{12}, 0, \cdots$

이때 p는 자연수이므로 $p = 6$

11 탑 12

$3x^2 - 4x + a = 0$에서 근의 공식을 이용하면

$$x = \frac{2 \pm \sqrt{4 - 3a}}{3}$$

$\therefore b = 2, \ c = 4 - 3a$ $\cdots\cdots$ ㉠

주어진 조건에서 $4a + c = 1$ $\cdots\cdots$ ㉡

㉠, ㉡을 연립하여 풀면 $a = -3, \ c = 13$

$\therefore a + b + c = -3 + 2 + 13 = 12$

12 탑 -3

$(x+3) * (2x-1) = 3$에서

$(x+3)(2x-1) - (x+3) + (2x-1) = 3$

$2x^2 + 5x - 3 - x - 3 + 2x - 1 = 3$

$2x^2 + 6x - 10 = 0, \ x^2 + 3x - 5 = 0$

$\therefore x = \dfrac{-3 \pm \sqrt{3^2 - 4 \times 1 \times (-5)}}{2} = \dfrac{-3 \pm \sqrt{29}}{2}$

따라서 모든 실수 x의 값의 합은

$\dfrac{-3 + \sqrt{29}}{2} + \dfrac{-3 - \sqrt{29}}{2} = -3$

13 탑 10

$x^2 - 5x = A$라 하면 $A^2 - 2A - 24 = 0$

$(A+4)(A-6) = 0$ $\therefore A = -4$ 또는 $A = 6$

(i) $A = -4$일 때,

$x^2 - 5x = -4$이므로

$x^2 - 5x + 4 = 0, \ (x-1)(x-4) = 0$

$\therefore x = 1$ 또는 $x = 4$

(ii) $A = 6$일 때,

$x^2 - 5x = 6$이므로

$x^2 - 5x - 6 = 0, \ (x+1)(x-6) = 0$

$\therefore x = -1$ 또는 $x = 6$

(i), (ii)에서 주어진 방정식의 해는

$x = -1$ 또는 $x = 1$ 또는 $x = 4$ 또는 $x = 6$

따라서 모든 해의 합은 $-1 + 1 + 4 + 6 = 10$

14 탑 3

주어진 이차방정식이 중근을 가지려면

$(-6)^2 - 4(2a+3)(a-2) = 0$이어야 하므로

$8a^2 - 4a - 60 = 0, \ 2a^2 - a - 15 = 0$

$(2a+5)(a-3) = 0$ $\therefore a = -\dfrac{5}{2}$ 또는 $a = 3$

(i) $a = -\dfrac{5}{2}$일 때,

주어진 이차방정식은 $-2x^2 - 6x - \dfrac{9}{2} = 0$이므로

$x^2 + 3x + \dfrac{9}{4} = 0, \ \left(x + \dfrac{3}{2}\right)^2 = 0$

$\therefore x = -\dfrac{3}{2}$

(ii) $a = 3$일 때,

주어진 이차방정식은 $9x^2 - 6x + 1 = 0$이므로

$(3x-1)^2 = 0$ $\therefore x = \dfrac{1}{3}$

(i), (ii)에서 양수인 중근을 갖도록 하는 a의 값은 3이다.

15 탑 $0 < m < 2$ 또는 $m > 2$

주어진 이차방정식이 서로 다른 두 근을 가지려면

$4^2 - 4 \times (m-2) \times (-2) > 0$이어야 하므로

$8m > 0$ $\therefore m > 0$

이때 $m - 2 \neq 0$에서 $m \neq 2$이므로 $0 < m < 2$ 또는 $m > 2$

16 탑 ㄴ, ㄹ

ㄱ. $x^2 + ax + b = 0$에서 근의 공식을 이용하면

$$x = \frac{-a \pm \sqrt{a^2 - 4b}}{2}$$

$a > 0, \ b < 0$이면 $a^2 - 4b > 0$이므로 서로 다른 두 근을 갖는다.

ㄴ. $a = 0, \ b > 0$이면 $x^2 + b = 0$에서 $x^2 = -b < 0$이므로 근을 갖지 않는다.

ㄷ. $a < 0, \ b = 0$이면 $x^2 + ax = 0, \ x(x+a) = 0$이므로 $x = 0$을 근으로 갖는다.

ㄹ. $a = b = 4$이면 $x^2 + 4x + 4 = 0, \ (x+2)^2 = 0$이므로 $x = -2$를 중근으로 갖는다.

따라서 옳지 않은 것은 ㄴ, ㄹ이다.

[다른 풀이]

$x = \dfrac{-a \pm \sqrt{a^2 - 4b}}{2}$에서

ㄴ. $a = 0, \ b > 0$이면 $a^2 - 4b = -4b < 0$이므로 근을 갖지 않는다.

17 탑 14

$\sqrt{n^2 + 20} = m$의 양변을 제곱하면 $n^2 + 20 = m^2$

즉, $m^2 - n^2 = 20$이므로 $(m+n)(m-n) = 20$ $\cdots\cdots$ ㉠

이때 $m, \ n$은 자연수이므로 $m + n$은 자연수이고 ㉠에서 $m > n$이다.

(i) $m + n = 20, \ m - n = 1$이면 $m = \dfrac{21}{2}, \ n = \dfrac{19}{2}$

(ii) $m + n = 10, \ m - n = 2$이면 $m = 6, \ n = 4$

(iii) $m + n = 5, \ m - n = 4$이면 $m = \dfrac{9}{2}, \ n = \dfrac{1}{2}$

$m, \ n$이 자연수이므로 (i)~(iii)에서 $m = 6, \ n = 4$

x^2의 계수가 1이고 두 근이 $x = 6, \ x = 4$인 이차방정식은

$(x-6)(x-4) = 0$

즉, $x^2 - 10x + 24 = 0$이다.

$a = -10, \ b = 24$이므로 $a + b = -10 + 24 = 14$

18 답 1

이차방정식 $f(x)=0$의 두 근이 $x=a$, $x=b$이므로

$f(x)=k(x-a)(x-b)$ $(k\neq0)$라 하면

$f(2x+1)=k(2x+1-a)(2x+1-b)$

$f(2x+1)=0$에서 $2x+1-a=0$ 또는 $2x+1-b=0$

$\therefore x=\dfrac{a-1}{2}$ 또는 $x=\dfrac{b-1}{2}$

따라서 방정식 $f(2x+1)=0$의 두 근의 합은

$\dfrac{a-1}{2}+\dfrac{b-1}{2}=\dfrac{a+b-2}{2}=\dfrac{4-2}{2}=1$

19 답 $x^2+x-6=0$

직선 l은 두 점 $\left(\dfrac{7}{2},0\right)$, $(0,-7)$을 지나므로

(기울기)$=\dfrac{0-(-7)}{\dfrac{7}{2}-0}=2$

y절편은 -7이므로 직선 l의 방정식은

$y=2x-7$ ……㉠

직선 m은 두 점 $(-1,0)$, $(0,-1)$을 지나므로

(기울기)$=\dfrac{0-(-1)}{-1-0}=-1$

y절편은 -1이므로 직선 m의 방정식은

$y=-x-1$ ……㉡

㉠, ㉡을 연립하여 풀면 $x=2$, $y=-3$

즉, 두 직선 l, m의 교점의 좌표는 $(2,-3)$이므로

$a=2$, $b=-3$

따라서 $x=2$, $x=-3$을 두 근으로 하고 x^2의 계수가 1인 이차방정식은 $(x-2)(x+3)=0$

$\therefore x^2+x-6=0$

20 답 36

연속하는 세 개의 3의 배수를 $3x-3$, $3x$, $3x+3$이라 하면

$(3x+3)^2=2\times3x\times(3x-3)+(3x-3)$

$9x^2+18x+9=18x^2-18x+3x-3$

$9x^2-33x-12=0$, $3x^2-11x-4=0$

$(3x+1)(x-4)=0$

$\therefore x=-\dfrac{1}{3}$ 또는 $x=4$

(i) $x=-\dfrac{1}{3}$일 때,

　세 수는 -4, -1, 2이므로 3의 배수가 아니다.

(ii) $x=4$일 때,

　세 수는 9, 12, 15이다.

(i), (ii)에서 세 개의 3의 배수의 합은

$9+12+15=36$

21 답 32번

제일 마지막 사람의 대기 번호를 x번이라 하면

대기 번호 8번부터 x번까지의 대기 번호의 합은

$\{8+9+\cdots+(x-1)+x\}$

$=\{1+2+\cdots+(x-1)+x\}-(1+2+\cdots+7)$

$=\dfrac{x(x+1)}{2}-\dfrac{7\times8}{2}=\dfrac{1}{2}x^2+\dfrac{1}{2}x-28$

즉, $\dfrac{1}{2}x^2+\dfrac{1}{2}x-28=500$이므로

$x^2+x-1056=0$, $(x+33)(x-32)=0$

$\therefore x=-33$ 또는 $x=32$

이때 x는 자연수이므로 $x=32$

따라서 제일 마지막 사람의 대기 번호는 32번이다.

22 답 $\dfrac{1+\sqrt5}{2}$ cm

오른쪽 그림과 같이 대각선을 그어 만든 삼각형의 세 꼭짓점을 각각 A, B, C라 하고, 꼭짓점 A에서 그은 다른 대각선과 $\overline{BC}$가 만나는 점을 D라 하자. $\angle BAC=108°$이고, $\overline{AB}=\overline{AC}$이므로

$\angle ABC=\angle ACB=36°$

따라서 $\angle BAD=36°$, $\angle BDA=108°$이고

$\angle CDA=\angle CAD=72°$이므로 $\triangle CAD$는 이등변삼각형이다.

$\therefore \overline{DC}=\overline{AC}=1$ cm

또, $\triangle BAD$∽$\triangle BCA$ (AA 닮음)이므로 $\overline{BC}=x$ cm라 하면

$\overline{BD}:\overline{BA}=\overline{BA}:\overline{BC}$에서

$(x-1):1=1:x$, $x(x-1)=1$, $x^2-x-1=0$

$\therefore x=\dfrac{1\pm\sqrt{1+4}}{2}=\dfrac{1\pm\sqrt5}{2}$

이때 $x>1$이므로 $x=\dfrac{1+\sqrt5}{2}$

따라서 한 대각선의 길이는 $\dfrac{1+\sqrt5}{2}$ cm이다.

23 답 5초 후

출발한지 x초 후에 $\triangle PBQ$와 $\triangle QCR$의 넓이가 같아진다고 하면

$\overline{AP}=x$ cm, $\overline{BQ}=2x$ cm, $\overline{CR}=3x$ cm이므로

$\triangle PBQ=\dfrac{1}{2}\times(20-x)\times2x=20x-x^2$

$\triangle QCR=\dfrac{1}{2}\times(20-2x)\times3x=30x-3x^2$

$20x-x^2=30x-3x^2$에서 $2x^2-10x=0$

$x^2-5x=0$, $x(x-5)=0$ $\therefore x=0$ 또는 $x=5$

이때 $x>0$이므로 $x=5$

따라서 $\triangle PBQ$와 $\triangle QCR$의 넓이가 같아지는 것은 출발한지 5초 후이다.

24 답 P(3, 6)

$\triangle AOB=\dfrac{1}{2}\times6\times12=36$

$\triangle MOP=\dfrac{1}{4}\triangle AOB=\dfrac{1}{4}\times36=9$

A(6, 0), B(0, 12)이므로 두 점 A, B를 지나는 직선의 기울기는

$\dfrac{0-12}{6-0}=-2$

y절편은 12이므로 두 점 A, B를 지나는 직선의 방정식은

$y=-2x+12$

점 P는 직선 $y=-2x+12$ 위의 점이므로 점 P의 x좌표를 a라 하면 y좌표는 $-2a+12$

즉, $\overline{MP}=a$, $\overline{OM}=-2a+12$이므로

$\frac{1}{2} \times a \times (-2a+12)=9$, $a^2-6a+9=0$

$(a-3)^2=0$ $\therefore a=3$

따라서 점 P의 좌표는 P(3, 6)이다.

25 답 2 m

통로의 폭을 x m라 하면

$(50-4x)(20-3x)=98 \times 6$

$12x^2-230x+412=0$, $6x^2-115x+206=0$

$(x-2)(6x-103)=0$ $\therefore x=2$ 또는 $x=\frac{103}{6}$

이때 $50-4x>0$, $20-3x>0$이므로 $x<\frac{20}{3}$

$\therefore x=2$

따라서 통로의 폭은 2 m이다.

26 답 -2

주어진 함수가 이차함수가 되려면 $a^2+a-2=0$이고 $a^2-1 \neq 0$
이어야 한다.

(i) $a^2+a-2=0$에서 $(a+2)(a-1)=0$

$\therefore a=-2$ 또는 $a=1$

(ii) $a^2-1 \neq 0$에서 $(a+1)(a-1) \neq 0$

$\therefore a \neq -1$이고 $a \neq 1$

(i), (ii)에서 $a=-2$

27 답 $\frac{1}{16}$

점 B가 $y=x^2$의 그래프 위의 점이므로

$x^2=4$에서 $x=-2$ 또는 $x=2$

이때 $x>0$이므로 점 B의 x좌표는 2이다. 즉, $\overline{AB}=2$

$\overline{BC}=3\overline{AB}=6$이므로

점 C의 x좌표는 $2+6=8$

점 C의 y좌표는 4이므로 점 C의 좌표는 (8, 4)

점 C가 이차함수 $y=ax^2$의 그래프 위의 점이므로

$4=a \times 8^2$, $64a=4$ $\therefore a=\frac{1}{16}$

28 답 825

$y=\frac{1}{3}x^2-k$에 $y=0$을 대입하면

$\frac{1}{3}x^2-k=0$, $\frac{1}{3}x^2=k$, $x^2=3k$ $\therefore x=\pm\sqrt{3k}$

$\therefore$ A$(-\sqrt{3k}, 0)$, B$(\sqrt{3k}, 0)$

$\overline{AB}=\sqrt{3k}-(-\sqrt{3k})=2\sqrt{3k}$

$10 \leq \overline{AB} < 100$에서 $10 \leq 2\sqrt{3k} < 100$, $5 \leq \sqrt{3k} < 50$

부등식의 각 변을 제곱하면

$25 \leq 3k < 2500$ $\therefore \frac{25}{3} \leq k < \frac{2500}{3}$

$\frac{25}{3}=8.\times\times\times$, $\frac{2500}{3}=833.\times\times\times$이므로 정수 k의 개수는

$833-9+1=825$

29 답 18

점 D의 좌표를 $(a, 2a^2)$ $(a>0)$이라 하면

A$(-a, 2a^2)$, B$\left(-a, -\frac{2}{3}a^2\right)$, C$\left(a, -\frac{2}{3}a^2\right)$이므로

$\overline{AD}=a-(-a)=2a$

$\overline{AB}=2a^2-\left(-\frac{2}{3}a^2\right)=\frac{8}{3}a^2$

$\overline{AB}=2\overline{AD}$이므로

$\frac{8}{3}a^2=2 \times 2a$, $\frac{8}{3}a^2-4a=0$

$8a^2-12a=0$, $4a(2a-3)=0$

$\therefore a=0$ 또는 $a=\frac{3}{2}$

이때 $a>0$이므로 $a=\frac{3}{2}$

$\therefore \overline{AD}=2 \times \frac{3}{2}=3$, $\overline{AB}=\frac{8}{3} \times \left(\frac{3}{2}\right)^2=6$

$\therefore \square ABCD=3 \times 6=18$

30 답 $\frac{4}{3}$

점 A의 좌표를 $\left(a, \frac{1}{4}a^2\right)$ $(a>0)$이라 하면 D(a, a^2)

점 C의 y의 좌표가 a^2이므로 $\frac{1}{4}x^2=a^2$에서

$x^2=4a^2$ $\therefore x=\pm 2a$

이때 $x>0$이므로 $x=2a$ $\therefore$ C$(2a, a^2)$

$\square ABCD$는 정사각형이므로 $\overline{AD}=\overline{CD}$

$a^2-\frac{1}{4}a^2=2a-a$에서 $\frac{3}{4}a^2=a$, $3a^2-4a=0$

$a(3a-4)=0$ $\therefore a=0$ 또는 $a=\frac{4}{3}$

이때 $a>0$이므로 $a=\frac{4}{3}$

따라서 점 A의 x좌표는 $\frac{4}{3}$이다.

31 답 $0<a<\frac{5}{16}$

그래프의 꼭짓점의 좌표는 $(4, -5)$

(i) $a<0$이면 그래프가 위로 볼록하므로 제1, 2사분면을 지나지
않는다.

(ii) $a>0$이면 그래프가 아래로 볼록하므로 y축과의 교점이 x축
아래에 있을 때, 모든 사분면을 지난다.

$x=0$을 대입하면 $y=16a-5$

즉, $16a-5<0$에서 $a<\frac{5}{16}$

(i), (ii)에서 $0<a<\frac{5}{16}$

32 답 $x>-2$

주어진 일차함수의 그래프에서

$(기울기)=\frac{0-(-2)}{4-0}=\frac{1}{2}$ $\therefore a=\frac{1}{2}$

y절편은 -2이므로 $b=-2$

따라서 이차함수 $y=\frac{1}{2}(x+2)^2-1$의 그래프는 축의 방정식이

$x=-2$이고 아래로 볼록하므로 $x>-2$이면 x의 값이 증가할
때, y의 값도 증가한다.

33 답 $\dfrac{5}{3}$

이차함수 $y=a(x-p)^2+q$의 그래프가 x축과 두 점 $(-4,0)$, $(2,0)$에서 만나므로 꼭짓점의 x좌표는

$\dfrac{-4+2}{2}=-1$ ∴ $p=-1$

또, 꼭짓점이 직선 $y=3$ 위에 있으므로 꼭짓점의 y좌표는 3이다.

∴ $q=3$

따라서 주어진 이차함수의 식은 $y=a(x+1)^2+3$

이 그래프가 점 $(-4,0)$을 지나므로

$9a+3=0$ ∴ $a=-\dfrac{1}{3}$

∴ $a+p+q=-\dfrac{1}{3}+(-1)+3=\dfrac{5}{3}$

34 답 -18

$y=2x^2$의 그래프를 x축의 방향으로 p만큼 평행이동한 그래프의 식은 $y=2(x-p)^2$

$y=0$을 대입하면 $0=2(x-p)^2$에서 $x=p$ ∴ $\mathrm{A}(p,0)$

$x=0$을 대입하면 $y=2p^2$ ∴ $\mathrm{B}(0,2p^2)$

즉, $\overline{\mathrm{OA}}=p$, $\overline{\mathrm{OB}}=2p^2$이므로

$\triangle\mathrm{OAB}=\dfrac{1}{2}\times p\times 2p^2=27$

$p^3=27$ ∴ $p=3$

$y=2x^2$의 그래프를 y축의 방향으로 q만큼 평행이동한 그래프의 식은 $y=2x^2+q$

이 그래프가 점 $\mathrm{A}(3,0)$을 지나므로

$0=18+q$ ∴ $q=-18$

35 답 0

$y=a(x+1)^2-3$의 그래프를 x축의 방향으로 b만큼, y축의 방향으로 c만큼 평행이동한 그래프의 식은

$y=a(x-b+1)^2-3+c$

이므로 꼭짓점의 좌표는 $(b-1,-3+c)$

즉, $b-1=4$, $-3+c=1$이므로 $b=5$, $c=4$

따라서 구하는 이차함수의 식은 $y=a(x-4)^2+1$

이 그래프가 점 $(2,5)$를 지나므로

$5=4a+1$, $4a=4$ ∴ $a=1$

∴ $a-b+c=1-5+4=0$

36 답 제1사분면, 제2사분면

주어진 그래프가 아래로 볼록하므로 $a>0$

꼭짓점 (p,q)가 y축 위에 있으므로 $p=0$

또, 꼭짓점이 x축 아래에 있으므로 $q<0$

따라서 $y=q(x-a)^2+p$의 그래프는 $q<0$이므로 위로 볼록하고 꼭짓점 (a,p)가 x축 위에 있으므로 오른쪽 그림과 같다.

따라서 제1사분면, 제2사분면을 지나지 않는다.

37 답 $\mathrm{P}(2,8)$

점 P의 x좌표를 $k\,(k>0)$라 하면

$\mathrm{P}\!\left(k,\dfrac{1}{2}k^2+6\right)$, $\mathrm{Q}(k,-2(k-4)^2)$이므로

$\overline{\mathrm{PQ}}=\dfrac{1}{2}k^2+6-\{-2(k-4)^2\}=16$

$\dfrac{1}{2}k^2+6+2k^2-16k+32=16$

$\dfrac{5}{2}k^2-16k+22=0$, $5k^2-32k+44=0$

$(k-2)(5k-22)=0$ ∴ $k=2$ 또는 $k=\dfrac{22}{5}$

이때 k는 자연수이므로 $k=2$

∴ $\mathrm{P}(2,8)$

38 답 48

세 이차함수

$y=-3(x+2)^2$,

$y=-3(x-2)^2$,

$y=-3x^2+12$

의 그래프는 오른쪽 그림과 같다.

세 이차함수의 그래프는 폭이 서로 같으므로

(㉠의 넓이) = (㉣의 넓이),

(㉡의 넓이) = (㉢의 넓이)

따라서 구하는 부분의 넓이는 가로의 길이가 4, 세로의 길이가 12인 직사각형의 넓이와 같으므로 $4\times 12=48$

39 답 2

$y=x^2+ax+b$의 그래프가 점 $(2,4)$를 지나므로

$4=4+2a+b$ ∴ $b=-2a$

$y=x^2+ax+b$

$=x^2+ax-2a$

$=\left(x^2+ax+\dfrac{a^2}{4}-\dfrac{a^2}{4}\right)-2a$

$=\left(x+\dfrac{a}{2}\right)^2-\dfrac{a^2}{4}-2a$

이므로 꼭짓점의 좌표는 $\left(-\dfrac{a}{2},-\dfrac{a^2}{4}-2a\right)$

꼭짓점이 직선 $y=2x+1$ 위에 있으므로

$-\dfrac{a^2}{4}-2a=2\times\left(-\dfrac{a}{2}\right)+1$

$a^2+4a+4=0$, $(a+2)^2=0$ ∴ $a=-2$

$b=-2a=-2\times(-2)=4$

∴ $a+b=-2+4=2$

40 답 15

$y=2x^2+ax-1$

$=2\left(x^2+\dfrac{a}{2}x\right)-1$

$=2\left(x^2+\dfrac{a}{2}x+\dfrac{a^2}{16}-\dfrac{a^2}{16}\right)-1$

$=2\left(x+\dfrac{a}{4}\right)^2-\dfrac{a^2}{8}-1$

이므로 꼭짓점의 좌표는 $\left(-\dfrac{a}{4},-\dfrac{a^2}{8}-1\right)$

$y=-3x^2+12x-3b$

$=-3(x^2-4x)-3b$

$=-3(x^2-4x+4-4)-3b$

$=-3(x-2)^2+12-3b$

이므로 꼭짓점의 좌표는 $(2, 12-3b)$

이때 두 꼭짓점의 좌표가 서로 같으므로

$-\dfrac{a}{4}=2$ ∴ $a=-8$

$-\dfrac{a^2}{8}-1=12-3b$에서 $a=-8$이므로

$-9=12-3b,\ 3b=21$ ∴ $b=7$

∴ $b-a=7-(-8)=15$

41 답 $k<-\dfrac{9}{2}$

$y=-2x^2+6x$

$\quad=-2\left(x^2-3x+\dfrac{9}{4}-\dfrac{9}{4}\right)$

$\quad=-2\left(x-\dfrac{3}{2}\right)^2+\dfrac{9}{2}$

이 그래프를 y축의 방향으로 k만큼 평행이동한 그래프의 식은

$y=-2\left(x-\dfrac{3}{2}\right)^2+\dfrac{9}{2}+k$

그래프가 위로 볼록하므로 그래프가 x축과 만나지 않으려면 꼭짓점이 x축의 아래쪽에 있어야 하므로

$\dfrac{9}{2}+k<0$ ∴ $k<-\dfrac{9}{2}$

42 답 $\dfrac{17}{36}$

$y=x^2+ax+b$

$\quad=\left(x^2+ax+\dfrac{a^2}{4}-\dfrac{a^2}{4}\right)+b$

$\quad=\left(x+\dfrac{a}{2}\right)^2+b-\dfrac{a^2}{4}$

그래프가 아래로 볼록하므로 그래프가 x축과 만나지 않으려면 꼭짓점이 x축의 위쪽에 있어야 하므로

$b-\dfrac{a^2}{4}>0$, 즉 $a^2<4b$

(ⅰ) $a=1$일 때,

$\quad b=1,\ 2,\ 3,\ 4,\ 5,\ 6$의 6가지

(ⅱ) $a=2$일 때,

$\quad b=2,\ 3,\ 4,\ 5,\ 6$의 5가지

(ⅲ) $a=3$일 때,

$\quad b=3,\ 4,\ 5,\ 6$의 4가지

(ⅳ) $a=4$일 때,

$\quad b=5,\ 6$의 2가지

모든 경우의 수는 $6\times6=36$(가지)이고

(ⅰ)~(ⅳ)에서 $6+5+4+2=17$(가지)이므로

구하는 확률은 $\dfrac{17}{36}$

43 답 -18

꼭짓점의 y좌표가 6이고 $\triangle ABC$의 넓이가 12이므로

$\triangle ABC=\dfrac{1}{2}\times\overline{BC}\times6=12$ ∴ $\overline{BC}=4$

그래프는 축의 방정식 $x=3$에 대하여 대칭이고 $\overline{BC}=4$이므로

$B(1, 0),\ C(5, 0)$

즉, 이차함수 $y=a(x-3)^2+6$의 그래프가 점 $(1, 0)$을 지나므로

$0=4a+6$ ∴ $a=-\dfrac{3}{2}$

따라서 이차함수의 그래프의 식은

$y=-\dfrac{3}{2}(x-3)^2+6$

$\quad=-\dfrac{3}{2}(x^2-6x+9)+6$

$\quad=-\dfrac{3}{2}x^2+9x-\dfrac{15}{2}$

즉, $a=-\dfrac{3}{2},\ b=9,\ c=-\dfrac{15}{2}$이므로

$a-b+c=-\dfrac{3}{2}-9+\left(-\dfrac{15}{2}\right)=-18$

44 답 $D(1, 6)$

$y=0$을 대입하면 $\dfrac{1}{2}x^2-\dfrac{1}{2}x-6=0$에서

$x^2-x-12=0,\ (x+3)(x-4)=0$

∴ $x=-3$ 또는 $x=4$

∴ $A(-3, 0),\ C(4, 0)$

$x=0$을 대입하면 $y=-6$ ∴ $B(0, -6)$

$\square ABCD$가 평행사변형이 되려면

$\overline{AB}\,/\!/\,\overline{CD}$이고 $\overline{AD}\,/\!/\,\overline{BC}$이어야 한다.

점 D의 좌표를 (a, b)라 하면

$\overline{AB}\,/\!/\,\overline{CD}$에서 $\dfrac{-6-0}{0-(-3)}=\dfrac{b-0}{a-4}$

∴ $2a+b=8$ ······ ㉠

$\overline{AD}\,/\!/\,\overline{BC}$에서 $\dfrac{b-0}{a-(-3)}=\dfrac{0-(-6)}{4-0}$

∴ $3a-2b=-9$ ······ ㉡

㉠, ㉡을 연립하여 풀면 $a=1,\ b=6$

∴ $D(1, 6)$

45 답 3

$x^2-4=-x^2+2x$에서 $2x^2-2x-4=0$

$x^2-x-2=0,\ (x+1)(x-2)=0$

∴ $x=-1$ 또는 $x=2$

$y=x^2-4$에 $x=-1$을 대입하면

$y=(-1)^2-4=-3$ ∴ $A(-1, -3)$

$y=x^2-4$에 $x=2$를 대입하면

$y=2^2-4=0$ ∴ $B(2, 0)$

$y=-x^2+2x$

$\quad=-(x^2-2x+1-1)$

$\quad=-(x-1)^2+1$

이므로 꼭짓점의 좌표는 $(1, 1)$ ∴ $C(1, 1)$

오른쪽 그림과 같이 두 점 A, C를 지나는 직선이 x축과 만나는 점을 D라 하자. 두 점 A, C를 지나는 직선의 방정식은

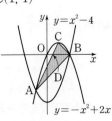

$y+3=\dfrac{1-(-3)}{1-(-1)}(x+1)$, 즉

$y=2x-1$

$y=0$을 대입하면

$0=2x-1$ $\therefore x=\dfrac{1}{2}$

$\therefore D\left(\dfrac{1}{2},\ 0\right)$

따라서 $\overline{BD}=2-\dfrac{1}{2}=\dfrac{3}{2}$이므로

$\begin{aligned}\triangle ABC&=\triangle ABD+\triangle BCD\\&=\dfrac{1}{2}\times\dfrac{3}{2}\times3+\dfrac{1}{2}\times\dfrac{3}{2}\times1=3\end{aligned}$

46 답 72

$\begin{aligned}y&=-x^2+4x+12\\&=-(x^2-4x+4-4)+12\\&=-(x-2)^2+16\end{aligned}$

이므로 꼭짓점의 좌표는 $(2,\ 16)$ $\therefore A(2,\ 16)$

$x=0$을 대입하면 $y=12$ $\therefore B(0,\ 12)$

$y=0$을 대입하면 $-x^2+4x+12=0$에서

$x^2-4x-12=0,\ (x+2)(x-6)=0$

$\therefore x=-2$ 또는 $x=6$

$\therefore C(-2,\ 0),\ D(6,\ 0)$

$\begin{aligned}\therefore\square ABCD&=\triangle OBC+\triangle OAB+\triangle OAD\\&=\dfrac{1}{2}\times12\times2+\dfrac{1}{2}\times12\times2+\dfrac{1}{2}\times6\times16\\&=12+12+48=72\end{aligned}$

47 답 -6

일차함수 $y=2x+2$의 그래프의 x절편은 -1, y절편은 2이므로

$C(-1,\ 0)$

$A(-4,\ 0),\ C(-1,\ 0)$이고 $\overline{AC}:\overline{BC}=2:1$이므로

$3:\overline{BC}=2:1,\ 2\overline{BC}=3$ $\therefore\overline{BC}=\dfrac{3}{2}$

$\therefore B\left(\dfrac{1}{2},\ 0\right)$

즉, 이차함수 $y=ax^2+bx+c$의 그래프가 x축과 두 점 $(-4,\ 0)$, $\left(\dfrac{1}{2},\ 0\right)$에서 만나므로 $y=a(x+4)\left(x-\dfrac{1}{2}\right)$

이 그래프가 점 $(0,\ 2)$를 지나므로

$2=a\times4\times\left(-\dfrac{1}{2}\right),\ -2a=2$ $\therefore a=-1$

따라서 이차함수의 식은

$y=-(x+4)\left(x-\dfrac{1}{2}\right)=-x^2-\dfrac{7}{2}x+2$

즉, $a=-1,\ b=-\dfrac{7}{2},\ c=2$이므로

$a+2b+c=-1+2\times\left(-\dfrac{7}{2}\right)+2=-6$

48 답 $y=\dfrac{2}{3}x-\dfrac{2}{3}$

$\begin{aligned}y&=-x^2+6x-5\\&=-(x^2-6x+9-9)-5\\&=-(x-3)^2+4\end{aligned}$

이므로 꼭짓점의 좌표는 $(3,\ 4)$ $\therefore A(3,\ 4)$

$y=0$을 대입하면 $0=-x^2+6x-5$에서

$x^2-6x+5=0,\ (x-1)(x-5)=0$

$\therefore x=1$ 또는 $x=5$

$\therefore B(1,\ 0),\ C(5,\ 0)$

따라서 $\overline{BC}=5-1=4$이므로

$\triangle ABC=\dfrac{1}{2}\times4\times4=8$

오른쪽 그림과 같이 $\overline{AC}$와 직선 l의 교점을 D라 하고 점 D의 좌표를 $(a,\ b)$라 하면

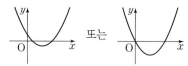

$\triangle DBC=\dfrac{1}{2}\triangle ABC=4$

즉, $\dfrac{1}{2}\times4\times b=4$

$2b=4$ $\therefore b=2$

두 점 $A(3,\ 4),\ C(5,\ 0)$을 지나는 직선의 방정식은

$y=\dfrac{4-0}{3-5}(x-5)$ $\therefore y=-2x+10$

이 직선이 점 $D(a,\ 2)$를 지나므로

$2=-2a+10,\ 2a=8$ $\therefore a=4$

$\therefore D(4,\ 2)$

직선 l은 두 점 $B(1,\ 0),\ D(4,\ 2)$를 지나므로 직선 l의 방정식은

$y=\dfrac{2-0}{4-1}(x-1)$ $\therefore y=\dfrac{2}{3}x-\dfrac{2}{3}$

49 답 제1, 2, 3, 4사분면

이차함수 $y=ax^2+bx+c$의 그래프가 제1, 2, 4사분면만을 지나려면 그래프의 모양이 다음 그림과 같아야 하므로

$a>0,\ b<0,\ c\geq0$

이때 이차함수 $y=cx^2+ax+b$에서 $c\neq0$이므로

$\begin{aligned}y&=cx^2+ax+b=c\left\{x^2+\dfrac{a}{c}x+\left(\dfrac{a}{2c}\right)^2-\left(\dfrac{a}{2c}\right)^2\right\}+b\\&=c\left(x+\dfrac{a}{2c}\right)^2+b-\dfrac{a^2}{4c}\end{aligned}$

$c>0$이므로 이차함수의 그래프는 아래로 볼록하고

$-\dfrac{a}{2c}<0$이므로 축은 y축의 왼쪽에 있다.

또, $b<0$이므로 y축과의 교점은 x축의 아래쪽에 있다.

따라서 이차함수 $y=cx^2+ax+b$의 그래프는 오른쪽 그림과 같으므로

제1, 2, 3, 4사분면을 지난다.

50 답 ㄱ, ㄹ

함수 $y=ax^2+bx+c$에 대하여

ㄱ. $x=-2$일 때, $y=4a-2b+c>0$

ㄴ. $x=-1$일 때, $y=a-b+c<0$

ㄷ. $x=0$일 때, $y=c<0$

ㄹ. $x=1$일 때, $y=a+b+c<0$

ㅁ. $x=2$일 때, $y=4a+2b+c>0$

따라서 옳지 않은 것은 ㄱ, ㄹ이다.

기말고사 대비 실전 모의고사 ①회

97쪽~100쪽

01 ③	**02** ③	**03** ⑤	**04** ④	**05** ②
06 ①	**07** ①	**08** ③	**09** ①	**10** ②
11 ④	**12** ①	**13** ⑤	**14** ④	**15** ③
16 ⑤	**17** ③	**18** ④	**19** $x=0$ 또는 $x=1$	
20 $\dfrac{5}{4}$	**21** 18	**22** 6	**23** -1	

01 답 ③

① $-5x^2+2x=-3$에서 $5x^2-2x-3=0$이므로 이차방정식이다.

② $10x(x-1)=10x-8x^2$에서 $10x^2-10x=10x-8x^2$,
$18x^2-20x=0$이므로 이차방정식이다.

③ $(x-2)^2=x^2$에서 $x^2-4x+4=x^2$, $-4x+4=0$이므로 이차방정식이 아니다.

④ $3x+1=x^2$에서 $x^2-3x-1=0$이므로 이차방정식이다.

⑤ $4x^3+x^2+3=4x^3$에서 $x^2+3=0$이므로 이차방정식이다.

따라서 이차방정식이 아닌 것은 ③이다.

02 답 ③

$x=3$을 이차방정식에 각각 대입하면

ㄱ. $3\times3\times(3-2)=9\neq0$

ㄴ. $3^2-3\times3=0$

ㄷ. $3^2-9=0$

ㄹ. $3^2=9\neq-2\times3-15=-21$

ㅁ. $2\times3^2-7\times3+3=0$

ㅂ. $(3+2)\times(3-3)-6=-6\neq0$

따라서 $x=3$을 해로 갖는 것은 ㄴ, ㄷ, ㅁ의 3개이다.

03 답 ⑤

$(x-2)(x+3)=0$에서 $x-2=0$ 또는 $x+3=0$

$\therefore x=2$ 또는 $x=-3$

두 근 중에서 작은 근은 $x=-3$이므로

$x=-3$을 $2x^2+ax-3=0$에 대입하면

$18-3a-3=0$, $-3a=-15$ $\therefore a=5$

04 답 ④

$x^2+(2a+1)x+3a=0$의 일차항의 계수와 상수항을 바꾸면

$x^2+3ax+(2a+1)=0$

$x=-1$을 $x^2+3ax+(2a+1)=0$에 대입하면

$1-3a+(2a+1)=0$, $-a+2=0$ $\therefore a=2$

$a=2$를 $x^2+(2a+1)x+3a=0$에 대입하면

$x^2+5x+6=0$에서 $(x+3)(x+2)=0$

$\therefore x=-3$ 또는 $x=-2$

따라서 처음 이차방정식의 두 근의 곱은

$(-3)\times(-2)=6$

05 답 ②

$x^2-18x+6k+3=0$이 중근을 가지므로

$6k+3=\left(-\dfrac{18}{2}\right)^2$에서 $6k=78$ $\therefore k=13$

$k=13$을 주어진 이차방정식에 대입하면 $x^2-18x+81=0$이므로

$(x-9)^2=0$ $\therefore x=9$ $\therefore m=9$

$\therefore k+m=13+9=22$

06 답 ①

$3x^2-6x-10=0$에서 $x^2-2x-\dfrac{10}{3}=0$

$x^2-2x=\dfrac{10}{3}$, $x^2-2x+1=\dfrac{10}{3}+1$

$(x-1)^2=\dfrac{13}{3}$ $\therefore a=1$, $b=\dfrac{13}{3}$

$\therefore a-b=1-\dfrac{13}{3}=-\dfrac{10}{3}$

07 답 ①

$x-5=A$라 하면 $A^2+3A-28=0$

$(A+7)(A-4)=0$ $\therefore A=-7$ 또는 $A=4$

$x-5=A$이므로 $x-5=-7$ 또는 $x-5=4$

$\therefore x=-2$ 또는 $x=9$

따라서 두 근의 곱은

$-2\times9=-18$

08 답 ③

$2x^2+6x-3(k+3)=0$이 서로 다른 두 근을 가지므로

$6^2-4\times2\times\{-3(k+3)\}>0$, $2k+9>0$

$\therefore k>-4.5$

이때 정수 k의 최솟값은 -4이므로

$x=-4$를 $x^2-(m+3)x+16=0$에 대입하면

$16+4(m+3)+16=0$에서

$4m=-44$ $\therefore m=-11$

09 답 ①

$\overline{BC}=x$ cm라 하면 $\overline{CE}=(17-x)$ cm

$\square ABCD\backsim\square FGCE$이므로

$\overline{AB}:\overline{FG}=\overline{BC}:\overline{GC}$에서 $6:(17-x)=x:12$

$x(17-x)=72$, $x^2-17x+72=0$

$(x-8)(x-9)=0$ $\therefore x=8$ 또는 $x=9$

이때 $\overline{BC}>\overline{CE}$이므로 $x=9$

$\therefore \overline{BC}=9$ cm

10 답 ②

$f(a)=12$이므로 $2a^2-a+2=12$

$2a^2-a-10=0$, $(a+2)(2a-5)=0$

$\therefore a=-2$ 또는 $a=\dfrac{5}{2}$

따라서 정수 a는 -2이다.

11 답 ④

이차함수 $y=ax^2$에서 그래프가 아래로 볼록하려면 $a>0$

그래프의 폭이 가장 넓으려면 a의 절댓값이 가장 작아야 한다.

따라서 아래로 볼록하면서 폭이 가장 넓은 것은 ④이다.

12 답 ①

$y=-\dfrac{1}{3}(x+2)^2$의 그래프가 점 $(a, -12)$를 지나므로

$-12=-\dfrac{1}{3}(a+2)^2$, $a^2+4a-32=0$

$(a+8)(a-4)=0$ $\therefore a=-8$ 또는 $a=4$

이때 $a > 0$이므로 $a = 4$

$y = -\frac{1}{3}(x+2)^2$의 그래프가 점 $(-12, b)$를 지나므로

$b = -\frac{1}{3}(-12+2)^2 = -\frac{100}{3}$

$\therefore 3ab = 3 \times 4 \times \left(-\frac{100}{3}\right) = -400$

13 답 ⑤

$y = -\frac{1}{3}(x-p)^2+q$에서 꼭짓점의 좌표가 $(2, 4)$이므로

$p = 2, q = 4$

$y = -\frac{1}{3}(x-2)^2+4$의 그래프가 점 $\left(\frac{1}{2}, a\right)$를 지나므로

$a = -\frac{1}{3}\left(\frac{1}{2}-2\right)^2+4 = \frac{13}{4}$

$\therefore a+p+q = \frac{13}{4}+2+4 = \frac{37}{4}$

14 답 ④

이차함수 $y = \frac{1}{2}x^2$의 그래프를 x축의 방향으로 p만큼 평행이동

한 그래프의 식은 $y = \frac{1}{2}(x-p)^2$

이차함수 $y = \frac{1}{2}x^2$의 그래프를 y축의 방향으로 q만큼 평행이동

한 그래프의 식은 $y = \frac{1}{2}x^2+q$

두 그래프가 모두 점 $(2, 8)$을 지나므로

$8 = \frac{1}{2}(2-p)^2$ ...... ㉠, $8 = 2+q$ ...... ㉡

㉠에서 $(2-p)^2 = 16$, $2-p = \pm 4$

$\therefore p = -2$ 또는 $p = 6$

이때 $p > 0$이므로 $p = 6$

㉡에서 $q = 6$

$\therefore p+q = 6+6 = 12$

15 답 ③

$y = ax+b$의 그래프에서 $a > 0$, $b < 0$

따라서 이차함수 $y = (x-a)^2+b$의 그래프는 아래로 볼록하고,

꼭짓점 (a, b)가 제4사분면에 있으므로 그래프로 알맞은 것은

③이다.

16 답 ⑤

$y = -x^2+2x+a$

$\quad = -(x^2-2x+1-1)+a$

$\quad = -(x-1)^2+1+a$

이므로 축의 방정식은 $x = 1$

이때 $\overline{AB} = 6$이므로

$A(-2, 0)$, $B(4, 0)$ 또는 $A(4, 0)$, $B(-2, 0)$

따라서 $y = -x^2+2x+a$의 그래프가 점 $(4, 0)$을 지나므로

$0 = -16+8+a$ $\quad \therefore a = 8$

17 답 ③

$y = 3x^2-6x+15$

$\quad = 3(x^2-2x+1-1)+15$

$\quad = 3(x-1)^2+12$

③ 축의 방정식은 $x = 1$이다.

따라서 옳지 않은 것은 ③이다.

18 답 ④

그래프가 x축과 두 점 $(-4, 0)$, $(-1, 0)$에서 만나므로

$y = a(x+1)(x+4)$

이 그래프가 점 $(0, 8)$을 지나므로 $8 = 4a$ $\quad \therefore a = 2$

따라서 주어진 이차함수의 식은

$y = 2(x+1)(x+4) = 2x^2+10x+8$

즉, $a = 2$, $b = 10$, $c = 8$이므로

$a+b+c = 2+10+8 = 20$

19 답 $x=0$ 또는 $x=1$

주어진 이차방정식의 양변에 6을 곱하면

$2x(x-1)-(x-3)(x+2) = 6$ ...... ❶

$2x^2-2x-x^2+x+6 = 6$, $x^2-x = 0$ ...... ❷

$x(x-1) = 0$ $\quad \therefore x = 0$ 또는 $x = 1$ ...... ❸

채점 기준	배점
❶ 양변에 분모의 최소공배수 곱하기	1점
❷ 괄호를 풀어 식 정리하기	1점
❸ 해 구하기	2점

20 답 $\frac{5}{4}$

$x^2-8x+5k+1 = 0$이 중근을 가지므로

$5k+1 = \left(\frac{-8}{2}\right)^2$에서 $5k = 15$ $\quad \therefore k = 3$ ...... ❶

$k = 3$을 $(k-1)x^2+x-1 = 0$에 대입하면

$2x^2+x-1 = 0$, $(x+1)(2x-1) = 0$

$\therefore x = -1$ 또는 $x = \frac{1}{2}$ ...... ❷

따라서 두 근의 제곱의 합은

$(-1)^2+\left(\frac{1}{2}\right)^2 = 1+\frac{1}{4} = \frac{5}{4}$ ...... ❸

채점 기준	배점
❶ k의 값 구하기	2점
❷ 방정식의 두 근 구하기	2점
❸ 두 근의 제곱의 합 구하기	2점

21 답 18

배치한 가로 줄의 수를 x라 하면 세로 줄의 수는 $(38-x)$이므

로 $x(38-x) = 360$ ...... ❶

$x^2-38x+360 = 0$, $(x-18)(x-20) = 0$

$\therefore x = 18$ 또는 $x = 20$ ...... ❷

이때 $38-x > x$이므로 $2x < 38$ $\quad \therefore x < 19$

$\therefore x = 18$

따라서 배치한 가로 줄의 수는 18이다. ...... ❸

채점 기준	배점
❶ 이차방정식 세우기	2점
❷ 이차방정식의 해 구하기	2점
❸ 가로 줄의 수 구하기	2점

22 답 6

$y=ax^2+q$의 그래프의 꼭짓점의 좌표는 $(0, q)$

$y=2(x-2)^2$의 그래프가 점 $(0, q)$를 지나므로

$q=2\times(-2)^2$ ∴ $q=8$ ······❶

$y=2(x-2)^2$의 그래프의 꼭짓점의 좌표는 $(2, 0)$

$y=ax^2+8$의 그래프가 점 $(2, 0)$을 지나므로

$0=4a+8$ ∴ $a=-2$ ······❷

∴ $a+q=-2+8=6$ ······❸

채점 기준	배점
❶ q의 값 구하기	3점
❷ a의 값 구하기	3점
❸ $a+q$의 값 구하기	1점

23 답 -1

조건 ㈎에서 그래프가 점 (a, a^2+3)을 지나므로

$a^2+3=2a^2-a-a$, $a^2-2a-3=0$

$(a+1)(a-3)=0$ ∴ $a=-1$ 또는 $a=3$ ······㉠ ······❶

조건 ㈏에서 그래프가 x축과 만나지 않으려면

$y=2x^2-x-a$

$=2\left(x^2-\dfrac{1}{2}x+\dfrac{1}{16}-\dfrac{1}{16}\right)-a$

$=2\left(x-\dfrac{1}{4}\right)^2-a-\dfrac{1}{8}$

에서 $-a-\dfrac{1}{8}>0$ ∴ $a<-\dfrac{1}{8}$ ······㉡ ······❷

따라서 ㉠, ㉡을 모두 만족시키는 상수 a는 $a=-1$ ······❸

채점 기준	배점
❶ 조건 ㈎를 만족시키는 a의 값 구하기	3점
❷ 조건 ㈏를 만족시키는 a의 값의 범위 구하기	3점
❸ 조건을 모두 만족시키는 a의 값 구하기	1점

기말고사 대비 실전 모의고사 ②회

101쪽~104쪽

01 ③	02 ④	03 ②	04 ③	05 ①
06 ①	07 ②	08 ③	09 ④	10 ②
11 ④	12 ①	13 ①	14 ⑤	15 ③
16 ⑤	17 ⑤	18 ②	19 -3	20 3, 8
21 15 cm	22 $y=3(x+6)^2+5$	23 12		

01 답 ③

ㄱ. $2x=8x^2$에서 $8x^2-2x=0$이므로 이차방정식이다.

ㄴ. $2x^3-x^2=2x^3$에서 $x^2=0$이므로 이차방정식이다.

ㄷ. $(x-1)^2=(x+5)^2$에서 $x^2-2x+1=x^2+10x+25$,

$12x+24=0$이므로 이차방정식이 아니다.

ㄹ. $4x^2+3=(2x-1)(2x+7)$에서 $4x^2+3=4x^2+12x-7$,

$12x-10=0$이므로 이차방정식이 아니다.

ㅁ. $2x(x-6)=-8x^2+x-3$에서 $2x^2-12x=-8x^2+x-3$,

$10x^2-13x+3=0$이므로 이차방정식이다.

따라서 이차방정식은 ㄱ, ㄴ, ㅁ의 3개이다.

02 답 ④

[ ] 안의 수를 주어진 이차방정식에 각각 대입하면

① $1\times(1-5)=-4\neq0$

② $2^2-5\times2-6=-12\neq0$

③ $-1\times(-1+2)=-1\neq3\times(-1)=-3$

④ $(6+1)\times(6-5)=7$

⑤ $3\times(-2)^2-(-2)=14\neq10$

따라서 [ ] 안의 수가 주어진 이차방정식의 해인 것은 ④이다.

03 답 ②

$x^2+6x+5a-1=0$이 중근을 가지므로

$5a-1=\left(\dfrac{6}{2}\right)^2$에서

$5a=10$ ∴ $a=2$

$a=2$를 주어진 이차방정식에 대입하면

$x^2+6x+9=0$이므로 $(x+3)^2=0$

∴ $x=-3$ ∴ $b=-3$

∴ $a+b=2+(-3)=-1$

04 답 ③

$(x+c)^2=x^2+2cx+c^2$이므로 $a=2c$, $b=c^2$ ······㉠

$b+c=12$에서 $b=12-c$ ······㉡

㉠, ㉡을 연립하여 풀면

$12-c=c^2$에서 $c^2+c-12=0$

$(c+4)(c-3)=0$ ∴ $c=-4$ 또는 $c=3$

이때 $c>0$이므로 $c=3$

∴ $a=2c=2\times3=6$

05 답 ①

근의 공식을 이용하면

$x=\dfrac{-2\pm\sqrt{2^2-3\times(-5)}}{3}=\dfrac{-2\pm\sqrt{19}}{3}$

따라서 $a=3$, $b=2$, $c=19$이므로

$a+b+c=3+2+19=24$

06 답 ①

$x+y=A$라 하면 $(A+2)(A-4)+9=0$

$A^2-2A+1=0$, $(A-1)^2=0$ ∴ $A=1$

$x+y=A$이므로 $x+y=1$

07 답 ②

$4x^2-8x+m=0$이 중근을 가지므로

$4\left(x^2-2x+\dfrac{m}{4}\right)=0$에서

$\dfrac{m}{4}=\left(\dfrac{-2}{2}\right)^2$ ∴ $m=4$

따라서 두 근이 $x=4$, $x=2$이고 x^2의 계수가 3인 이차방정식은

$3(x-4)(x-2)=0$, $3(x^2-6x+8)=0$

∴ $3x^2-18x+24=0$

08 답 ③

연속하는 세 홀수를 $x-2$, x, $x+2$라 하면

$2(x-2)^2+1=x(x+2)$

$2x^2-8x+8+1=x^2+2x$, $x^2-10x+9=0$

$(x-1)(x-9)=0$ ∴ $x=1$ 또는 $x=9$

이때 $x>2$이므로 $x=9$

따라서 세 홀수는 7, 9, 11이므로 세 홀수의 합은

$7+9+11=27$

09 답 ④

처음 동아리 학생을 x명이라 하면 새로 온 학생이 갖고 있는 사탕

은 x개이고, 다른 학생 한 명이 갖고 있는 사탕은 $\dfrac{x}{2}$개이므로

$x \times \dfrac{x}{2}+1 \times x=144$, $x^2+2x-288=0$

$(x+18)(x-16)=0$ ∴ $x=-18$ 또는 $x=16$

이때 x는 자연수이므로 $x=16$

따라서 처음 동아리 학생은 모두 16명이다.

10 답 ②

$f(2)=8+2a-3=9$, $2a=4$ ∴ $a=2$

11 답 ④

아래로 볼록한 그래프 중에서 그래프 ㉠의 폭이 더 좁으므로 ㉠이

나타내는 그래프의 식은 $y=\dfrac{4}{3}x^2$

이 그래프가 점 $(3, a)$를 지나므로

$a=\dfrac{4}{3} \times 3^2=12$

12 답 ①

$y=2(x-3+1)^2-5+4=2(x-2)^2-1$

13 답 ①

$x=0$을 대입하면 $y=-3$ ∴ $\mathrm{C}(0, -3)$

즉, $\overline{\mathrm{OC}}=3$이므로 $\dfrac{1}{2} \times \overline{\mathrm{AB}} \times 3=9$에서 $\overline{\mathrm{AB}}=6$

$\overline{\mathrm{OA}}=\overline{\mathrm{OB}}$이므로 $\mathrm{A}(-3, 0)$, $\mathrm{B}(3, 0)$

따라서 $y=ax^2-3$의 그래프가 점 $(3, 0)$을 지나므로

$0=9a-3$ ∴ $a=\dfrac{1}{3}$

14 답 ⑤

$y=x^2+ax+b$의 그래프가 점 $(-1, 4)$를 지나므로

$4=1-a+b$ ∴ $b=a+3$

$y=x^2+ax+b$

$=x^2+ax+a+3$

$=\left\{x^2+ax+\left(\dfrac{a}{2}\right)^2-\left(\dfrac{a}{2}\right)^2\right\}+a+3$

$=\left(x+\dfrac{a}{2}\right)^2-\dfrac{a^2}{4}+a+3$

이므로 꼭짓점의 좌표는 $\left(-\dfrac{a}{2}, -\dfrac{a^2}{4}+a+3\right)$

꼭짓점이 직선 $y=-\dfrac{1}{2}x+3$ 위에 있으므로

$-\dfrac{a^2}{4}+a+3=\dfrac{a}{4}+3$에서 $a^2-3a=0$

$a(a-3)=0$ ∴ $a=0$ 또는 $a=3$

이때 $a>0$이므로 $a=3$

∴ $b=a+3=3+3=6$

∴ $a+b=3+6=9$

15 답 ③

$y=2x^2-12x+20$

$=2(x^2-6x+9-9)+20$

$=2(x-3)^2+2$

이 이차함수의 그래프를 x축의 방향으로 a만큼, y축의 방향으

로 b만큼 평행이동한 그래프의 식은

$y=2(x-a-3)^2+2+b$

$y=2x^2+4x-1$

$=2(x^2+2x+1-1)-1$

$=2(x+1)^2-3$

이므로 $-a-3=1$, $2+b=-3$

따라서 $a=-4$, $b=-5$이므로

$ab=-4 \times (-5)=20$

16 답 ⑤

$a<0$이므로 그래프가 위로 볼록하다.

$b>0$이므로 축은 y축의 오른쪽에 있다.

$c>0$이므로 y축과의 교점이 x축보다 위쪽에 있다.

따라서 이차함수 $y=ax^2+bx+c$의 그래프로 알맞은 것은 ⑤

이다.

17 답 ⑤

그래프와 x축과의 교점이 $(-1, 0)$, $(3, 0)$이므로

$y=a(x+1)(x-3)$이라 하면

이 그래프가 점 $(0, -3)$을 지나므로

$-3=a(0+1)(0-3)$ ∴ $a=1$

∴ $y=(x+1)(x-3)$

$=x^2-2x-3$

$=(x^2-2x+1-1)-3$

$=(x-1)^2-4$

⑤ $y=-3$을 $y=(x-1)^2-4$에 대입하면

$-3=(x-1)^2-4$, $x(x-2)=0$ ∴ $x=0$ 또는 $x=2$

∴ $\mathrm{B}(2, -3)$

따라서 옳지 않은 것은 ⑤이다.

18 답 ②

꼭짓점의 좌표가 $(2, 4)$이므로

$y=a(x-2)^2+4$ ∴ $p=2$, $q=4$

그래프가 점 $(0, 2)$를 지나므로

$2=4a+4$ ∴ $a=-\dfrac{1}{2}$

∴ $apq=-\dfrac{1}{2} \times 2 \times 4=-4$

19 답 −3

$x=2$를 $ax^2-ax-a^2+3=0$에 대입하면

$4a-2a-a^2+3=0$, $a^2-2a-3=0$

$(a+1)(a-3)=0$ ∴ $a=-1$ 또는 $a=3$

이때 $a>0$이므로 $a=3$ ……❶

$a=3$을 $ax^2-ax-a^2+3=0$에 대입하면

$3x^2-3x-6=0$, $x^2-x-2=0$, $(x+1)(x-2)=0$

$\therefore x=-1$ 또는 $x=2$ $\therefore b=-1$ ······❷

$\therefore ab=3\times(-1)=-3$ ······❸

채점 기준	배점
❶ a의 값 구하기	1점
❷ b의 값 구하기	1점
❸ ab의 값 구하기	2점

20 답 3, 8

근의 공식을 이용하면 $x=1\pm\sqrt{1+k}$ ······❶

이때 $x=1\pm\sqrt{1+k}$가 정수가 되려면 $1+k$는 0 또는 제곱수이

어야 하므로 $k+1=0, 1, 4, 9, 16, \cdots$

$\therefore k=-1, 0, 3, 8, 15, \cdots$ ······❷

따라서 한 자리의 자연수 k의 값은 3, 8이다. ······❸

채점 기준	배점
❶ 이차방정식의 해 구하기	2점
❷ 가능한 k의 값 구하기	4점
❸ 한 자리의 자연수 k의 값 구하기	1점

21 답 15 cm

처음 정사각형 모양의 종이의 한 변의 길이를 x cm라 하면 직육

면체 모양의 상자의 밑면은 한 변의 길이가 $(x-6)$ cm인 정사

각형이고 높이는 3 cm이다. ······❶

부피가 243 cm³이므로 $3(x-6)^2=243$ ······❷

$(x-6)^2=81, x-6=\pm9$

$\therefore x=-3$ 또는 $x=15$

이때 $x>6$이므로 $x=15$

따라서 처음 정사각형 모양의 종이의 한 변의 길이는 15 cm이다.

······❸

채점 기준	배점
❶ 직육면체 모양의 상자의 밑면의 한 변의 길이와 높이 구하기	2점
❷ 부피에 대한 이차방정식 세우기	2점
❸ 처음 정사각형 모양의 종이의 한 변의 길이 구하기	2점

22 답 $y=3(x+6)^2+5$

이차함수의 그래프를 y축의 방향으로 -2만큼 잘못 평행이동하

였으므로 평행이동하기 전의 이차함수의 그래프의 식은

$y=3(x+4)^2+3+2=3(x+4)^2+5$ ······❶

$y=3(x+4)^2+5$의 그래프를 x축의 방향으로 -2만큼 평행이

동한 그래프의 식은

$y=3(x+2+4)^2+5=3(x+6)^2+5$ ······❷

채점 기준	배점
❶ 평행이동하기 전의 그래프의 식 구하기	3점
❷ 바르게 평행이동한 그래프의 식 구하기	3점

23 답 12

$x=0$을 $y=x^2-4$에 대입하면 $y=-4$ $\therefore$ C$(0, -4)$

$y=0$을 $y=x^2-4$에 대입하면 $0=x^2-4$ $\therefore x=\pm2$

$\therefore$ B$(-2, 0)$, D$(2, 0)$ ······❶

$y=-\dfrac{1}{2}x^2+a$의 그래프가 점 D$(2, 0)$을 지나므로

$0=-2+a$ $\therefore a=2$

$\therefore$ A$(0, 2)$ ······❷

$\therefore \square$ABCD$=\triangle$ABD$+\triangle$BCD

$=\dfrac{1}{2}\times4\times2+\dfrac{1}{2}\times4\times4$

$=4+8=12$ ······❸

채점 기준	배점
❶ 세 점 B, C, D의 좌표 구하기	3점
❷ 점 A의 좌표 구하기	2점
❸ $\square$ABCD의 넓이 구하기	2점

기말고사 대비 **실전 모의고사** ③회

105쪽~108쪽

01 ⑤	02 ④	03 ②	04 ④	05 ⑤
06 ④	07 ①	08 ⑤	09 ⑤	10 ①
11 ①	12 ⑤	13 ②	14 ③	15 ③
16 ②	17 ④	18 ③	19 −4	20 −2
21 10초 후	22 4	23 $y=\dfrac{3}{2}x^2-6x+8$		

01 답 ⑤

$ax^2+2x=3x^2+3x+1$에서 $(a-3)x^2-x-1=0$

x에 대한 이차방정식이 되려면

$a-3\neq0$ $\therefore a\neq3$

02 답 ④

$x=k$를 $x^2+8kx-6k+1=0$에 대입하면

$k^2+8k^2-6k+1=0, 9k^2-6k+1=0$

$(3k-1)^2=0$ $\therefore k=\dfrac{1}{3}$

03 답 ②

$(x+2)(2x-3)=0$에서 $x+2=0$ 또는 $2x-3=0$

$\therefore x=-2$ 또는 $x=\dfrac{3}{2}$

04 답 ④

$2x^2+(2k+1)x+k=0$의 일차항의 계수와 상수항을 바꾸면

$2x^2+kx+(2k+1)=0$

$x=-1$을 $2x^2+kx+(2k+1)=0$에 대입하면

$2-k+(2k+1)=0, k+3=0$ $\therefore k=-3$

$k=-3$을 $2x^2+(2k+1)x+k=0$에 대입하면

$2x^2-5x-3=0, (2x+1)(x-3)=0$

$\therefore x=-\dfrac{1}{2}$ 또는 $x=3$

05 답 ⑤

조건 ㈎에서 $x=a$를 $x^2+4x-1=0$에 대입하면

$a^2+4a-1=0$ $\therefore a^2+4a=1$

조건 ㈏에서 $x=b$를 $x^2-3x+1=0$에 대입하면

$b^2-3b+1=0$

$b \neq 0$이므로 양변을 b로 나누면

$b-3+\dfrac{1}{b}=0$ $\therefore b+\dfrac{1}{b}=3$

$\therefore a^2+4a+b+\dfrac{1}{b}=1+3=4$

06 답 ④

$x^2+2ax+25b^2=0$이 중근을 가지므로

$25b^2=\left(\dfrac{2a}{2}\right)^2$ $\therefore a^2=25b^2$

$a^2=25b^2$을 만족시키는 20 이하의 두 자연수 a, b의 순서쌍 (a, b)는 $(5, 1)$, $(10, 2)$, $(15, 3)$, $(20, 4)$의 4개이다.

07 답 ①

$(x-4)(x+3)=3x-6$에서 $x^2-x-12=3x-6$

$x^2-4x-6=0$ $\therefore x=2\pm\sqrt{10}$

따라서 $a=2$, $b=10$이므로 $a+b=2+10=12$

08 답 ⑤

$x^2-6x+8=0$에서 $(x-2)(x-4)=0$

$\therefore x=2$ 또는 $x=4$

$\dfrac{(x-1)^2}{3}=\dfrac{(x-1)(x-2)}{2}$의 양변에 6을 곱하면

$2(x-1)^2=3(x-1)(x-2)$

$2x^2-4x+2=3x^2-9x+6$, $x^2-5x+4=0$

$(x-1)(x-4)=0$ $\therefore x=1$ 또는 $x=4$

따라서 두 이차방정식의 공통인 근은 $x=4$이다.

09 답 ⑤

$f(a)=2$이므로 $a^2-3a-8=2$

$a^2-3a-10=0$, $(a+2)(a-5)=0$

$\therefore a=-2$ 또는 $a=5$

이때 $a>0$이므로 $a=5$

10 답 ①

이차함수 $y=ax^2$에서 그래프의 폭이 가장 좁으려면 a의 절댓값이 가장 커야 하므로 ①이다.

11 답 ①

$y=ax^2+q$의 그래프를 y축의 방향으로 2만큼 평행이동한 그래프의 식은 $y=ax^2+q+2$

주어진 그래프에서 꼭짓점의 좌표가 $(0, -1)$이므로

$q+2=-1$ $\therefore q=-3$

$q=-3$을 $y=ax^2+q+2$에 대입하면 $y=ax^2-1$

이 그래프가 점 $(1, -2)$를 지나므로

$-2=a-1$ $\therefore a=-1$

$\therefore a+q=-1+(-3)=-4$

12 답 ⑤

$y=3x^2$의 그래프를 x축의 방향으로 p만큼 평행이동한 그래프의 식은 $y=3(x-p)^2$

이 그래프가 점 $(1, 3)$을 지나므로

$3=3(1-p)^2$, $(1-p)^2=1$, $1-p=\pm1$

$\therefore p=0$ 또는 $p=2$

이때 $p\neq0$이므로 $p=2$

13 답 ②

점 B의 좌표를 $\left(k, \dfrac{1}{2}k^2\right)$이라 하면

$\overline{EB}=\overline{BC}$이므로 $C\left(2k, \dfrac{1}{2}k^2\right)$

점 D의 x좌표는 $2k$이므로 $D(2k, 2k^2)$

□ABCD는 정사각형이므로 $\overline{BC}=\overline{CD}$

$2k-k=2k^2-\dfrac{1}{2}k^2$, $\dfrac{3}{2}k^2=k$

$3k^2-2k=0$, $k(3k-2)=0$ $\therefore k=0$ 또는 $k=\dfrac{2}{3}$

이때 $k>0$이므로 $k=\dfrac{2}{3}$

즉, $\overline{BC}=\dfrac{2}{3}$이므로 □ABCD$=\dfrac{2}{3}\times\dfrac{2}{3}=\dfrac{4}{9}$

14 답 ③

$y=-3x^2+12x-8$

$=-3(x^2-4x+4-4)-8$

$=-3(x-2)^2+4$

이 이차함수의 그래프를 x축의 방향으로 m만큼, y축의 방향으로 n만큼 평행이동한 그래프의 식은 $y=-3(x-m-2)^2+4+n$

$y=-3x^2-6x+5$

$=-3(x^2+2x+1-1)+5$

$=-3(x+1)^2+8$

이므로 $-m-2=1$, $4+n=8$

따라서 $m=-3$, $n=4$이므로 $m+n=-3+4=1$

15 답 ③

$y=0$을 대입하면 $0=-x^2-4x+5$, $x^2+4x-5=0$

$(x+5)(x-1)=0$ $\therefore x=-5$ 또는 $x=1$

$\therefore A(-5, 0)$, $B(1, 0)$

$x=0$을 대입하면 $y=5$ $\therefore C(0, 5)$

$y=-x^2-4x+5$

$=-(x^2+4x+4-4)+5$

$=-(x+2)^2+9$

이므로 꼭짓점의 좌표는 $D(-2, 9)$

$\triangle ABD=\dfrac{1}{2}\times6\times9=27$, $\triangle ABC=\dfrac{1}{2}\times6\times5=15$

$\therefore k=\dfrac{\triangle ABD}{\triangle ABC}=\dfrac{27}{15}=\dfrac{9}{5}$

16 답 ②

주어진 그래프가 위로 볼록하므로 $a<0$

축이 y축의 오른쪽에 있으므로 a와 b의 부호는 서로 다르다.

$\therefore b>0$

그래프가 y축과 만나는 점이 x축의 위쪽에 있으므로 $c>0$

⑤ $ab<0$, $c>0$이므로 $c-ab>0$

따라서 옳지 않은 것은 ②이다.

17 답 ④

꼭짓점의 좌표가 $(3, 0)$이므로 이차함수의 식은 $y=a(x-3)^2$

이 그래프가 점 $(0, 6)$을 지나므로

$6=9a$ $\therefore a=\dfrac{2}{3}$

따라서 주어진 이차함수의 그래프의 식은 $y=\dfrac{2}{3}(x-3)^2$

① $3\neq\dfrac{2}{3}(6-3)^2$이므로 점 $(6, 3)$을 지나지 않는다.

② 축의 방정식은 $x=3$이다.

③ 꼭짓점의 좌표는 $(3, 0)$이다.

⑤ 이차함수 $y=\dfrac{2}{3}x^2$의 그래프를 x축의 방향으로 3만큼 평행이동한 것이다.

따라서 옳은 것은 ④이다.

18 답 ③

축의 방정식이 $x=-1$이므로 이차함수의 식을
$y=a(x+1)^2+q$라 하면
이 그래프가 두 점 $(0, 3)$, $(1, 0)$을 지나므로
$3=a+q$ ······ ㉠
$0=4a+q$ ······ ㉡
㉠, ㉡을 연립하여 풀면 $a=-1$, $q=4$
따라서 주어진 이차함수의 식은
$y=-(x+1)^2+4$

③ $5\neq0+4$이므로 점 $(-1, 5)$는 이차함수의 그래프 위의 점이 아니다.

19 답 -4

$y=ax^2$의 그래프가 점 $(-1, -2)$를 지나므로
$-2=a$ ······ ❶
$y=-2x^2$의 그래프가 점 $(b, -8)$을 지나므로
$-8=-2b^2$, $b^2=4$ $\therefore b=\pm2$
이때 $b<0$이므로 $b=-2$ ······ ❷
$\therefore a+b=-2+(-2)=-4$ ······ ❸

채점 기준	배점
❶ a의 값 구하기	1점
❷ b의 값 구하기	1점
❸ $a+b$의 값 구하기	2점

20 답 -2

$3x^2-4x-4=0$에서 $(3x+2)(x-2)=0$

$\therefore x=-\dfrac{2}{3}$ 또는 $x=2$

이때 $a<b$이므로 $a=-\dfrac{2}{3}$, $b=2$ ······ ❶

$a=-\dfrac{2}{3}$, $b=2$를 $x^2+3ax-b=0$에 대입하면

$x^2-2x-2=0$ $\therefore x=1\pm\sqrt{3}$ ······ ❷

따라서 두 근의 곱은
$(1+\sqrt{3})(1-\sqrt{3})=1-3=-2$ ······ ❸

채점 기준	배점
❶ a, b의 값 각각 구하기	2점
❷ $x^2+3ax-b=0$의 두 근 구하기	2점
❸ 두 근의 곱 구하기	2점

21 답 10초 후

처음 직사각형의 넓이와 같아지는 데 걸리는 시간을 t초 후라 하면

$(10+2t)(15-t)=10\times15$ ······ ❶
$150+20t-2t^2=150$, $2t^2-20t=0$
$2t(t-10)=0$ $\therefore t=0$ 또는 $t=10$ ······ ❷
이때 $0<t<15$이므로 $t=10$
따라서 처음 직사각형의 넓이와 같아지는 것은 10초 후이다.
······ ❸

채점 기준	배점
❶ 이차방정식 세우기	2점
❷ 이차방정식의 해 구하기	2점
❸ 처음 직사각형의 넓이와 같아지는 데 걸리는 시간 구하기	2점

22 답 4

이차함수 $y=x^2$의 그래프를 x축의 방향으로 1만큼, y축의 방향으로 -4만큼 평행이동한 그래프의 식은
$y=(x-1)^2-4$ ······ ❶
$y=0$을 대입하면 $0=(x-1)^2-4$
$x^2-2x-3=0$, $(x+1)(x-3)=0$ $\therefore x=-1$ 또는 $x=3$
$\therefore A(-1, 0)$, $B(3, 0)$ 또는 $A(3, 0)$, $B(-1, 0)$ ······ ❷
따라서 두 점 A, B 사이의 거리는
$3-(-1)=4$ ······ ❸

채점 기준	배점
❶ 평행이동한 그래프의 식 구하기	3점
❷ 두 점 A, B의 좌표 각각 구하기	3점
❸ 두 점 A, B 사이의 거리 구하기	1점

23 답 $y=\dfrac{3}{2}x^2-6x+8$

조건 ㈎에서 $a=\dfrac{3}{2}$

조건 ㈏에서 $c=8$

즉, 이차함수의 식은 $y=\dfrac{3}{2}x^2+bx+8$이다.

조건 ㈐에서 점 $(4, 8)$을 지나므로
$8=24+4b+8$, $4b=-24$ $\therefore b=-6$ ······ ❶
따라서 구하는 이차함수의 식은

$y=\dfrac{3}{2}x^2-6x+8$ ······ ❷

채점 기준	배점
❶ a, b, c의 값 각각 구하기	6점
❷ 이차함수의 식을 $y=ax^2+bx+c$ 꼴로 나타내기	1점

기말고사 대비 실전 모의고사 ④회 109쪽~112쪽

01 ⑤	**02** ①, ④	**03** ④	**04** ⑤	**05** ②
06 ⑤	**07** ④	**08** ②	**09** ④	**10** ⑤
11 ②	**12** ④	**13** ⑤	**14** ④	**15** ③
16 ⑤	**17** ②	**18** ⑤	**19** $x<-2$	**20** 6
21 (1) 2초 후 (2) $(10+2\sqrt{31})$초		**22** 16		**23** 27

01 답 ⑤

$(2x-1)(x+4)=ax^2+3$에서 $2x^2+7x-4=ax^2+3$

$(2-a)x^2+7x-7=0$

x에 대한 이차방정식이 되려면 $2-a\neq 0$ $\therefore a\neq 2$

02 답 ①, ④

$x=2$를 $x^2+ax+a^2-12=0$에 대입하면

$4+2a+a^2-12=0$, $a^2+2a-8=0$

$(a+4)(a-2)=0$ $\therefore a=-4$ 또는 $a=2$

03 답 ④

$x^2+(3k-2)x+4=0$이 중근을 가지려면

$4=\left(\dfrac{3k-2}{2}\right)^2$, $(3k-2)^2=16$, $3k-2=\pm 4$

$\therefore k=2$ 또는 $k=-\dfrac{2}{3}$

따라서 모든 k의 값의 합은

$2+\left(-\dfrac{2}{3}\right)=\dfrac{4}{3}$

04 답 ⑤

$3x^2+15x-1=0$에서

$x^2+5x-\dfrac{1}{3}=0$, $x^2+\boxed{5}x=\boxed{\dfrac{1}{3}}$

$x^2+5x+\dfrac{25}{4}=\dfrac{1}{3}+\dfrac{25}{4}$

$\left(x+\boxed{\dfrac{5}{2}}\right)^2=\boxed{\dfrac{79}{12}}$

$x=\boxed{\dfrac{-15\pm\sqrt{237}}{6}}$

따라서 알맞지 않은 것은 ⑤이다.

05 답 ②

근의 공식을 이용하면

$x=\dfrac{5\pm\sqrt{25+8a}}{4}$

따라서 $b=5$이고 $41=25+8a$이므로 $8a=16$ $\therefore a=2$

$\therefore a+b=2+5=7$

06 답 ⑤

민경이는 상수항을 바르게 보았으므로

$(x+1)(x+6)=0$에서 $x^2+7x+6=0$

즉, 이차방정식의 상수항은 6이다.

상원이는 x의 계수를 바르게 보았으므로

$(x-1)(x-4)=0$에서 $x^2-5x+4=0$

즉, 이차방정식의 x의 계수는 -5이다.

따라서 처음 이차방정식은 $x^2-5x+6=0$이므로

$(x-2)(x-3)=0$ $\therefore x=2$ 또는 $x=3$

07 답 ④

일의 자리의 숫자를 x라 하면 십의 자리의 숫자는 $2x$이므로

$x\times 2x=2x\times 10+x-45$

$2x^2-21x+45=0$, $(x-3)(2x-15)=0$

$\therefore x=3$ 또는 $x=\dfrac{15}{2}$

이때 x는 자연수이므로 $x=3$

따라서 두 자리의 자연수는 63이므로 구하는 수는

$63+5=68$

08 답 ②

$\overline{BE}=x$ cm라 하면 $\overline{CF}=\overline{BE}=x$ cm이므로

$\overline{BF}=(14-x)$ cm

직각삼각형 BEF에서 피타고라스 정리에 의해

$x^2+(14-x)^2=12^2$, $2x^2-28x+52=0$

$x^2-14x+26=0$

근의 공식을 이용하면

$x=-(-7)\pm\sqrt{(-7)^2-26}=7\pm\sqrt{23}$

이때 $\overline{AE}<\overline{BE}$이므로 $14-x<x$에서 $x>7$

$\therefore x=7+\sqrt{23}$

$\therefore \overline{BE}=(7+\sqrt{23})$ cm

09 답 ④

$y=ax^2$의 그래프는 위로 볼록한 곡선이므로 $a<0$

그래프의 폭이 $y=-\dfrac{3}{2}x^2$의 그래프의 폭보다 넓으므로

a의 절댓값은 $\dfrac{3}{2}$보다 작다. $\therefore -\dfrac{3}{2}<a<0$

10 답 ⑤

$y=-2x^2$의 그래프와 x축에 대칭인 이차함수의 식은 $y=2x^2$

$y=2x^2$의 그래프가 점 $(3,\ k)$를 지나므로

$k=2\times 3^2$ $\therefore k=18$

11 답 ②

② $y=-\dfrac{4}{3}(x+5)^2$의 그래프를 x축의 방향으로 5만큼, y축의

방향으로 -5만큼 평행이동하면 $y=-\dfrac{4}{3}x^2-5$이다.

따라서 완전히 포갤 수 있는 것은 ②이다.

12 답 ④

ㄱ. 이차함수 $y=5x^2$의 그래프를 x축의 방향으로 -6만큼, y축
의 방향으로 -2만큼 평행이동한 그래프이다.

ㄷ. 축의 방정식은 $x=-6$이다.

따라서 옳은 것은 ㄴ, ㄹ, ㅁ이다.

13 답 ⑤

① 제3, 4사분면만을 지난다.

② 제1, 2사분면만을 지난다.

③ 그래프가 아래로 볼록하고, 꼭짓점의 좌표가 $(-1,\ -1)$이므
로 제3사분면에 위치한다. 이때 그래프와 y축과의 교점이
$(0,\ 1)$이므로 그래프는 제1, 2, 3사분면을 지난다.

④ 그래프가 위로 볼록하고, 꼭짓점의 좌표가 $(3,\ 1)$이므로 제1
사분면에 위치한다. 이때 그래프와 y축과의 교점이 $(0,\ -8)$
이므로 그래프는 제1, 3, 4사분면을 지난다.

⑤ 그래프가 위로 볼록하고, 꼭짓점의 좌표가 $(2,\ 5)$이므로 제1
사분면에 위치한다. 이때 그래프와 y축과의 교점이 $(0,\ 4)$이
므로 그래프는 모든 사분면을 지난다.

따라서 모든 사분면을 지나는 것은 ⑤이다.

14 답 ④

$$y=\frac{1}{3}x^2-4x+6$$

$$=\frac{1}{3}(x^2-12x+36-36)+6$$

$$=\frac{1}{3}(x-6)^2-6$$

이 이차함수의 그래프를 x축의 방향으로 m만큼, y축의 방향으로 n만큼 평행이동한 그래프의 식은

$$y=\frac{1}{3}(x-m-6)^2-6+n$$

$$y=\frac{1}{3}x^2-\frac{16}{3}x+\frac{55}{3}$$

$$=\frac{1}{3}(x^2-16x+64-64)+\frac{55}{3}$$

$$=\frac{1}{3}(x-8)^2-3$$

이므로 $-m-6=-8$, $-6+n=-3$

따라서 $m=2$, $n=3$이므로

$$m+n=2+3=5$$

15 답 ③

$y=-(x-1)^2+4$의 그래프의 꼭짓점의 좌표는 $(1,\ 4)$이고

$y=-(x-1)^2-2$의 그래프의 꼭짓점의 좌표는 $(1,\ -2)$이다.

$y=-(x-1)^2-2$의 그래프는

$y=-(x-1)^2+4$의 그래프를 y축의 방향으로 -6만큼 평행이동한 것이므로 오른쪽 그림에서 ㉠, ㉡의 넓이가 서로 같다.

따라서 색칠한 부분의 넓이는 직사각형 ABCD의 넓이와 같으므로

$$6\times1=6$$

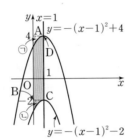

16 답 ⑤

주어진 그래프가 아래로 볼록하므로 $a>0$

축이 y축의 오른쪽에 있으므로 a와 b의 부호는 서로 다르다.

$\therefore\ b<0$

그래프가 y축과 만나는 점이 x축의 아래쪽에 있으므로 $c<0$

⑤ $x=-1$일 때, $y=a-b+c=0$

따라서 옳지 않은 것은 ⑤이다.

17 답 ②

꼭짓점의 좌표가 $(2,\ 8)$이므로 이차함수의 식을

$y=a(x-2)^2+8$이라 하면

이 그래프가 점 $(0,\ 1)$을 지나므로

$$1=4a+8\qquad\therefore\ a=-\frac{7}{4}$$

따라서 구하는 이차함수의 식은 $y=-\dfrac{7}{4}(x-2)^2+8$

즉, $p=2$, $q=8$이므로

$$4a-p+q=4\times\left(-\frac{7}{4}\right)-2+8=-1$$

18 답 ⑤

x축과 두 점 $(-3,\ 0)$, $(5,\ 0)$에서 만나므로 이차함수의 식을

$y=a(x+3)(x-5)$라 하면

이 그래프가 점 $(0,\ -15)$를 지나므로

$$-15=-15a\qquad\therefore\ a=1$$

따라서 구하는 이차함수의 식은

$$y=(x+3)(x-5)$$

$$=x^2-2x-15$$

$$=(x-1)^2-16$$

① 축의 방정식은 $x=1$이다.

② 꼭짓점의 좌표는 $(1,\ -16)$이다.

③ 이차함수 $y=x^2$의 그래프를 x축의 방향으로 1만큼, y축의 방향으로 -16만큼 평행이동한 것이다.

④ 제1, 2, 3, 4사분면을 지난다.

따라서 옳은 것은 ⑤이다.

19 답 $x<-2$

$$y=-\frac{3}{2}x^2-6x+8$$

$$=-\frac{3}{2}(x^2+4x+4-4)+8$$

$$=-\frac{3}{2}(x+2)^2+14 \qquad\cdots\cdots❶$$

따라서 축의 방정식은 $x=-2$이고, 위로 볼록한 그래프이므로 $x<-2$에서 x의 값이 증가할 때, y의 값도 증가한다. $\qquad\cdots\cdots❷$

채점 기준	배점
❶ $y=a(x-p)^2+q$ 꼴로 나타내기	2점
❷ x의 값이 증가할 때, y의 값도 증가하는 x의 값의 범위 구하기	2점

20 답 6

$x=a$를 $x^2-2x-1=0$에 대입하면 $a^2-2a-1=0$ $\qquad\cdots\cdots❶$

$a\neq0$이므로 양변을 a로 나누면

$$a-2-\frac{1}{a}=0\qquad\therefore\ a-\frac{1}{a}=2 \qquad\cdots\cdots❷$$

$$\therefore\ a^2+\frac{1}{a^2}=\left(a-\frac{1}{a}\right)^2+2$$

$$=2^2+2=6 \qquad\cdots\cdots❸$$

채점 기준	배점
❶ a에 대한 이차방정식 구하기	2점
❷ $a-\dfrac{1}{a}$의 값 구하기	2점
❸ $a^2+\dfrac{1}{a^2}$의 값 구하기	2점

21 답 (1) 2초 후 (2) $(10+2\sqrt{31}\,)$초

(1) $120+100x-5x^2=300$에서 $5x^2-100x+180=0$

$x^2-20x+36=0$, $(x-2)(x-18)=0$

$\therefore\ x=2$ 또는 $x=18$

따라서 처음으로 300 m가 되는 것은 2초 후이다. $\qquad\cdots\cdots❶$

(2) $120+100x-5x^2=0$에서 $x^2-20x-24=0$

$\therefore\ x=10\pm2\sqrt{31}$

이때 $x>0$이므로 이 물체가 땅에 떨어질 때까지 걸리는 시간은 $(10+2\sqrt{31}\,)$초이다. $\qquad\cdots\cdots❷$

채점 기준	배점
❶ 높이가 처음으로 300 m가 되는 데 걸리는 시간 구하기	3점
❷ 땅에 떨어질 때까지 걸리는 시간 구하기	3점

22 답 16

주어진 이차방정식의 근이 존재하지 않으려면
$\{-2(a+b)\}^2-4\times(ab+1)\times4<0$
$(a+b)^2-4(ab+1)<0$ ······ ❶
즉, $(a-b)^2<4$이므로
$a-b=-1$ 또는 $a-b=0$ 또는 $a-b=1$ ······ ❷
따라서 조건을 만족시키는 순서쌍은
$(1, 2)$, $(2, 1)$, $(2, 3)$, $(3, 2)$, $(3, 4)$, $(4, 3)$, $(4, 5)$, $(5, 4)$,
$(5, 6)$, $(6, 5)$, $(1, 1)$, $(2, 2)$, $(3, 3)$, $(4, 4)$, $(5, 5)$, $(6, 6)$
의 16개이다. ······ ❸

채점 기준	배점
❶ 이차방정식의 근이 존재하지 않는 조건 구하기	2점
❷ a, b의 값의 조건 구하기	2점
❸ 근이 존재하지 않도록 하는 순서쌍의 개수 구하기	3점

23 답 27

$y=ax^2$의 그래프가 점 $(-3, 1)$을 지나므로
$1=9a$ ∴ $a=\dfrac{1}{9}$

따라서 주어진 이차함수의 식은 $y=\dfrac{1}{9}x^2$ ······ ❶
$\overline{CD}=12$이므로 점 C의 x좌표는 6, 점 D의 x좌표는 -6이다.
$x=6$을 $y=\dfrac{1}{9}x^2$에 대입하면 $y=\dfrac{1}{9}\times36=4$
즉, 점 C와 점 D의 y좌표는 4이므로 사다리꼴 ABCD의 높이는
$4-1=3$ ······ ❷
따라서 사다리꼴 ABCD의 넓이는
$\dfrac{1}{2}\times(6+12)\times3=27$ ······ ❸

채점 기준	배점
❶ 주어진 이차함수의 식 구하기	2점
❷ 사다리꼴의 높이 구하기	3점
❸ 사다리꼴의 넓이 구하기	2점

기말고사 대비 **실전 모의고사** ⑤회   113쪽~116쪽

01 ③	**02** ⑤	**03** ④	**04** ⑤	**05** ③
06 ②	**07** ④	**08** ②	**09** ①	**10** ③
11 ①	**12** ②, ③	**13** ⑤	**14** ⑤	**15** ②
16 ③	**17** ③	**18** ①	**19** 65	**20** 5
21 5	**22** $y=\dfrac{1}{2}(x-3)^2$	**23** 0		

01 답 ③

$x=2$를 이차방정식에 각각 대입하면
① $\dfrac{1}{4}\times2^2-1=0$
② $2\times2^2-10\times2+12=0$
③ $2\times2^2+2-6=4\neq0$
④ $5\times2^2-9\times2-2=0$
⑤ $-2\times2^2+9\times2-10=0$
따라서 $x=2$를 해로 갖지 않는 것은 ③이다.

02 답 ⑤

$x=2$를 $2x^2+ax-14=0$에 대입하면
$8+2a-14=0$ ∴ $a=3$
$a=3$을 $2x^2+ax-14=0$에 대입하면
$2x^2+3x-14=0$에서 $(2x+7)(x-2)=0$
∴ $x=-\dfrac{7}{2}$ 또는 $x=2$ ∴ $b=-\dfrac{7}{2}$
∴ $a+b=3+\left(-\dfrac{7}{2}\right)=-\dfrac{1}{2}$

03 답 ④

$(x+b)(x+3)=0$에서 $x=-b$ 또는 $x=-3$
$x=-3$을 $x^2+(a-1)x+a=0$에 대입하면
$9-3(a-1)+a=0$, $-2a=-12$ ∴ $a=6$
$a=6$을 $x^2+(a-1)x+a=0$에 대입하면
$x^2+5x+6=0$에서 $(x+3)(x+2)=0$
∴ $x=-3$ 또는 $x=-2$ ∴ $b=2$
∴ $a+b=6+2=8$

04 답 ⑤

$x=a$를 $x^2-7x+2=0$에 대입하면
$a^2-7a+2=0$
$a\neq0$이므로 양변을 a로 나누면
$a-7+\dfrac{2}{a}=0$ ∴ $a+\dfrac{2}{a}=7$

05 답 ③

$(x-3)(x-5)=24$에서
$x^2-8x+15=24$, $x^2-8x=9$
$x^2-8x+16=9+16$, $(x-4)^2=25$
따라서 $p=-4$, $q=25$이므로
$p+q=-4+25=21$

06 답 ②

$(x-3)^2=\dfrac{k}{2}+27$에서 $x-3=\pm\sqrt{\dfrac{k}{2}+27}$
∴ $x=3\pm\sqrt{\dfrac{k}{2}+27}$
두 근이 모두 정수가 되려면 $\dfrac{k}{2}+27$이 제곱수이어야 한다.
이때 $30\leq k\leq80$에서 $42\leq\dfrac{k}{2}+27\leq67$이므로
$\dfrac{k}{2}+27=49$ 또는 $\dfrac{k}{2}+27=64$
∴ $k=44$ 또는 $k=74$

따라서 모든 자연수 k의 값의 합은

$44+74=118$

07 답 ④

$(x-5)(x+3)=-3x-9$에서

$x^2-2x-15=-3x-9$, $x^2+x-6=0$

$(x+3)(x-2)=0$ ∴ $x=-3$ 또는 $x=2$

이때 $a<b$이므로 $a=-3$, $b=2$

$a=-3$, $b=2$를 $x^2+ax+b=0$에 대입하면

$x^2-3x+2=0$에서 $(x-1)(x-2)=0$

∴ $x=1$ 또는 $x=2$

08 답 ②

주어진 이차방정식의 양변에 5를 곱하면

$x^2+2x-15=0$, $(x+5)(x-3)=0$

∴ $x=-5$ 또는 $x=3$

09 답 ①

길의 폭을 x m라 하면

오른쪽 그림에서 길을 제외

한 부분의 넓이는

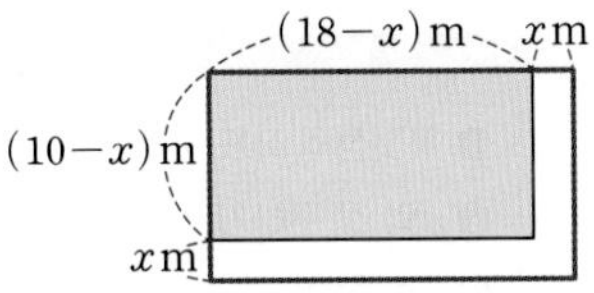

$(18-x)(10-x)=128$

$x^2-28x+52=0$

$(x-2)(x-26)=0$ ∴ $x=2$ 또는 $x=26$

이때 $0<x<10$이므로 $x=2$

따라서 길의 폭은 2 m이다.

10 답 ③

ㄱ. $y=-3x^2$ ➡ 이차함수

ㄴ. $y=x(x+2)=x^2+2x$ ➡ 이차함수

ㄷ. $y=-\dfrac{1}{x^2}$ ➡ 이차함수가 아니다.

ㄹ. $y=\dfrac{x^2}{3}+11$ ➡ 이차함수

ㅁ. $y=(5-x)x^2=-x^3+5x^2$ ➡ 이차함수가 아니다.

따라서 이차함수는 ㄱ, ㄴ, ㄹ의 3개이다.

11 답 ①

$f(2)=2\times2^2-3\times2+4=6$

$f(-4)=2\times(-4)^2-3\times(-4)+4=48$

∴ $f(2)-\dfrac{1}{3}f(-4)=6-\dfrac{1}{3}\times48=-10$

12 답 ②, ③

그래프가 색칠한 부분에 있는 이차함수의 식을 $y=ax^2$이라 하면

$0<a<2$ 또는 $-1<a<0$

따라서 구하는 이차함수는 ②, ③이다.

13 답 ⑤

① $x=0$을 $y=\dfrac{3}{2}x^2-1$에 대입하면 $y=-1$

$x=0$을 $y=\dfrac{3}{2}(x-1)^2$에 대입하면 $y=\dfrac{3}{2}$

따라서 두 그래프는 점 $(0,1)$을 지나지 않는다.

② 두 그래프는 아래로 볼록한 포물선이다.

③ $y=\dfrac{3}{2}x^2-1$의 그래프의 축의 방정식은 $x=0$이고

$y=\dfrac{3}{2}(x-1)^2$의 그래프의 축의 방정식은 $x=1$이다.

따라서 축의 방정식은 서로 같지 않다.

④ $y=\dfrac{3}{2}x^2-1$의 그래프의 꼭짓점의 좌표는 $(0,-1)$이고

$y=\dfrac{3}{2}(x-1)^2$의 그래프의 꼭짓점의 좌표는 $(1,0)$이다.

따라서 꼭짓점의 좌표는 서로 같지 않다.

따라서 공통된 설명으로 옳은 것은 ⑤이다.

14 답 ⑤

주어진 그래프가 위로 볼록하므로 $-a<0$ ∴ $a>0$

꼭짓점 (p,q)가 제2사분면에 있으므로 $p<0$, $q>0$

⑤ $\dfrac{q}{p}<0$

따라서 옳지 않은 것은 ⑤이다.

15 답 ②

점 C의 x좌표를 a라 하면

$C\left(a,\dfrac{1}{2}a^2\right)$, $B\left(-a,\dfrac{1}{2}a^2\right)$, $D(a,a^2+2)$, $A(-a,a^2+2)$

$\overline{AD}=2a$, $\overline{AB}=a^2+2-\dfrac{1}{2}a^2=\dfrac{1}{2}a^2+2$

$\overline{AD}=\overline{AB}$이므로 $2a=\dfrac{1}{2}a^2+2$

$a^2-4a+4=0$, $(a-2)^2=0$ ∴ $a=2$

□ABCD는 한 변의 길이가 $2a=4$인 정사각형이므로

□ABCD$=4^2=16$

16 답 ③

x의 값이 증가함에 따라 y의 값도 증가하는 x의 값의 범위가 $x>1$이므로 이 이차함수의 그래프의 축의 방정식은 $x=1$이다.

즉, 이차함수의 식을 $y=\dfrac{1}{2}(x-1)^2+q$라 하면

$y=\dfrac{1}{2}(x-1)^2+q$

$=\dfrac{1}{2}x^2-x+\dfrac{1}{2}+q$

$=\dfrac{1}{2}x^2-mx+2m-5$

이므로 $m=1$, $2m-5=\dfrac{1}{2}+q$

따라서 $m=1$, $q=-\dfrac{7}{2}$이므로 꼭짓점의 좌표는 $\left(1,-\dfrac{7}{2}\right)$

17 답 ③

$y=-x^2-6x-7$

$=-(x^2+6x+9-9)-7$

$=-(x+3)^2+2$

이므로 이 이차함수의 그래프를 x축의 방향으로 5만큼, y축의 방향으로 a만큼 평행이동한 그래프의 식은

$y=-(x-5+3)^2+2+a$

$=-(x-2)^2+2+a$

이 그래프가 점 $(3, 4)$를 지나므로
$4=-1+2+a$ $\therefore a=3$

18 답 ①

축의 방정식이 $x=-2$이므로 $y=a(x+2)^2+q$라 하면
이 그래프가 두 점 $(1, 0)$, $(0, 5)$를 지나므로
$0=9a+q$ ……㉠
$5=4a+q$ ……㉡
㉠, ㉡을 연립하여 풀면 $a=-1$, $q=9$
따라서 구하는 이차함수의 식은
$y=-(x+2)^2+9$
$\ \ =-x^2-4x+5$
따라서 $a=-1$, $b=-4$, $c=5$이므로
$a-b-c=-1-(-4)-5=-2$

19 답 65

펼친 두 면의 쪽수 중 작은 수를 x라 하면 다른 한 면은 $x+1$
두 면의 쪽수의 곱이 1056이므로
$x(x+1)=1056$ ……❶
$x^2+x-1056=0$, $(x+33)(x-32)=0$
$\therefore x=-33$ 또는 $x=32$
이때 $x>0$이므로 $x=32$ ……❷
따라서 펼친 두 면의 쪽수가 32쪽, 33쪽이므로 쪽수의 합은
$32+33=65$ ……❸

채점 기준	배점
❶ 방정식 세우기	2점
❷ 이차방정식의 해 구하기	1점
❸ 두 면의 쪽수의 합 구하기	1점

20 답 5

근의 공식을 이용하면 $x=3\pm\sqrt{5}$ ……❶
$2<\sqrt{5}<3$이므로 $5<3+\sqrt{5}<6$
$-3<-\sqrt{5}<-2$이므로 $0<3-\sqrt{5}<1$ ……❷
따라서 두 근 사이에 있는 정수는 1, 2, 3, 4, 5의 5개이다.   ……❸

채점 기준	배점
❶ 이차방정식의 해 구하기	3점
❷ 두 근의 범위를 각각 파악하기	2점
❸ 두 근 사이에 있는 정수의 개수 구하기	2점

21 답 5

$y=-x^2+ax-5$
$\ =-\left(x^2-ax+\dfrac{a^2}{4}-\dfrac{a^2}{4}\right)-5$
$\ =-\left(x-\dfrac{a}{2}\right)^2+\dfrac{a^2}{4}-5$ ……❶

꼭짓점의 좌표가 $\left(\dfrac{a}{2},\ \dfrac{a^2}{4}-5\right)$이므로
$\dfrac{a}{2}=2$에서 $a=4$

$\dfrac{a^2}{4}-5=b$에서 $b=\dfrac{16}{4}-5=-1$ ……❷
$\therefore a-b=4-(-1)=5$ ……❸

채점 기준	배점
❶ 이차함수를 $y=a(x-p)^2+q$ 꼴로 나타내기	3점
❷ a, b의 값 각각 구하기	2점
❸ $a-b$의 값 구하기	1점

22 답 $y=\dfrac{1}{2}(x-3)^2$

조건 ㈎, ㈏에서 그래프의 꼭짓점의 좌표는 $(3, 0)$이다.   ……❶
따라서 이차함수의 그래프의 식을 $y=a(x-3)^2$이라 하면
조건 ㈐에서 그래프가 점 $(5, 2)$를 지나므로
$2=4a$ $\therefore a=\dfrac{1}{2}$ ……❷

따라서 구하는 이차함수의 식은 $y=\dfrac{1}{2}(x-3)^2$ ……❸

채점 기준	배점
❶ 꼭짓점의 좌표 구하기	3점
❷ a의 값 구하기	2점
❸ 이차함수의 식 구하기	1점

23 답 0

$y=0$을 $y=x^2+4x-5$에 대입하면
$x^2+4x-5=0$, $(x+5)(x-1)=0$
$\therefore x=-5$ 또는 $x=1$
$\therefore A(-5, 0)$, $B(1, 0)$ ……❶
$x=0$을 $y=x^2+4x-5$에 대입하면 $y=-5$
$\therefore C(0, -5)$ ……❷
일차함수 $y=mx+n$의 그래프가 $\triangle ACB$의 넓이를 이등분하려면 $\overline{AB}$의 중점 $(-2, 0)$을 지나야 한다.
즉, 직선 $y=mx+n$이 두 점 $(-2, 0)$, $(0, -5)$를 지나므로
$m=\dfrac{-5-0}{0-(-2)}=-\dfrac{5}{2}$
$n=-5$ ……❸
$\therefore 2m-n=2\times\left(-\dfrac{5}{2}\right)-(-5)=0$ ……❹

채점 기준	배점
❶ 두 점 A, B의 좌표 각각 구하기	2점
❷ 점 C의 좌표 구하기	2점
❸ m, n의 값 각각 구하기	2점
❹ $2m-n$의 값 구하기	1점

특급기출

기출예상문제집
중학 수학 **3-1** 기말고사

정답 및 풀이